化工安全技术

吕宜春　郑艳玲　范金皓　主编

化学工业出版社

·北京·

内 容 简 介

《化工安全技术》以提高化工及相关专业学生的安全意识为出发点，以化工生产工艺为中心和主线，紧密结合现代化工生产实际，按照项目化编排将内容分为九个部分：探寻化工生产与化工安全问题、探索危险化学品的安全技术、探索化工工艺控制的安全技术、探索化工单元操作的安全技术、探索典型化工工艺控制的安全技术、探索化工承压设备的安全技术、探索电气安全与静电防护技术、探索职业危害与职业防护技术、化工企业安全管理及安全文化建设。

《化工安全技术》可作为高职高专化工及相关专业的学生安全教育用书，也可供科研院所、企业等进行安全教育时参考。

图书在版编目（CIP）数据

化工安全技术/吕宜春，郑艳玲，范金皓主编．—北京：化学工业出版社，2021.8（2024.8重印）
ISBN 978-7-122-39416-3

Ⅰ.①化… Ⅱ.①吕…②郑…③范… Ⅲ.①化工安全-安全技术-教材 Ⅳ.①X93

中国版本图书馆 CIP 数据核字（2021）第 127986 号

责任编辑：李 琰　宋林青　　　　　　　　　文字编辑：刘志茹
责任校对：边　涛　　　　　　　　　　　　　装帧设计：韩　飞

出版发行：化学工业出版社（北京市东城区青年湖南街 13 号　邮政编码 100011）
印　　装：三河市双峰印刷装订有限公司
787mm×1092mm　1/16　印张 15¾　字数 387 千字　2024 年 8 月北京第 1 版第 5 次印刷

购书咨询：010-64518888　　　　　　　　　　售后服务：010-64518899
网　　址：http://www.cip.com.cn

凡购买本书，如有缺损质量问题，本社销售中心负责调换。

定　价：39.80 元　　　　　　　　　　　　　　　　　　　版权所有　违者必究

推荐序

经济发展和社会进步的重要前提是以人为本、安全第一。化工行业是危险源高度集中的行业，安全生产事关人民群众生命财产安全，事关经济发展和社会稳定大局，是经济持续、健康、稳定发展和社会安定团结的基本条件，也是社会文明和发展水平的重要标志。危险化学品的多样性和生产过程的复杂性对其生产、运输、储存和使用安全带来诸多挑战，必须给予高度重视。

"安全生产工作应当以人为本，坚持人民至上、生命至上，把保护人民生命安全摆在首位。"今年新修订的《安全生产法》也体现了国家对人民生命安全的高度重视，同时也对企业提出了很高的安全要求。化工生产的管理人员、技术人员及操作人员都必须熟悉和掌握相关的安全知识和应急技能，使管理更合理、操作更规范、责任心更强，牢固树立"生命高于一切，一切服从安全"的安全理念。

该书内容紧扣企业生产实际，以典型翔实的案例引入知识点，主要包括认识危险化学品的危险性、化工生产过程的危险性、化工操作安全、化工承压设备的安全技术、电气安全处置、职业危害辨识与职业防护、事故现场应急处置等方面的内容，有助于提高相关人员的安全知识水平和应急处置能力，是一本实用性很强的安全用书。作者在编写过程中做了大量的实地调研与分析工作，用最新的法律法规支撑知识体系，用翔实的案例解析事故起因。该书既可以作为化工类相关专业的教材使用，亦可以作为化工企业管理人员及一线操作人员的参考用书，值得推荐。

中国科学院院士
发展中国家科学院院士
2021 年 7 月

前 言

化工是国民经济的支柱产业,但化工生产中存在的易燃、易爆、有毒、有害及腐蚀性物质较多,很多化学反应还伴随着高温、高压或低温、高真空等,导致化工生产的危险性和危害性较大,因此,对安全生产的要求也更加严格。确保化工生产安全,使化学工业能够稳定持续地健康发展,是化工类企业管理的重点,也是每一位化工厂员工工作的重中之重。作为未来的化工操作人员,高职化工及相关专业的学生必须提高自身的安全意识,掌握基本的安全知识,才能承担起大国化工工匠人才的重任。

本书以提高化工及相关专业学生的安全意识为出发点,以化工生产工艺为中心和主线,与企业专家合作,紧密结合现代化工生产实际,按照项目化编排将内容分为九个部分,包括探寻化工生产与化工安全问题、探索危险化学品的安全技术、探索化工工艺控制的安全技术、探索化工单元操作的安全技术、探索典型化工工艺控制的安全技术、探索化工承压设备的安全技术、探索电气安全与静电防护技术、探索职业危害与职业防护技术、化工企业安全管理及安全文化建设。

本书的编写得到了山东化工职业学院的大力支持,集化学工程学院教师的集体智慧而成,特别感谢王恒磊、王玉君、周超超、郎晓萍、陈学惠、刘培萍、王欣、王雅男(排名按照内容编写顺序而定)的贡献。全书由吕宜春、郑艳玲、范金皓主编,郑艳玲负责统稿,郑艳玲、王玉君负责书稿的校审工作。本书在编写过程中,山东新和成维生素有限公司副总经理范金皓、德州职业技术学院王相文提供了众多的编写建议及企业实际经验,滨州职业学院霍宁波、山东新和成维生素有限公司王宇坤、山东潍坊润丰化工股份有限公司郝明清、京博N1N校企融创院安全工程师李学杰都给予了很多帮助和有益的建议,在此一并表示衷心的感谢。

由于编者水平有限,时间仓促,书中难免存在疏漏及不足之处,敬请广大读者批评指正。

编　者

2021 年 5 月

目　录

项目一　探寻化工生产与化工安全问题　　1

任务一　认识现代化工生产 …………………………………………… 1
任务二　认识安全在化工生产中的重要性 …………………………… 5
任务三　如何实现化工安全生产 ……………………………………… 12
知识巩固 ………………………………………………………………… 15

项目二　探索危险化学品的安全技术　　16

任务一　认识危险化学品的分类及特性 ……………………………… 16
任务二　认识危险化学品的标识及安全技术说明书 ………………… 26
任务三　认识危险化学品的燃烧爆炸类型、过程及危害 …………… 37
任务四　探寻危险化学品事故的控制和防护措施 …………………… 43
任务五　危险化学品贮存与运输安全技术认知 ……………………… 53
知识巩固 ………………………………………………………………… 55

项目三　探索化工工艺控制的安全技术　　57

任务一　探寻影响化工生产安全稳定的因素 ………………………… 57
任务二　探寻工艺参数温度的安全控制措施 ………………………… 59
任务三　探寻工艺参数压力的安全控制措施 ………………………… 62
任务四　探寻投料速度和配比的安全控制措施 ……………………… 65
任务五　探寻杂质超标和副反应的安全控制措施 …………………… 67
任务六　探寻化工自动控制与安全联锁措施 ………………………… 68
知识巩固 ………………………………………………………………… 71

项目四　探索化工单元操作的安全技术　　72

任务一　认识流体及固体输送操作安全技术 ………………………… 72
任务二　认识传热操作安全技术 ……………………………………… 81
任务三　认识非均相混合物分离操作安全技术 ……………………… 86

任务四　认识均相混合物分离操作安全技术 …………………… 90
　　任务五　认识干燥操作安全技术 ………………………………… 95
　　任务六　认识蒸发操作安全技术 ………………………………… 98
　　知识巩固 …………………………………………………………… 101

项目五　探索典型化工工艺控制的安全技术　103

　　任务一　氯化工艺安全这样做 …………………………………… 103
　　任务二　硝化工艺安全这样做 …………………………………… 107
　　任务三　裂解（裂化）工艺安全这样做 ………………………… 111
　　任务四　加氢工艺安全这样做 …………………………………… 115
　　任务五　氧化工艺安全这样做 …………………………………… 118
　　任务六　聚合工艺安全这样做 …………………………………… 121
　　知识巩固 …………………………………………………………… 124

项目六　探索化工承压设备的安全技术　126

　　任务一　压力容器安全这样做 …………………………………… 126
　　任务二　气瓶安全这样做 ………………………………………… 140
　　任务三　压力管道安全这样做 …………………………………… 148
　　知识巩固 …………………………………………………………… 153

项目七　探索电气安全与静电防护技术　154

　　任务一　探寻电气安全技术措施 ………………………………… 154
　　任务二　探寻静电防护技术措施 ………………………………… 164
　　任务三　探寻雷电保护技术措施 ………………………………… 170
　　知识巩固 …………………………………………………………… 175

项目八　探索职业危害与职业防护技术　177

　　任务一　认识职业危害及个体防护用品 ………………………… 177
　　任务二　认识职业中毒及其防护措施 …………………………… 188
　　任务三　认识灼伤及其防护措施 ………………………………… 199
　　任务四　认识粉尘危害及其防护措施 …………………………… 203
　　任务五　认识机械伤害及其防护措施 …………………………… 206
　　任务六　认识工业噪声及其防护措施 …………………………… 211
　　知识巩固 …………………………………………………………… 214

项目九　化工企业安全管理及安全文化建设　216

任务一　认识安全管理 …………………………………………………… 216
任务二　制定安全生产管理制度及安全生产禁令 ……………………… 220
任务三　建设安全文化 …………………………………………………… 235
知识巩固 …………………………………………………………………… 241

参考文献　242

项目一

探寻化工生产与化工安全问题

化学工业是运用化学方法从事产品生产的工业。它是一个多行业、多品种、历史悠久，在国民经济中占有重要地位的工业领域。化学工业作为国民经济的支柱产业，与农业、轻工业、纺织工业、食品工业、建材工业和国防工业等部门有密切的联系，其产品已经渗透到国民经济的各个领域。

众所周知，化工企业的原料及产品多为易燃、易爆、有毒、强腐蚀性的物质，现代化工生产过程具有高温、高压、连续化、自动化等特点，与其他行业相比，各环节不安全因素较多，具有事故后果严重、危险性大的特点。因此对安全生产的要求更加严格。客观上要求从事化工生产的管理人员、技术人员和操作人员必须掌握基本的安全生产知识，适应现代化工生产的要求，实现安全生产，保障我国化学工业持续健康地发展。

任务一 认识现代化工生产

【知识引入】

化工的历史和由来

化工是"化学工艺""化学工业""化学工程"等的简称。凡运用化学方法改变物质组成、结构或合成新物质的技术，都属于化学生产技术，也就是化学工艺，所得产品被称为化学品或化工产品。起初，生产这类产品的是手工作坊，后来演变为工厂，并逐渐形成了一个特定的生产行业即化学工业。化学工程是研究化工产品生产过程共性规律的一门科学。

1. 先民智慧

在"化工"这一名词出现的很久以前，人类就已开始在生产生活中运用化学知识了。北京猿人在公元前20万年开始使用火,新石器时期早期人们开始制作陶器、漆器,之后又逐渐掌握了诸如染织、发酵等许多技术。

公元前后,中国进入炼丹术时期,在以化学手段展现对神崇拜的同时,也带动了冶炼及制药的发展。

到了明朝洪武年间,人们将石油进行粗加工以提炼灯油。随着火器的盛行,开封建立了规模宏大的火药制造工场,有严格的制造流程及规定。明朝后期,学者方以智创作了《物理小识》,书中记述了医药、生物、炼焦等相当多的知识。

2. 工业兴起

在遥远的西方,自1749年铅室法制硫酸在工厂中应用和1755年英国开始用烟煤制焦炭起,化学工业在工业革命中的重要地位就开始体现。人们开始利用科学知识将自然界的物质转化为大规模生产所需的原料。

18世纪初英国接连建起第一家橡胶厂、第一家纯碱厂、第一家水泥厂,更在其后发展出无机染料工艺,在此之后,约1800年时,"化学工程"这个定义被正式提出。

要知道,自古以来,在欧洲许多染料都只能从罕见的植物中提炼,古希腊从贝壳中提取的紫色染料价值连城,而这在1857年被第一种合成染料苯胺紫所替代。而长期以来效率低下的传统橡胶工艺在被橡胶厂的大规模生产取代后,也使得这种优秀的材料能被更多人使用。其后尿素的合成为有机化学和第二次工业革命中应用广泛的有机化工打开了大门。

20世纪初发明了塑料,更是成为直到今天为止化学工业的重要部分。在此之前的西方,没有中国传统的瓷器工艺,日常的容器材质非常匮乏,优秀的材质只有象牙这种奢侈品,塑料的出现大大丰富了材质的多样性,而其在容器产业的应用更是使得食物更方便携带。

第二次工业革命中,各国的化学工业百花齐放,具有代表性的是发展迅速的美国和德国,而苏联在建立之初的快速发展也是由于国内注重化学工业,高效利用盐湖和稀有金属资源,使得苏联的农业和重工业与沙俄时期相比天差地别。

黄色炸药(三硝基甲苯,TNT)的发明使得开山采矿变得易如反掌,德国化学家哈伯发明固氮法使得世界农业迅速发展,各式各样的农药、肥料紧接着得以发明和应用,肥料、农药工业结合着机械的广泛应用,又一次证明了科学技术可以填饱肚子。

1859年,美国开出第一口油井带动了汽车的生产以及石油化工行业的发展,为交通运输革命打下了坚实的基础。紧接着,1867年电解食盐水制烧碱开始大规模应用,电化学工业开始发展。20世纪初,制药工业也开始独立形成并发展,典型的便是青霉素和胰岛素的应用。

3. 近代化工新发展

20世纪60~70年代以来,化工企业间竞争激烈,与此同时,由于新技术革命的兴起,对化学工业提出了新的要求,推动了化学工业的技术进步,发展了精细化工、超纯物质、新型结构材料和功能材料。

化学工业的发展也推动了同一时期内其他领域的进步。20世纪60年代以来,大规模集成电路和电子工业迅速发展,所需电子计算机的器件材料和信息记录材料得到发展。20世纪60年代以后,多晶硅和单晶硅的产量以每年20%的速度增长。20世纪80年代,周期表中ⅢA~ⅤA族的二元化合物已用于电子器件。随着半导体器件的发展,气态源如磷化氢

（PH$_3$）等也变得日趋重要。

1963年，美国凯洛格公司更是设计建设第一套日产540t合成氨单系列装置，是化工生产装置大型化的标志，20世纪80年代初新建的乙烯装置最大生产能力达年产680kt。由于冶金工业提供了耐高温的管材，毫秒裂解炉才得以实现，从而提高了烯烃收率，降低了能耗。

其他化工生产装置如硫酸、烧碱、基本有机原料、合成材料等均向大型化发展。这样减少了对环境的污染，提高了长期运行的可靠性，促进了安全、环保的预测和防护技术的迅速发展。

除此以外，在20世纪，许多现在随处可见的高性能合成材料开始大规模生产，如聚酰胺纤维（俗称尼龙）、聚缩醛类以及丙烯腈-丁二烯-苯乙烯三元共聚物等结构材料。环氧树脂等复合材料更是在医疗、建筑材料甚至航空航天上得到广泛应用。

引起的思考：化工行业发展至今，对我们的生活产生了怎样的影响呢？你能从正面和负面分别阐述这些影响吗？

【任务目标】

1. 了解现代化工生产的现状。
2. 掌握现代化工生产的危险性特点。

【知识准备】

一、现代化工生产的现状

人类与化工的关系十分密切，在现代生活中，几乎随时随地都离不开化工产品，从衣、食、住、行等物质生活，到文化艺术、娱乐等精神生活，都需要化工产品为之服务。有些化工产品在人类发展历史中，起着划时代的作用。它们的生产和应用，甚至代表着人类文明的一定历史阶段。

目前，化工产品多数是属于人们穿、住、用、行等各方面的材料，还有少数尖端高科技化工产品。化工产品范围极广，包括化学品中间体，聚合物，有机原料，橡胶制品，涂料，医药，生物催化助剂，饲料添加香精、香料，石油化工染料，颜料，无机化工产品，塑料制品，胶黏剂等。化工向人们提供的产品是丰富多彩的，它除了生产大量材料用于制成各种制品为人所用以外，还有用量很少、但效果十分明显的产品，使人们的生活和生产得到不断改善。

中国化学工业经过几十年的发展，目前已经形成相当的规模，如硫酸、合成氨、化肥、农药、纯碱等主要化工产品的产量都在世界上名列前茅。国家统计局数据显示，截至2020年底，石油和化工行业规模以上企业26039家，比上年末减少232家。全年产值比上年增长2.2%，增速较前三季度加快1.5个百分点。其中，化学工业产值增长3.6%，加快2.2个百分点；炼油业产值增长1.1%，加快0.6个百分点；石油和天然气开采业产值下降3.3%，降幅收窄0.7个百分点。

对于我国化工行业来说，整个行业现状不容乐观，这是由众多因素造成的。比如，我国化工企业建设年代早，在化工行业法律法规和环境保护法律法规不完善时期，大量的化工企业兴建起来，这导致整个行业的规模化程度低，现阶段国家通过安全、环保两把刀促使整个化工行业转型升级。

二、现代化工生产的危险性特点

化工生产过程存在许多不安全因素和职业危害，比其他生产过程有着更大的危险性。

(1) 化工生产使用的原料、中间体和产品绝大多数具有易燃易爆、有毒有害、有腐蚀性等危险性　因此在生产过程中对这些原材料、燃料、中间产品的储存和运输都提出了特殊的要求。经常因处理不当而发生事故。不仅职工的生命财产受到危害，事故还容易扩大蔓延，对周围居民造成危害。因此，做好化工厂的安全工作，不仅是保证生产顺利进行的必要条件，也是保证社会稳定的重要因素。

(2) 多数生产工艺过程复杂、工艺条件苛刻　化工生产从原料到产品，一般都需要经过许多工序和复杂的加工单元，通过多次反应或分离才能完成，生产的工艺参数前后变化很大，再加上许多介质具有强烈腐蚀性，在温度应力、交变应力等作用下，往往产生危险。有些反应过程要求的工艺条件很苛刻，各种物料比就处于爆炸范围附近，控制上稍有偏差就有发生爆炸的危险。许多化学反应过程都是放热过程，如果反应热大量积累，则会加速反应进行，此时又会释放出大量的热，如此恶性循环将导致反应事故的发生。

(3) 生产规模大型化、生产过程连续性强　现代化工生产装置的规模越来越大，以求降低单位产品的投资和成本，提高经济效益。装置的大型化有效地提高了生产效率，但规模越大，贮存的危险物料量越多，潜在的危险能量也越大，事故造成的后果往往也越严重。化工生产从原料输入到产品输出具有高度的连续性，前后单元息息相关，相互制约，某一环节发生故障常常会影响到整个生产的正常进行，甚至导致事故的发生。

(4) 生产过程自动化带来的危险性　化工生产已经从过去落后的坛坛罐罐的手工操作、间断生产转变为高度自动化、连续化生产；生产装置由敞开式变为密闭式；生产装置从室内走向露天；生产操作由分散控制变为集中控制，同时也由人工手工操作变为仪表自动操作，进而发展为计算机控制。自动化虽然增加了设备运行的可靠性，但装置大型化、连续化，工艺过程复杂化和工艺参数要求苛刻，若控制系统和仪器仪表维护不及时，性能下降，也可能因测量不准或控制失效而发生事故。

同时，在很多化工生产中，特别是在精细化工生产中间歇操作还很多。在间歇操作时，由于人机接触过于靠近、岗位环境差、劳动强度大，致使发生事故很难避免。

(5) 新产品新工艺带来的危险性　新产品新工艺的应用在提高生产效率和节约能源的同时，也可能为生产过程带来新的危险性。如果对生产过程反应动力学、热力学等认识有限或有误，则有可能在生产过程中引发事故。

【任务实践】

1. 你了解化工企业吗？结合所学知识谈谈，现代化工与你听说的化工有什么区别？
2. 思考现代化工生产的危险性来自于哪些方面？

任务二　认识安全在化工生产中的重要性

【知识引入】

"安全"的由来

在古代汉语中，并没有"安全"一词，但"安"字却在许多场合下表达着现代汉语中"安全"的意义，表达了人们通常理解的"安全"这一概念。例如，"是故君子安而不忘危，存而不忘亡，治而不忘乱，是以身安而国家可保也。"《易经·系辞传下》这里的"安"是与"危"相对的，并且如同"危"表达了现代汉语的"危险"一样，"安"所表达的就是"安全"的概念。"无危则安，无缺则全"，即安全意味着没有危险且尽善尽美。这是与人们传统的安全观念相吻合的。《辞海》中"安全"作为现代汉语的一个基本词语，在各种现代汉语辞书有着基本相同的解释。《现代汉语词典》(第6版)对"安"字的第4个释义是"平安；安全(跟'危险'相对)"，并举出"公安""治安""转危为安"作为例词。对"安全"的解释是"没有危险；不受威胁；不出事故"。《辞海》对"安"字的第一个释义就是"安全"，并在与国家安全相关的含义上举了《国策·齐策六》的一句话作为例证："今国已定，而社稷已安矣。"当汉语的"安全"一词用来译指英文时，可以与其对应的主要有"safety"和"security"两个单词，虽然这两个单词的含义及用法有所不同，但都可在不同意义上与中文"安全"相对应。在这里，与国家安全联系的"安全"一词，是"security"。按照英文词典解释，"security"也有多种含义。其中经常被研究国家安全的专家学者提到的含义有两方面，一方面是指安全的状态，即免于危险，没有恐惧；另一方面是指对安全的维护，指安全措施和安全机构。

"安全"的由来引起的思考：在化工生产中，"安全"指的是什么呢？

【任务目标】

1. 掌握化工生产可能导致的事故类型。
2. 掌握安全在化工生产中的重要性。

【知识准备】

一直以来，生产都是人类生存所必需的。随着科学技术的发展，人们的生产越来越生活化，而人们也更加认识生命的价值，从而更加重视生命安全。安全是人类最重要、最基本的需求，是人民生命与健康的基本保证，一切生活、生产活动都源于生命的存在。如果失去了生命，生存也就无从谈起，生活也就失去了意义。安全是民生之本、和谐之基。安全生产始终是各项工作的重中之重。在化工生产过程中，安全更起到举足轻重的作用。化工生产的原料和产品多易燃、易爆、有毒及有腐蚀性,化工生产特点多是高温、高压或深冷、真空,化工生产过程多是连续化、集中化、自动化、大型化,化工生产中安全事故主要源自泄漏、燃烧、爆炸、毒害等,因此,化工行业已成为危险源高度集中的行业。由于化工生产中各个环节不安全因素较多,且相互影响,一旦发生事故,危险性和危害性大,后果严重。所以,化工生产的管理人员、技术人员及操作人员均必须熟悉和掌握相关的安全知识和事故防范技术,并具备一定的安全事故处理技能。

一、化工生产可能导致的事故类型

根据生产、贮存等过程中使用的危险化学品特性,当危险化学品发生泄漏,可能发生的危险化学品事故主要为火灾爆炸、化学灼伤、中毒、窒息及环境污染等。

(一) 火灾、爆炸类事故

引起火灾、爆炸的基本条件是燃烧,而燃烧必须有三要素,即可燃物、助燃物和着火源。空气中的氧可以作助燃物,且广泛存在,故控制可燃物泄漏和控制着火源成为防止火灾、爆炸类事故的重点,化工生产过程中可燃物的泄漏和产生着火源的具体原因如下所述。

1. 装置内产生新的易燃物、爆炸物

某些反应装置和贮罐在正常情况下是安全的,如果在反应和贮存过程中混进或渗入某些物质而发生化学反应,产生新的易燃物或爆炸物,在条件成熟时就可能发生事故。

如粗煤油中硫化氢、硫醇含量较高,就可能引起油罐腐蚀,使构件上黏附锈垢,其成分是硫化铁、硫酸铁、氧化铁,有时还会有结晶硫黄等。由于天气突变、气温骤降,油罐的部分构件因急剧收缩和风压的改变而引起油罐晃动,造成构件脱落并引起冲击或摩擦产生火种导致油罐起火。

浓硫酸和碳素钢在一般情况下不发生置换反应,但若贮罐内混入水变成稀硫酸,稀硫酸就会和钢罐反应放出氢气,其反应式如下:

$$H_2SO_4 + Fe \longrightarrow FeSO_4 + H_2 \uparrow$$

这时在贮罐上部空间就会形成爆炸性混合物,若在罐壁上动火,就会发生爆炸事故。

2. 某种新的易燃物在工艺系统积聚

某氯碱厂使用相邻合成氨厂的废碱液精制盐水。因废碱液中含氨量高,在加盐酸中和时,产生大量氯化铵随盐水进入电解槽,生成三氯化氮夹杂在氯气中。氯气中的三氯化氮经冷却塔、干燥塔虽有部分分解,但是大部分未被分解随氯气一起进入液化槽,再进入热交换器内的管间与冷凝器来的液氯混合。由于液氯的不断汽化,使三氯化氮逐渐积累下来(液氯汽化温度为 -34℃,而三氯化氮汽化温度为 -71℃)。后来因倒换热交换器,积存有三氯化氮的热交换器停止使用,但是温度较高的氯气仍从热交换器管中经过,使热交换器管间的残余液氯进一步蒸发,最后留下的基本上都是三氯化氮。因氯温度及其他杂质反应放热的影响,最终引起了三氯化氮的爆炸。

3. 高温下物质汽化分解

许多物质在高温下能自行分解，产生高压而引起爆炸。

用联苯醚作载体的加热过程中，由于管道被结焦物堵塞，局部温度升高，加上控制仪表失灵未能及时发现，致使联苯醚汽化分解（在390℃下联苯醚能分解出氢、氧、苯等）产生高压，引起管道爆裂，使高温可燃气体冲出，遇空气燃烧。如果联苯醚加热系统混进某些低沸物，例如水，也会因其急剧汽化发生爆炸。某厂水解釜用联苯醚加热，由于夹套内联苯醚回流管设计不合理，高出夹套底部15mm，在联苯醚炉进行水压试验后水不能放空，夹套底部积水约20kg。当水解釜开车运行时，积水遇高温联苯醚回流液温度逐渐上升，约经过1h，积水突然汽化，夹套超压爆炸。

热不稳定物由于某种原因温度升高且又不能及时移走热量，就可能引起爆炸。例如用苯和丙烯作原料生产丙酮、苯酚，中间产物过氧化氢异丙苯贮存温度不能过高。某厂在生产装置检修后，由于错误操作，致使从蒸馏塔进入贮罐的过氧化氢异丙苯没有经过冷却直接进入贮罐，罐内物料温度升高，加上设计不合理，贮罐又没有降温措施和防爆泄压装置，造成罐内压力急剧上升，发生爆炸和燃烧。

为提高循环酸浓度，准备从新鲜酸罐向酸-烃分离罐内补充酸，开泵时上料不稳，酸-烃分离罐的烃类（压力为5kgf/cm^2）倒蹿入新鲜罐，烃类遇酸反应激烈，温度升高急剧汽化，从检测口喷出，产生静电起火。

有一台槽车在注入温度稍高于100℃的热沥青时，泵坏了。槽车不得不开到另一注入口继续灌装，此时因槽内温度下降，沥青表面被冷凝水覆盖，当用泵注入热沥青时，水即汽化将沥青喷出槽外。

在油加热（用蛇管加热器）除水的过程中，开始忘开搅拌，加热一段时间之后，密度比重油大的水沉在容器的底部，因处在加热蛇管下面，仍然是冷的，而油在上面被加热超过100℃。当开动搅拌时，水与热油接触而汽化，使大量的油从开着的人孔渗出（即使操作人员不开动搅拌也能发生上述事故，因为一部分水到时候也会通过热传导被加热到沸点，沸腾过程中引起激烈混合可导致同样的结果）。

同样，当贮罐装满蜡油发生全罐冻结时，如采用下部加热方法，会造成下部蜡油首先熔化，而上部蜡油仍然是冻凝状态，这样在罐内形成了密封层。当油温继续上升时，压力逐渐增大，结果会使罐体爆裂。遇到这种情况就必须采取上部加热的办法。

4. 高热物料喷出自燃

生产过程中有些反应物料的温度超过了自燃点，一旦喷出与空气接触就着火燃烧。造成物料喷出的原因很多，如设备损坏、管线泄漏、操作失误等。

例如在催化裂化装置热油泵房的泵口取样时，由于取样管堵塞（被油凝住），将取样阀打开用蒸汽加热，当凝油熔化后，400℃左右的热油喷出立即起火。环氧氯丙烷生产过程中，经过预热，丙烯在300℃左右进行氯化反应，由于反应放热，最终温度可达500℃左右。因测温热电偶套管损坏，高温氯丙烯、丙烯等混合气体从反应器中喷出，立即起火燃烧。

5. 物料泄漏遇高温表面或明火

由于放空管位置安装不当，放空时油喷落到附近250℃高温的阀体上引起燃烧。又例如加热渣油带水，可产生突沸现象，渣油从罐顶喷出，沾污了设备及管线，用汽油进行洗刷时被汽油溶解后渗淌到下面的高温管线上引起自燃。

6. 反应热骤增

参加反应的物料，如果配比、投料速度和加料顺序控制不当，会造成反应剧烈，产生大量的热，而热量又不能及时导出，就会引起超压爆炸。

苯与浓硫酸混合进行磺化反应，物料进入后由于搅拌迟开，反应热骤增，超过了反应器的冷却能力，器内未反应的苯很快汽化，导致塑料排气管破裂，可燃蒸气排入室内燃烧。

在生产联大茴香胺盐酸盐的邻硝基苯甲醚还原过程中，使用锌粉和液碱反应作还原剂。由于锌粉粒度大、反应慢，操作人员将锌粉加得过量，从而引起剧烈反应，产生大量热，先使不稳定的中间体——氧化偶氮苯甲醚自燃（自燃点150℃），接着又使氢气爆炸起火。

烷基苯生产过程中，投料后发现反应温度低（原料是苯、三氯化铝和二烯烃），没有采取通蒸汽补热的方法，而继续投放全部原料后再去补热，结果釜内反应激烈，造成跑料，遇明火着火爆炸。

7. 杂质含量过高

有许多化学反应过程，对杂质含量要求是很严格的。有的杂质在反应过程中，可以生成危险的副反应产物。

乙炔和氯化氢的合成反应，氯化氢中游离氯的含量不能过高（一般控制在0.005%以下），这是由于过量的游离氯存在，氯与乙炔反应会立即燃烧爆炸，生成四氯乙烷。某厂因操作失误使氯化氢中游离氯高达30.2%，造成氯乙烯合成器及混合脱水系统燃烧爆炸。

在乙炔生产过程中，要求电石中磷化钙含量是严格控制的。磷化钙遇水反应生成磷化氢，而磷化氢在空气中可自燃。如某厂在清理乙炔发生器上部贮斗中被电磁阀卡住的电石时，用水冲洗。结果电石中磷化钙遇水生成磷化氢，遇空气燃烧，并导致乙炔和空气混合气的爆炸。

1,4-丁炔二醇（沸点为235℃，分解点为246℃）脱水精制加工的蒸馏釜内，物料中含有杂质使分解温度降低。在蒸馏过程中，由于分解温度低于沸点，1,4-丁炔二醇在沸点以下就开始分解，造成釜内压力升高，发生超压爆炸。

8. 生产运行系统和检修中的系统串通

在正常情况下，易燃物的生产系统不允许有明火作业。某一区域、设备、装置或管线如果停产进行动火检修，必须采取可靠的措施，使生产系统和检修系统隔绝，否则极易发生事故。如某合成氨厂氨水罐停产检修，动火管线和生产系统间未加盲板，仅用阀门隔开，由于阀门不严，又未进行动火分析，结果氨漏入贮罐，动火时贮罐发生爆炸。再如某油罐检修，经过处理后达到动火要求。事隔数天后，相邻的另一油罐开始装油，两罐之间连通阀门没有加盲板隔开。由于阀门不严，满罐油的静压力使阀门泄漏更加严重，造成检修罐内充满了油蒸气和空气的混合物，再次动火前又没有进行检查，结果油罐发生爆炸。

9. 装置内可燃物与生产用空气混合

生产用空气主要有工艺用压缩空气和仪表用压缩空气，如果进入生产系统和易燃物混合或生产系统易燃物料混入压缩空气系统，遇明火都可能导致燃烧爆炸事故。

某合成氨装置，由于天然气混入仪表气源管线，逸出后遇明火发生爆炸，原因是这个生产装置的天然气（原料）管线与仪表用空气管线之间有一个连通管，由阀门隔开。天然气压力为 $27kgf/cm^2$，空气压力为 $7kgf/cm^2$。在一次停车检修后，有人误将此阀打开，使天然气通过连通管进入仪表空气管线，再由仪表的排气管逸出，遇明火引起整个控制室爆炸。

易燃物料严禁用压缩空气输送，这是因为易燃物料和空气接触以后，在容器内便会形成爆炸性混合物，一旦遇到明火、高热或静电火花就会发生爆炸。某厂聚氯乙烯生产车间用压缩空气送聚合釜内的物料，当时由于冷却水中断，轴封温度升高冒烟，造成聚合釜爆炸。

正常情况下合成氨原料中，氧含量控制在 0.2% 以下，系统是安全的。某合成氨厂重油汽化炉加氧制气，配氮装置的阀门没有关（充氮管道和氧气管道通过三通连接，由两道阀门控制，但没有明显的开关标志和警报装置），135℃ 的氧气经氮气总管（氧气压力大于氮气压力）蹿入压缩机然后进入原料气体精制系统，形成氢气和氧气的爆炸性混合气体，遇火源时系统发生爆炸。

10. 系统形成负压

泵房由于设备缺陷和操作错误，启动备用泵时形成空转，引起油泵输油温度骤降（由 180℃ 下降到 150℃），管道上法兰垫片和螺栓处造成应力，油泵出口压力较高，故在止逆阀的法兰处漏油，泵出口法兰处冒烟；同时由于泵轴随温度下降而收缩，在轴封处漏油，滴到 320℃ 的高温泵体上而着火。

某一带有搅拌装置的二硫化碳容器，用泵将二硫化碳抽空后充入氮气，将人孔盖移去，用刮棒清除搅拌器上的固体残留物。由于温度下降，器内残留的二硫化碳蒸气凝结，体积缩小，形成负压，空气便从人孔进入容器内，与二硫化碳形成爆炸性混合物，在清除残留物过程中，刮棒和搅拌器撞击产生火花，引起爆炸。发酵罐通入大量蒸气后，若又将大量的冷液迅速加入罐内，则冷的液体使蒸气很快凝结，罐内形成负压，发酵罐被吸瘪。

某油页岩干馏装置多次发生爆炸火灾事故，原因是干馏气体（煤气）内含大量水蒸气，停产后温度下降，水蒸气冷凝，设备内产生负压，从不严密处漏入空气，形成爆炸性混合物积存于管道及设备内，再开车时炉火蹿入引起爆炸。

11. 选用传热介质和加热方法不当

传热介质选用不当极易发生事故。选择传热介质时必须事先了解被加热物的性质，除满足工艺要求之外，还要掌握传热介质是否会和被加热物料发生危险性的反应。选择加热方法时如果没有充分估计物料性质、装置特点等也易发生事故。

例如某厂为了清洗废甲醇贮罐，用 $3kgf/cm^2$ 蒸气将罐内甲醇蒸出，经废甲醇尾气冷凝器冷凝回收。由于罐的上部被无规物和聚合物结成硬物堵塞，甲醇气体不能进入冷凝器，造成贮罐压力上升，导致甲醇罐顶部与罐体崩开，大量甲醇气体外冒，遇明火燃烧。如用通蒸气的办法处理类似废甲醇贮罐内部积存的聚合物时易产生故障，应改用搅拌，使罐中积聚物变成浆液，然后用汽提法使溶剂和聚合物分开。

在某丁二烯装置中检修压缩机时，为了缩短停车时间，采用部分装置停车，造成丁二烯中的杂质乙烯基乙炔在精制塔积聚。精制塔底部的再沸器用 157℃ 的蒸气加热，而乙烯基乙炔温度高于 135℃ 时在丁二烯中发生放热反应，结果从再沸器内开始引爆，爆炸波把底层的塔板抬起，向塔顶部冲击，又造成第二次爆炸。

12. 系统压力变化造成事故

系统压力的变化可以造成物料倒料或者负压系统变成正压，从而导致事故发生。

（二）化学灼伤

凡是化学物质直接作用于身体，引起局部皮肤组织损伤，并通过受损的皮肤组织导致全身病理、生理改变，甚至伴有化学性中毒的过程，称为化学灼伤。化工生产中，化学灼伤常常伴随生产中的事故或由设备发生腐蚀、开裂、泄漏等造成。化学灼伤程度与化学物质的性质、接触时间、接触部位等有关。

一般化学灼伤分为体表化学灼伤、呼吸道化学灼伤、消化道化学灼伤、眼化学灼伤。根据致伤情况分为以下几类：

1. 单纯性化学灼伤

单纯性化学灼伤即仅化学性因素造成的损伤，包括：一种或一种以上化学物质所致的化学灼伤，以化学灼伤为主，合并一定程度的化学物质中毒。此类单纯性化学灼伤多见于化工生产中物料的跑、冒、滴、漏，以及化学物质在运输、贮存、装罐过程中所造成的溅染。

2. 复合性化学灼伤

复合性化学灼伤即致伤因素中，化学性因素和物理性因素同时存在造成的复合性损伤，包括：热力烧伤合并化学物质灼伤或中毒；机械性外伤合并化学灼伤或中毒。复合性化学灼伤多发生在对带压力、带热化工设备进行安装、检修时或发生于化工生产中的爆炸性事故，或发生在消防队员在化工车间的灭火过程中。

引起化学灼伤的常见物质有：酸类，包括无机酸（硫酸、铬酸、硝酸等）和有机酸（乙酸、草酸等）；碱类，包括无机碱（氢氧化钠、氢氧化铵等）和有机碱（乙醇胺、甲基胺等）；某些元素单质及其盐类，例如磷及磷盐、锑及锑盐、砷及砷盐等；有机物，直链有机化合物，如乙炔、乙醛、丙酮等；环状有机化合物，如氨基酚、高分子化合物等。

（三）中毒和窒息事故

操作工人在生产储存过程中会接触到危险化学品，或者因设备设施缺陷，员工操作疏忽大意，违反操作规程等也有可能导致毒物直接与人体接触，长期接触可能造成中枢神经系统损害，引入蒸气引起中毒。

（四）环境污染事故

使用的有机溶剂，包装物随处丢弃，生产过程挥发或散发的溶剂和固体粉尘会随空气流动飘出厂区范围，给周边环境造成一定的危害和污染。

二、安全在化工生产中的重要性

化工在国民经济中占有重要地位,是基础产业和支柱产业。化工生产过程复杂,涉及的危险化学品易燃易爆、有毒有害,一旦发生事故,则破坏力强,社会影响大。危险化学品安全是安全生产工作的重中之重。据统计,2020 年,全国共发生化工事故 148 起,死亡 180 人,事故起数与死亡人数同比分别下降 9.8% 和 34.3%。因化工生产的危险性特点,化工生产所涉及的危险有害因素更多,随着生产技术的发展和生产规模的扩大,化工生产安全已成为一个社会问题。一旦发生火灾和爆炸事故,不但导致设备损坏、生产不能继续,而且还会造成大量人身伤亡,甚至涉及社会,产生无法估量的损失和难以挽回的影响。化工安全生产的重要性主要体现在以下几方面。

① 化工安全生产是确保企业提高经济效益和促进生产稳定、快速发展的唯一保证。

化工生产潜在的不安全因素多,危险和危害性大。如在化工生产过程中,若大量使用各种易燃、易爆、易腐蚀、有毒、有害等危险化学原料,可能引起火灾爆炸事故;在操作过程中,员工不可避免地要接触大量有毒化学物质,如苯类、氯气、亚硝基化合物、铬盐、联苯胺等物质,极易造成中毒事件;生产过程中使用高温、高压设备,电气设备等,易引起烫伤、触电等事故;化工生产工艺非常复杂,条件非常苛刻,在操作过程中要求十分严格,而且产生三废多,环境污染严重等。

② 安全生产是企业生产发展的基本保证,是提高经济效益的重要条件。

没有一个可靠的安全生产基础,要想企业发展和提高经济效益是不可能的,生产必须安全,安全促进生产。讲效益,必须讲安全。这是必须遵循的客观规律。

③ 实现安全生产充分体现了以人为本、安全第一的理念,是保障职工个人和职工家庭幸福的需要。

生产劳动是人类社会赖以生存和发展的基础,保护劳动者自身在生产过程中的安全和健康,是人类最基本的需要之一,也是人类最基本的合法权益。实现安全生产是劳动者的安全需要,每个职工都希望能在安全、卫生、舒适的条件下顺利地进行生产劳动。实现安全生产也是职工家庭的幸福需要,安全生产与每个职工和每个家庭有关,安全生产,人人有责,家家有关,关注自己,关注他人的生命安全,实现安全生产、文明生产。

④ 安全生产是社会稳定的重要因素,是安定、团结的需要。

无数事实说明,发生事故所产生的严重后果,不仅影响经济的发展,而且对社会产生不良后果,造成社会不安定、不团结,影响国家政策的贯彻、实施(招工难、留人难等)。如处理不当,就会激化矛盾,影响社会安定、团结。

⑤ 安全生产是我们党和国家一贯的方针政策。

我国是社会主义国家,党和国家对做好安全生产,保护劳动者的安全和健康极为重视,保护劳动者在生产劳动中的安全、健康,是关系到劳动者切身利益一个非常重要的方面。极为重视安全问题,加快了安全立法工作,对广大劳动者的关心、爱护,均说明了做好企业安全生产的重要性。

【任务实践】

1. 我国《企业职工伤亡事故分类标准》规定，职业伤害事故分为 20 类，分别是物体打击、车辆伤害、机械伤害、起重伤害、触电、淹溺、灼烫、火灾、高处坠落、坍塌、冒顶片帮、透水、放炮、火药爆炸、瓦斯爆炸、锅炉爆炸、容器爆炸、其他爆炸、中毒和窒息、其他伤害。结合所学知识，谈谈化工生产可能导致的事故类型有哪些？

2. 查找资料分析，在化工生产中，如果不注重安全生产，将有怎样的后果（从企业和员工个人两方面分析）？

任务三　如何实现化工安全生产

【案例引入】

2020 年全国化工行业较大以上事故案例汇总

（1）2020 年 2 月 11 日 19 时 50 分，辽宁省葫芦岛市某农业科学有限公司烯草酮车间发生爆炸事故，造成 5 人死亡、10 人受伤，直接经济损失约 1200 万元。事故原因为烯草酮工段一操未对物料进行复核确认、二操错误地将丙酰三酮与氯代胺同时加入到氯代胺贮罐内，导致丙酰三酮和氯代胺在贮罐内发生反应，放热并积累热量，物料温度逐渐升高，反应放热速率逐渐加快，最终导致物料分解、爆炸。

（2）2020 年 4 月 30 日 8 时 30 分许，内蒙古鄂尔多斯市某公司化产回收车间冷鼓工段 2 号电捕焦油器发生燃爆事故，造成 4 人死亡，直接经济损失 843.7 万元。事故原因是作业人员违反安全作业规定，在 2 号电捕焦油器顶部进行作业时，未有效切断煤气来源，导致煤气漏入 2 号电捕焦油器内部，与空气形成易燃易爆混合气体，作业过程中产生明火，发生燃爆。

（3）2020 年 5 月 26 日上午 10 时 50 分许，河南省长葛市某废旧厂房发生爆炸，造成 4 人死亡，1 人轻伤，是废弃铸造厂院内过氧化苯甲酰（俗称面粉增白剂）爆炸所致。

（4）2020 年 8 月 3 日 17 时 39 分左右，湖北省仙桃市某公司甲基三丁酮肟基硅烷车间发生爆炸事故，造成 6 人死亡、4 人受伤。事故经过为试生产时，操作工清理分层塔内积液，没有彻底将分层塔底部丁酮肟盐酸盐排放至萃取工序，导致大量丁酮肟盐酸盐随上层清液进入产品中和工序，进入 1 号静置槽继续反应，反应热量在静置槽中累积，静置槽没有温度监测及降温措施，丁酮肟盐酸盐发生分解爆炸。

（5）2020 年 9 月 14 日 9 时许，山西省某能源科技有限公司 VOCs 处理装置发生一起硫化氢中毒事故，造成 4 人死亡、1 人受伤。事故原因是 VOCs 工段操作人员操作不当，将酸洗塔废液排入地槽，又把碱洗塔内的碱性废液排入地槽，地槽内酸碱废液发生反应，生成硫化氢气体逸散导致人员中毒。

(6) 2020年9月14日22时01分，甘肃省张掖市某化工科技有限公司污水处理厂发生硫化氢气体中毒事故，造成3人死亡，直接经济损失450万元。事故原因是操作人员擅自将污水处理方式由污水处理中和车间中和釜反应处理变更为废水池中和处理，当班人员违反操作规程将盐酸快速加入到含有大量硫化物的6号废水池内进行中和，致使大量硫化氢气体短时间内快速逸出，通过未装设防止烟气逆流设施的尾气管道，倒灌进入污水处理中和车间，造成人员中毒。

(7) 2020年9月28日14时07分左右，湖北省天门市某生物科技有限公司发生爆炸事故，造成6人死亡、1人受伤。事故是进行压滤试验时，静电引燃危险物料分解爆炸所致。

(8) 2020年10月30日，陕西省神木市某化工有限公司煤焦油预处理装置污水处理罐（长4m，直径2.4m）发生氮气窒息事故，致使3人死亡、1人受伤。事故当天，当班员工在未对罐内气体进行检测分析、未办理作业许可证的情况下，从人孔入罐内查看时窒息，同行人员未正确佩戴防护措施进行施救，造成伤亡扩大。

(9) 2020年11月17日7时21分，江西省吉安市某医药化工有限公司发生爆炸事故，造成3人死亡、5人受伤。事故原因是操作工使用真空泵转料至302釜中，因302釜刚蒸馏完前一批次物料尚未冷却降温，废液中的氯化苯受热形成爆炸性气体，转料过程中产生静电引起爆炸。

(10) 2020年12月19日零点46分，黑龙江省安达市某化工有限公司格雷车间乳化反应釜发生爆炸，事故造成3人死亡，2人重伤，2人轻伤。事故发生时，员工违反操作规程，存在误操作行为，导致空气进入乳化釜内，与甲苯、金属钠混合发生爆炸。

事故引起的思考： 随着工业发展逐步迈向现代化、科技化，对于化工企业的安全生产也提出了更高的要求，在"十四五"期间，我们应该怎么做才能实现现代化的安全管理呢？

【任务目标】

了解化工安全生产的任务。

【知识准备】

化工安全生产的任务是消除生产过程中的不安全因素，创造良好的、安全舒适的劳动环境和工作秩序；就是要变危险为安全、变有害为无害、变笨重劳动为轻便劳动，防止事故和职业病的发生，确保职工的安全与健康。一句话就是向伤亡事故和职业病作斗争。

为实现这个任务，我们必须做好以下几方面工作：

① 认真贯彻国家安全生产法律法规，落实"安全第一、预防为主"的安全生产方针。

企业是安全生产管理的主体，企业员工是落实安全生产管理的具体执行者。作为危险化学品企业，始终坚持"安全第一，预防为主"的安全生产方针，认真贯彻、执行国家有关安全生产的法律、法规、方针政策以及地方、行业标准，狠抓以"事故预防"为主线的安全管理基础工作，使员工逐步形成"企业只有在防范事故发生的措施上下功夫，积极治理安全隐患，安全生产才能有基础和保证"的安全理念，我们才能真正把握安全生产的主动权。

作为员工，从思想上充分认识到所面临的安全形势和任务，明确当前工作任务，能自觉主动地把思想和行动统一到安全工作上来，树立安全第一的思想，消除工作浮躁等现象，认真履行安全生产责任制，严格按章作业。

② 按国家的法律法规制定符合本企业安全生产的各种规章制度，并认真执行，确立安全生产职责，按"安全生产、人人有责"的原则，安全责任到人。

如把安全作为考核每一个员工是否称职的标准，逐级签订安全生产责任书，摆正安全与生产、发展、稳定、效益的关系，有了安全才能生产，能发展，能稳定，才有效益，同样，效益、稳定、发展和生产也是为了安全。切实做到"先安全后生产，不安全不生产"。

③ 采取各种安全技术措施，进行综合治理，使生产设备、设施达到本质安全要求。

安全技术措施既要使企业劳动条件符合国家法规和标准的要求，又要结合企业生产、技术设备状况和发展以及人力、财力、物力的实际，做到既要花钱少又要效果好，讲求实效。对危害严重、危害区域大、涉及人员多的问题，要集中人力、财力、物力优先解决；对因技术经济条件一时解决不了的，要制订规划分阶段治理。在尘、毒、噪声的治理中，往往由于原有设备陈旧、工艺设计不合理，治理措施很难达到根治的效果。因此，应抓住工艺改革、设备改造和技术革新的良好时机，从根本上消除尘、毒、噪声产生的根源，达到事半功倍的效果。要大力推广以无毒代有毒、以低毒代高毒的生产工艺和方法。尽可能采用机械化、自动化控制和操作，减轻工人劳动强度，改善劳动条件。

④ 采取各种职业卫生防护措施，做好文明生产，改善劳动条件和环境，定期检测，防治和消除职业病和职业危害，保障劳动者的身心健康。

用人单位应当优先采用有利于防治职业病和保护劳动者健康的新技术、新工艺、新材料，逐步替代职业病危害严重的技术、工艺、材料；必须采用有效的职业病防护设施，并为劳动者提供个人使用的符合防治职业病要求的防护用品。产生职业病危害的用人单位，应当在醒目位置设置公告栏，公布有关职业病防治的规章制度、操作规程、职业病危害事故应急救援措施和工作场所职业病危害因素检测结果。对产生严重职业病危害的作业岗位，应当在其醒目位置，设置警示标识和中文警示说明。警示说明应当写明产生职业病危害的种类、后果、预防以及应急救治措施等内容。

⑤ 加强各种培训，学习法律法规，学习安全和业务知识，自觉贯彻执行各项安全、卫生法规，遵章守纪，努力提高职工安全素质，提升企业安全文化。

加强职工安全教育培训，充分利用标语、简报、板报等形式，深入开展安全宣传活动，多开展如安全主题等教育活动，表扬先进，鞭策后进，实现从"要我安全"到"我要安全"的思想转变，形成"我能安全""我会安全"的安全文化。

对全体职工采取专项强化培训、分级管理、统一标准、严格考核的原则，有针对性地把理论知识与实际工作相结合，增强广大员工主动提高科学技术水平、业务水平的意识。采取业余学习与脱产学习结合的方式，岗位练兵，技术比武，以现场为课堂，事故案例分析等方法，不断强化员工安全意识和应急处置的能力，牢固树立"安全第一，预防为主"的思想。

⑥ 坚持落实安全生产目标管理，推广和应用现代化安全管理技术与方法。

明确安全目标与指标的制订、分解、实施、考核等环节内容，建立健全安全生产管理体系，落实安全生产责任，使安全生产目标管理规范化和制度化，确保安全生产目标能自上而下层层分解落实。运用现代安全管理原理、方法和手段，分析和研究各种不安全因素，从技术上、组织上和管理上采取有力的措施，解决和消除各种不安全因素，防止事故的发生。

【任务实践】

随着现代企业制度的建立和安全科学技术的发展,现代企业更需要发展科学、合理、有效的现代安全管理方法和技术,试结合所学知识分析,现代安全管理的任务是什么?

―――――――――― **知识巩固** ――――――――――

简答题
1. 简述现代化工生产的危险性特点。
2. 简述化工事故的类型。
3. 如何认识安全在化工生产过程中的重要性?
4. 简述化工安全生产的任务。

项目二

探索危险化学品的安全技术

任务一 认识危险化学品的分类及特性

【案例引入】

某化工有限公司"11·28"重大燃爆事故

事故基本情况：2018年11月28日0时40分，河北省张家口市某化工有限公司氯乙烯泄漏扩散至厂外区域，遇火源发生爆燃，造成24人死亡、21人受伤，38辆大货车和12辆小型车损毁，截至2018年12月24日直接经济损失4148.8606万元。爆燃事故现场见图2-1。

图2-1 张家口某化工有限公司"11·28"重大爆燃事故现场

事故直接原因：该公司聚氯乙烯车间的1号氯乙烯气柜长期未按规定检修，事发前氯乙烯气柜卡顿、倾斜，发生泄漏，致使压缩机入口压力降低，但操作人员没有及时发现气柜卡顿，仍然按照常规操作方式调大压缩机回流，使进入气柜的气量加大，加之调速过快，氯乙烯冲破环形水封泄漏，并向厂区外扩散，遇火源发生爆燃。

事故引起的反思：氯乙烯是什么样的化学品？有什么危险性？

【任务目标】

1. 了解危险化学品的分类。
2. 了解危险化学品造成化学事故的主要特性。

【知识准备】

一、危险化学品的分类

《危险化学品安全管理条例》（国务院令第 645 号）对危险化学品作了如下定义：具有毒害、腐蚀、爆炸、燃烧、助燃等性质，对人体、设施、环境具有危害的剧毒化学品和其他化学品。

目前，针对危险化学品的分类有多种方式，如《危险货物分类和品名编号》（GB 6944—2012）按危险货物具有的危险性或最主要的危险性分为 9 个类别，2015 年安全监管总局会同工业和信息化部、公安部、环境保护部、交通运输部、农业部、国家卫生计生委、质检总局、铁路局、民航局制定了《危险化学品目录（2015 版）》等。

（一）危险货物分类

《危险货物分类和品名编号》（GB 6944—2012）给出了爆炸品配装组分类和组合、危险货物危险性的先后顺序以及危险货物包装类别。有些类别再分成项别，注意类别和项别的号码顺序并不是危险程度的顺序。具体分类如下：

第 1 类　爆炸品

本类包括：①爆炸性物质；②爆炸性物品；③为产生爆炸或烟火实际效果而制造的，①和②中未提及的物质或物品。

爆炸性物质是指固体或液体物质（或物质混合物）自身能够通过化学反应产生气体，其温度、压力和速度高到能对周围造成破坏。烟火物质即使不放出气体，也包括在爆炸性物质范围内。爆炸性物品是指含有一种或几种爆炸性物质的物品。

第 1 类划分为 6 项。

第 1.1 项　有整体爆炸危险的物质和物品，如高氯酸。
第 1.2 项　有迸射危险，但无整体爆炸危险的物质和物品。
第 1.3 项　有燃烧危险并有局部爆炸危险或局部迸射危险或这两种危险都有，但无整体爆炸危险的物质和物品，如二亚硝基苯。
第 1.4 项　不呈现重大危险的物质和物品，如四唑并-1-乙酸。
第 1.5 项　有整体爆炸危险的非常不敏感物质。
第 1.6 项　无整体爆炸危险的极端不敏感物品。

第 2 类　气体

本类气体指：在 50℃时，蒸气压力大于 300kPa 的物质；20℃时在 101.3kPa 标准压力下完全是气态的物质。

本类包括：压缩气体、液化气体、溶解气体和冷冻液化气体、一种或多种气体与一种或多种其他类别物质的蒸气混合物，充有气体的物品和气雾剂。

压缩气体是指－50℃下加压包装供运输时完全是气态的气体，包括临界温度小于－50℃的所有气体。液化气体是指在温度大于－50℃下加压包装供运输时部分是液态的气体，可分为高压液化气体（即临界温度在－50～65℃之间的气体）和低压液化气体（即临界温度大于65℃的气体）。溶解气体是指加压包装供运输时溶解于液相溶剂中的气体。冷冻液化气体是指包装供运输时由于其温度低而部分呈液态的气体。

第 2 类分为 3 项。

第 2.1 项　易燃气体

本项包括：在 20℃和 101.3kPa 条件下，爆炸下限小于或等于 13%的气体；不论其爆炸下限如何，其爆炸极限（燃烧范围）大于或等于 12%的气体，如氢气、一氧化碳、甲烷等。

第 2.2 项　非易燃无毒气体

本项包括：窒息性气体、氧化性气体以及不属于其他项别的气体，如氮气、氧气等；不包括：在温度 20℃时的压力低于 200kPa 且未经液化或冷冻液化的气体。

第 2.3 项　毒性气体

毒性气体包括：其毒性或腐蚀性对人类健康造成危害的气体；急性半数致死浓度 LC_{50} 值≤$5000mL/m^3$ 的毒性或腐蚀性气体，如（液化的）氯、（液化的）氨等。

第 3 类　易燃液体

本类包括易燃液体和液态退敏爆炸品。

易燃液体是指易燃的液体或液体混合物；在溶液或悬浮液中含有固体的液体，其闭杯试验闪点不高于 60℃，或开杯试验闪点不高于 65.5℃。易燃液体还包括在温度等于或高于其闪点的条件下提交运输的液体、或以液态在高温条件下运输或提交运输并在温度等于或低于最高运输温度下放出的易燃蒸气的物质。

注意：符合上述定义，但闪点高于 35℃而且不能持续燃烧的液体，该标准下不视为易燃液体；标准中还列出了液体三种被视为不能持续燃烧的情况。

液态退敏爆炸品是指为抑制爆炸性物质的爆炸性能，将爆炸性物质溶解或悬浮在水中或其他液态物质后，形成的均匀液态混合物。

第 4 类　易燃固体、易于自燃的物质、遇水放出易燃气体的物质

第 4 类分为 3 项。

第 4.1 项　易燃固体、自反应物质和固态退敏爆炸品

易燃固体是指易于燃烧的固体和摩擦可能燃烧的固体。

自反应物质是指即使没有氧气（空气）存在，也容易发生激烈放热分解反应的热不稳定物质。

固态退敏爆炸品是指为抑制爆炸性物质的爆炸性能，用水或酒精湿润爆炸性物质或用其他物质稀释爆炸性物质后，形成的均匀固态混合物。

第 4.2 项　易于自燃的物质

本项包括：发火物质和自热物质。发火物质是指即使该物质只有少量与空气接触，在低于 5min 的时间便燃烧的物质，包括混合物和溶液（液体或固体）。自热物质是指除发火物质之外的与空气接触便能自己发热的物质。

第 4.3 项　遇水放出易燃气体的物质

本项物质是指遇水放出易燃气体，且该气体与空气混合能够形成爆炸性混合物的物质。

第 5 类　氧化性物质和有机过氧化物

第 5 类分为 2 项，氧化性物质和有机过氧化物。

第 5.1 项　氧化性物质

氧化性物质是指本身未必燃烧，但通常因放出氧可能引起或促使其他物质燃烧的物质，如氯酸铵、高锰酸钾等。

第 5.2 项　有机过氧化物

有机过氧化物是指含有二价过氧基（—O—O—）结构的有机物质，如过氧化苯甲酰、过氧化甲乙酮等。

注意：当有机过氧化物配制品满足下列条件之一时，视为非有机过氧化物：①其有机过氧化物的有效氧质量分数不超过 1.0%，而且过氧化氢质量分数不超过 1.0%；②其有机过氧化物的有效氧质量分数不超过 0.5%，而且过氧化氢质量分数超过 1.0% 但不超过 7.0%。

第 6 类　毒性物质和感染性物质

第 6 类分为 2 项，毒性物质和感染性物质。

第 6.1 项　毒性物质

毒性物质是指经吞食、吸入或与皮肤接触后可能造成死亡、严重受伤或损害人类健康的物质，如各类氰化物、砷化物、化学农药等。毒性物质的毒性分为急性口服毒性、急性皮肤接触毒性和急性吸入毒性。分别用口服毒性半数致死量 LD_{50}、皮肤接触毒性半数致死量 LD_{50}、吸入毒性半数致死浓度 LC_{50} 衡量。

本项包括满足下列条件之一的毒性物质（固体或液体）。

急性口服毒性：$LD_{50} \leqslant 300mg/kg$；急性皮肤接触毒性：$LD_{50} \leqslant 1000mg/kg$；急性吸入粉尘和烟雾毒性：$LC_{50} \leqslant 4mg/L$；急性吸入蒸汽（气）毒性：$LC_{50} \leqslant 5000mL/m^3$，且在 20℃ 和标准大气压力下的饱和蒸汽（气）浓度 $\geqslant 1/5\ LC_{50}$。

第 6.2 项　感染性物质

感染性物质是指已知或有理由认为含有病原体的物质。

第 7 类　放射性物质

本类物质是指任何含有放射性核素并且其活度、浓度和放射性总活度都超过《放射性物品安全运输规程》（GB 11806—2019）规定限值的物质。

第 8 类　腐蚀性物质

腐蚀性物质是指通过化学作用使生物组织接触时造成严重损伤或在渗漏时会严重损害甚至毁坏其他货物或运载工具的物质，如硫酸、硝酸、盐酸、氢氧化钠、硫铵化钙、苯酚钠等。腐蚀性物质包括满足下列条件之一的物质：①使完好皮肤组织在暴露超过 60min，但不超过 4h 之后开始的最多 14d 观察期间全厚度损毁的物质；②被判定不引起完好皮肤全厚度毁损，但在55℃试验温度下，对钢或铝的表面腐蚀率超过6.25mm/a的物质。

第9类 杂项危险物质和物品，包括危害环境物质

本类是指存在危险但不能满足其他类别定义的物质和物品，包括：①以微细粉尘吸入可危害健康的物质；②会放出易燃气体的物质；③锂电池组；④救生设备；⑤一旦发生火灾可形成二噁英的物质和物品；⑥在高温下运输或提交运输的物质，是指在液态温度达到或超过100℃，或固态温度达到或超过240℃条件下运输的物质；⑦危害环境物质；⑧不符合6.1项毒性物质或6.2项感染性物质定义的经基因修改的微生物和生物体；⑨其他物质。

依据上述危险化学品的分类，《危险货物分类和品名编号》（GB 6944—2012）对危险货物包装类别作出要求，为了包装目的，除了第1类、第2类、第7类、第5.2项和6.2项，以及第4.1项自反应物质以外的物质，根据其危险程度，划分为三个包装类别：Ⅰ类包装，具有高度危险性的物质；Ⅱ类包装，具有中等危险性的物质；Ⅲ类包装，具有轻度危险性的物质。

（二）危险化学品分类

《危险化学品目录（2015版）》内容涵盖危险化学品的定义和确定原则、剧毒化学品的定义和判定界限及具体的危险化学品目录。

1. 危险化学品的定义和确定原则

定义：具有毒害、腐蚀、爆炸、燃烧、助燃等性质，对人体、设施、环境具有危害的剧毒化学品和其他化学品。

确定原则：危险化学品的品种依据化学品分类和标签国家标准，从下列危险和危害特性类别中确定。

（1）物理危险

爆炸物：不稳定爆炸物、1.1项、1.2项、1.3项、1.4项。

易燃气体：类别1、类别2、化学不稳定性气体类别A、化学不稳定性气体类别B。

气溶胶（又称气雾剂）：类别1。

氧化性气体：类别1。

加压气体：压缩气体、液化气体、冷冻液化气体、溶解气体。

易燃液体：类别1、类别2、类别3。

易燃固体：类别1、类别2。

自反应物质和混合物：A型、B型、C型、D型、E型。

自燃液体：类别1。

自燃固体：类别1。

自热物质和混合物：类别1、类别2。

遇水放出易燃气体的物质和混合物：类别1、类别2、类别3。

氧化性液体：类别1、类别2、类别3。

氧化性固体：类别1、类别2、类别3。

有机过氧化物：A 型、B 型、C 型、D 型、E 型、F 型。

金属腐蚀物：类别 1。

(2) 健康危害

急性毒性：类别 1、类别 2、类别 3。

皮肤腐蚀/刺激：类别 1A、类别 1B、类别 1C、类别 2。

严重眼损伤/眼刺激：类别 1、类别 2A、类别 2B。

呼吸道或皮肤致敏：呼吸道致敏物 1A、呼吸道致敏物 1B、皮肤致敏物 1A、皮肤致敏物 1B。

生殖细胞致突变性：类别 1A、类别 1B、类别 2。

致癌性：类别 1A、类别 1B、类别 2。

生殖毒性：类别 1A、类别 1B、类别 2、附加类别。

特异性靶器官毒性——一次接触：类别 1、类别 2、类别 3。

特异性靶器官毒性——反复接触：类别 1、类别 2。

吸入危害：类别 1。

(3) 环境危害

危害水生环境——急性危害：类别 1、类别 2。

危害水生环境——长期危害：类别 1、类别 2、类别 3。

危害臭氧层：类别 1。

2. 剧毒化学品的定义和判定界限

定义：具有剧烈急性毒性危害的化学品，包括人工合成的化学品及其混合物和天然毒素，还包括具有急性毒性易造成公共安全危害的化学品。

剧烈急性毒性判定界限：急性毒性类别 1，即满足下列条件之一，大鼠实验，经口 $LD_{50} \leqslant 5mg/kg$，经皮 $LD_{50} \leqslant 50mg/kg$，吸入（4h）$LC_{50} \leqslant 100mL/m^3$（气体）或 $0.5mg/L$（蒸气）或 $0.05mg/L$（尘、雾）。经皮 LD_{50} 的实验数据，也可使用兔实验数据。

3.《危险化学品目录》各栏目的含义

(1)"序号"是指《危险化学品目录》中化学品的顺序号。

(2)"品名"是指根据《化学命名原则》（1980）确定的名称。

(3)"别名"是指除"品名"以外的其他名称，包括通用名、俗名等。

(4)"CAS 号"是指美国化学文摘社对化学品的唯一登记号。

(5)"备注"是对剧毒化学品的特别注明。

4. 其他事项

(1)《危险化学品目录》按"品名"汉字的汉语拼音排序。

(2)《危险化学品目录》中除列明的条目外，无机盐类同时包括无水和含有结晶水的化合物。

(3) 序号"2828"是类属条目，《危险化学品目录》中除列明的条目外，符合相应条件的属于危险化学品。

(4)《危险化学品目录》中除混合物之外无含量说明的条目，是指该条目的工业产品或者纯度高于工业产品的化学品,用作农药用途时,是指其原药。

(5)《危险化学品目录》中的农药条目结合其物理危险性、健康危害、环境危害及农药管理情况综合确定。

危险化学品目录(部分)见表2-1。

表2-1 危险化学品目录(部分)

序号	品　　名	别　　名	CAS号	备注
1	阿片	鸦片	8008-60-4	
2	氨	液氨;氨气	7664-41-7	
3	5-氨基-1,3,3-三甲基环己甲胺	异佛尔酮二胺;3,3,5-三甲基-4,6-二氨基-2-烯环己酮;1-氨基-3-氨基甲基-3,5,5-三甲基环己烷	2855-13-2	
4	5-氨基-3-苯基-1-[双(N,N-二甲基氨基氧膦基)]-1,2,4-三唑(含量>20%)	威菌磷	1031-47-6	剧毒
5	4-[3-氨基-5-(1-甲基胍基)戊酰氨基]-1-[4-氨基-2-氧代-1(2H)-嘧啶基]-1,2,3,4-四脱氧-β,D-赤己-2-烯吡喃糖醛酸	灰瘟素	2079-00-7	
6	4-氨基-N,N-二甲基苯胺	N,N-二甲基对苯二胺;对氨基-N,N-二甲基苯胺	99-98-9	
7	2-氨基苯酚	邻氨基苯酚	95-55-6	
8	3-氨基苯酚	间氨基苯酚	591-27-5	
9	4-氨基苯酚	对氨基苯酚	123-30-8	
10	3-氨基苯甲腈	间氨基苯甲腈;氰化氨基苯	2237-30-1	
11	2-氨基苯胂酸	邻氨基苯胂酸	2045-00-3	
12	3-氨基苯胂酸	间氨基苯胂酸	2038-72-4	
13	4-氨基苯胂酸	对氨基苯胂酸	98-50-0	
14	4-氨基苯胂酸钠	对氨基苯胂酸钠	127-85-5	
15	2-氨基吡啶	邻氨基吡啶	504-29-0	
16	3-氨基吡啶	间氨基吡啶	462-08-8	
17	4-氨基吡啶	对氨基吡啶;4-氨基氮杂苯;对氨基氮苯;γ-吡啶胺	504-24-5	
18	1-氨基丙烷	正丙胺	107-10-8	
19	2-氨基丙烷	异丙胺	75-31-0	
20	3-氨基丙烯	烯丙胺	107-11-9	剧毒
21	4-氨基二苯胺	对氨基二苯胺	101-54-2	
22	氨基胍重碳酸盐		2582-30-1	
23	氨基化钙	氨基钙	23321-74-6	
24	氨基化锂	氨基锂	7782-89-0	
25	氨基磺酸		5329-14-6	
26	5-(氨基甲基)-3-异噁唑醇	3-羟基-5-氨基甲基异噁唑;蝇蕈醇	2763-96-4	
27	氨基甲酸胺		1111-78-0	
28	(2-氨基甲酰氧乙基)三甲基氯化铵	氯化氨甲酰胆碱;卡巴考	51-83-2	
29	3-氨基喹啉		580-17-6	

续表

序号	品 名	别 名	CAS 号	备注
30	2-氨基联苯	邻氨基联苯;邻苯基苯胺	90-41-5	
31	4-氨基联苯	对氨基联苯;对苯基苯胺	92-67-1	
32	1-氨基乙醇	乙醛合氨	75-39-8	
33	2-氨基乙醇	乙醇胺;2-羟基乙胺	141-43-5	
34	2-(2-氨基乙氧基)乙醇		929-06-6	
35	氨溶液(含氨＞10%)	氨水	1336-21-6	
36	N-氨基乙基哌嗪	1-哌嗪乙胺;N-(2-氨基乙基)哌嗪;2-(1-哌嗪基)乙胺	140-31-8	
37	八氟-2-丁烯	全氟-2-丁烯	360-89-4	
38	八氟丙烷	全氟丙烷	76-19-7	
39	八氟环丁烷	RC318	115-25-3	
40	八氟异丁烯	全氟异丁烯;1,1,3,3,3-五氟-2-(三氟甲基)-1-丙烯	382-21-8	剧毒

二、危险化学品造成化学事故的主要特性

危险化学品之所以具有危险性，能引起事故甚至灾难性事故，与其本身的特性有关。主要特性如下。

(一) 易燃易爆性

易燃易爆的化学品在常温常压下，经撞击、摩擦和接触、热源、火花等，能发生燃烧与爆炸。

燃烧爆炸的能力大小取决于这类物质的化学组成。化学组成决定着化学物质的燃点、闪点的高低，燃烧范围，爆炸极限，燃速，发热量等。

一般来说，气体比液体、固体易燃易爆，燃速更快。这是因为气体的分子间力小，化学键容易断裂，无须溶解、熔化和分解。

分子越小，分子量越低，其物质化学性质越活泼，越容易引起燃烧爆炸。由简单成分组成的气体比由复杂成分组成的气体易燃易爆，含有不饱和键的化合物比含有饱和键的化合物易燃易爆，如火灾爆炸危险性 $H_2＞CO＞CH_4$。

可燃性气体燃烧前必须与助燃气体先混合，当可燃性气体从容器内逸出时，与空气混合，就会形成爆炸性混合物，两者互为条件，缺一不可。而乙烯、乙炔、环氧乙烷等分解爆炸性气体，不需与助燃气体混合，其本身就会发生爆炸。

有些化学物质相互间不能接触，否则将发生爆炸，如硝酸与苯，高锰酸钾与甘油等。

由于任何物体的摩擦都会产生静电，所以当易燃易爆的化学危险物品从破损的容器或管道口处高速喷出时能够产生静电，这些气体或液体中的杂质越多，流速越快，产生的静电荷越多，这是极危险的点火源。

燃点较低的危险品易燃性强，如黄磷在常温下遇空气即发生燃烧。某些遇湿易燃的化学物质在受潮或遇水后会放出氧气引燃，如电石、五氧化二磷等。

（二）扩散性

化学事故中化学物质逸出，可以向周围扩散，比空气轻的可燃气体可在空气中迅速扩散，与空气形成混合物，致使燃烧、爆炸与毒害蔓延扩大。比空气重的物质多散在地表、沟、角落等处，若长时间积聚不散，会造成迟发性燃烧、爆炸和引起人员中毒。

这些气体的扩散性受气体本身密度的影响，分子量越小的物质扩散越快。如氢气的分子量最小，其扩散速率最快，在空气中达到爆炸极限的时间最短。气体的扩散速率与其分子量的平方根成反比。

（三）突发性

化学物质引发的事故，多是突发性的，在很短的时间内或瞬间即产生危害。一般的火灾要经过起火、蔓延扩大到猛烈燃烧几个阶段，需经历几分钟到几十分钟，而化学危险物品一旦起火，往往迅速蔓延，燃烧、爆炸交替发生，加之有毒物质的弥散，迅速产生危害。许多化学事故是高压气体从容器、管道、塔、槽等设备泄漏，由于高压气体的性质，短时间内喷出大量气体，使大片地区迅速变成污染区。

（四）毒害性

有毒的化学物质无论是脂溶性的还是水溶性的，都有进入机体与损坏机体正常功能的能力。这些化学物质通过一种或多种途径进入机体达到一定量便会引起机体结构的损伤，破坏正常的生理功能进而引起中毒。

三、影响危险化学品危险性的主要因素

化学物质的物理、化学性质与状态可以说明其物理危险性和化学危险性。如气体、蒸气的密度可以说明该物质可能沿地面流动还是上升到上层空间，加热、燃烧、聚合等可使某些化学物质发生化学反应，引起爆炸或产生有毒气体。

（一）爆炸品物理性质与危险性的关系

(1) 沸点　在 101.3kPa 大气压下，物质由液态转变为气态的温度称为沸点。物质的沸点越低，汽化越快，事故现场空气的污染浓度越高，越易达到爆炸极限。

(2) 熔点　指物质在 101.3kPa 下的熔化温度或温度范围。熔点反映物质的纯度，由此可推断出该物质在各种环境介质（水、土壤、空气）中的分布。熔点的高低与污染现场的洗消、污染物处理有关。

(3) 液体相对密度　指环境温度（20℃）下，物质密度与 4℃时水的密度的比值。当相对密度小于 1 的液体发生火灾时，用水灭火将是无效的，因为水将沉至燃烧着的液面下方，且消防水的流动可使火势蔓延。

(4) 蒸气压　饱和蒸气压的简称，指化学物质在一定温度下与其液体或固体相互平衡时的饱和蒸气的压力。蒸气压是温度的函数，在一定温度下，每种物质的饱和蒸气压可认为是一个常数。发生事故时的气温越高，化学物质的蒸气压越高，其在空气中的浓度则相应

增高。

（5）蒸气相对密度　指在给定条件下，化学物质的蒸气密度与参比物质（空气）密度的比值。依据《爆炸危险环境电力装置设计规范》（GB 50058—2014），相对密度小于0.8的气体或蒸气规定为轻于空气的气体或蒸气；相对密度大于1.2的气体或蒸气规定为重于空气的气体或蒸气。轻于空气的气体趋向于向天花板移动或自敞开的窗户逸出房间。重于空气的气体，泄漏后趋向于集中至接近地面，能在较低处扩散到相当远的距离。若气体可燃，遇明火可能引起远处着火回燃。如果释放出来的蒸气是相对密度小的可燃气体，可能积聚在建筑物上层空间，遇着火源引起爆炸。

（6）蒸气/空气混合物的相对密度　指在与敞口空气相接触的液体或固体上方存在的蒸气与空气混合物相对于周围纯空气的密度。当相对密度值≥1.1时，该混合物可能沿地面流动，并可能在低洼处积累。当其数值为0.9～1.1时，能与周围空气快速混合。

（7）闪点　在大气压力（101.3kPa）下，一种液体表面上方释放出的可燃蒸气与空气完全混合后，可以闪燃5s的最低温度称为闪点。闪点是判断可燃性液体蒸气由于外界明火而发生闪燃的依据。化学物质泄漏后，闪点越低，越易在空气中形成爆炸混合物，引起燃烧与爆炸。

（8）自燃温度　指一种物质与空气接触发生起火或引起自燃的最低温度，并且在此温度下无火源（火焰或火花）时，物质可继续燃烧。自燃温度不仅取决于物质的化学性质，而且还与物料的大小、形状和性质等因素有关。对可能存在爆炸性蒸气/空气混合物的空间中，自燃温度是选择使用电气设备的重要参数，而且对选择生产工艺温度亦是至关重要的。

（9）爆炸极限　指一种可燃气体或蒸气与空气的混合物能着火或引燃爆炸的浓度范围。空气中含有可燃气体（如氢气、一氧化碳、甲烷等）或蒸气（如乙醇蒸气、苯蒸气）时，在一定浓度范围内，遇到火花就会使火焰蔓延而发生爆炸。其最低浓度称为下限，最高浓度称为上限，浓度低于或高于这一范围，都不会发生爆炸。

（10）临界温度与临界压力　气体在加温加压下可变为液体，压入高压钢瓶或贮罐中，使气体液化的最高温度称为临界温度，在临界温度下使其液化所需的最低压力称为临界压力。

（二）其他物理、化学危险性

电阻率在 1×10^{10}～$1\times10^{15}\Omega\cdot cm$ 的液体在流动、搅动时易产生静电，引起火灾与爆炸，如泵吸、搅拌、过滤等。如果该液体中含有其他液体、气体或固体颗粒物（混合物、悬浮物），这种情况更容易发生。

有些化学可燃物质呈粉末或微细颗粒物（直径小于0.5mm）时，与空气充分混合引燃可能发生燃爆，在封闭空间中，爆炸可能很猛烈。有些化学物质在贮存时生成过氧化物，蒸发或加热后的残渣可能自燃爆炸，如醚类化合物。

聚合是一种物质的分子结合成大分子的化学反应。聚合反应通常放出较大的热量，使温度急剧升高，反应速率加快，有着火或爆炸的危险。

有些化学物质加热可能引起猛烈燃烧或爆炸，如自身受热或局部受热时发生反应，将导致燃烧，在封闭空间内可能导致猛烈爆炸。有些化学物质在与其他物质混合或燃烧时产生有毒气体释放到空间［几乎所有有机物的燃烧都会产生有毒气体如（CO）；还有一些气体本身无毒，但大量填充在封闭空间，造成空气中氧含量减少而使人员窒息]。强酸、强碱在与其他物质接触时常发生剧烈反应，产生侵蚀等作用。

（三）中毒危险性

在突发的化学事故中，有毒化学物质能引起人员中毒，其危险性会大大增加。

【任务实践】

试结合所学知识，对实训室及实验室的现有物品进行分类标注。

任务二　认识危险化学品的标识及安全技术说明书

【案例引入】

甲醇安全技术说明书

第一部分：化学品名称			
化学品中文名称	甲醇	化学品俗名	木酒精
化学品英文名称	methyl alcohol	英文名称	methanol
技术说明书编码	307	CAS号	67-56-1
生产企业名称			
地址			
生效日期			
第二部分：成分/组成信息			
有害物成分		含量	CAS号
甲醇			67-56-1
第三部分：危险性概述			
危险性类别			
侵入途径			
健康危害	对中枢神经系统有麻醉作用；对视神经和视网膜有特殊选择作用，引起病变；可致代谢性酸中毒；急性中毒：短时间大量吸入出现轻度眼及上呼吸道刺激症状（口服有胃肠道刺激症状）；经一段时间潜伏期后出现头痛、头晕、乏力、眩晕、酒醉感、意识朦胧、谵妄，甚至昏迷。视神经及视网膜病变，可出现视物模糊、复视等，严重者失明。代谢性酸中毒时出现二氧化碳结合力下降、呼吸加速等。慢性影响：神经衰弱综合征，植物神经功能失调，黏膜刺激，视力减退等。皮肤出现脱脂、皮炎等		
环境危害			
燃爆危险	本品易燃，具刺激性		
第四部分：急救措施			
皮肤接触	脱去污染的衣物，用肥皂水和清水彻底冲洗皮肤		
眼睛接触	提起眼睑，用流动清水或生理盐水冲洗。就医		
吸入	迅速脱离现场至空气新鲜处。保持呼吸道通畅。如呼吸困难，给输氧。如呼吸停止，立即进行人工呼吸。就医		
食入	饮足量温水，催吐。用清水或1%硫代硫酸钠溶液洗胃。就医		

	第五部分:消防措施		
危险特性	易燃,其蒸气与空气可形成爆炸性混合物,遇明火、高热能引起燃烧爆炸。与氧化剂接触发生化学反应或引起燃烧。在火场中,受热的容器有爆炸危险。其蒸气比空气重,能在较低处扩散到相当远的地方,遇火源会着火回燃		
有害燃烧产物	一氧化碳、二氧化碳		
灭火方法	尽可能将容器从火场移至空旷处。喷水保持火场容器冷却,直至灭火结束。处在火场中的容器若已变色或从安全泄压装置中产生声音,必须马上撤离。灭火剂:抗溶性泡沫、干粉、二氧化碳、砂土		
	第六部分:泄漏应急处理		
应急处理	迅速撤离泄漏污染区人员至安全区,并进行隔离,严格限制出入。切断火源。建议应急处理人员戴正压自给式呼吸器,穿防静电工作服。不要直接接触泄漏物。尽可能切断泄漏源。防止流入下水道、排洪沟等限制性空间 小量泄漏:用砂土或其他不燃材料吸附或吸收。也可以用大量水冲洗,冲洗水稀释后放入废水系统 大量泄漏:构筑围堤或挖坑收容。用泡沫覆盖,降低蒸气灾害。用防爆泵转移至槽车或专用收集器内,回收或运至废物处理场所处置		
	第七部分:操作处置与储存		
操作注意事项	密闭操作,加强通风。操作人员必须经过专门培训,严格遵守操作规程。建议操作人员佩戴过滤式防毒面具(半面罩),戴化学安全防护眼镜,穿防静电工作服,戴橡胶手套。远离火种、热源,工作场所严禁吸烟。使用防爆型的通风系统和设备。防止蒸气泄漏到工作场所空气中。避免与氧化剂、酸类、碱金属接触。灌装时应控制流速,且有接地装置,防止静电积累。配备相应品种和数量的消防器材及泄漏应急处理设备。倒空的容器可能残留有害物		
贮存注意事项	贮存于阴凉通风的库房。远离火种、热源。库温不宜超过30℃。保持容器密封。应与氧化剂、酸类、碱金属等分开存放,切忌混贮。采用防爆型照明、通风设施。禁止使用易产生火花的机械设备和工具。贮区应备有泄漏应急处理设备和合适的收容材料		
	第八部分:接触控制/个体防护		
中国MAC/(mg/m^3)	50		
苏联MAC/(mg/m^3)	5		
TLVTN	OSHA 200×10^{-6},262mg/m^3;ACGIH 200×10^{-6},262mg/m^3(皮)		
TLVWN	ACGIH 250×10^{-6},328mg/m^3(皮)		
监测方法	气相色谱法;变色酸分光光度法		
工程控制	生产过程密闭,加强通风。提供安全淋浴和洗眼设备		
呼吸系统防护	可能接触其蒸气时,应该佩戴过滤式防毒面具(半面罩)。紧急事态抢救或撤离时,建议佩戴空气呼吸器		
眼睛防护	戴化学安全防护眼镜		
身体防护	穿防静电工作服		
手防护	戴橡胶手套		
其他防护	工作现场禁止吸烟、进食和饮水。工作完毕,淋浴更衣。实行就业前和定期的体检		
	第九部分:理化特性		
外观与性状	无色澄清液体,有刺激性气味		
pH			
熔点/℃	−97.8	相对密度(水=1)	0.79
沸点/℃	64.8	相对蒸气密度(空气=1)	1.11
分子式	CH$_4$O	分子量	32.04
主要成分	纯品		
饱和蒸气压/kPa	13.33(21.2℃)	燃烧热/(kJ/mol)	727.0
临界温度/℃	240	临界压力/MPa	7.95
辛醇/水分配系数的对数值	−0.82/−0.66		
闪点/℃	11	爆炸上限(VN)/%	44.0
引燃温度/℃	385	爆炸下限(VN)/%	5.5

第九部分:理化特性	
溶解性	溶于水,可混溶于醇、醚等多数有机溶剂
主要用途	主要用于制甲醛、香精、染料、医药、火药、防冻剂等
其他理化性质	
第十部分:稳定性和反应活性	
稳定性	
禁配物	酸类、酸酐、强氧化剂、碱金属
避免接触的条件	
聚合危害	
分解产物	
第十一部分:毒理学资料	
急性毒性	LD_{50}:5628mg/kg(大鼠经口);15800mg/kg(兔经皮); LC_{50}:83776mg/m^3,4h(大鼠吸入)
亚急性和慢性毒性	
刺激性	
致敏性	
致突变性	
致畸性	
致癌性	
第十二部分:生态学资料	
生态毒理毒性	
生物降解性	
非生物降解性	
生物富集或生物积累性	
其他有害作用	该物质对环境可能有危害,对水体应给予特别注意
第十三部分:废弃处置	
废弃物性质	
废弃处置方法	用焚烧法处置
废弃注意事项	
第十四部分:运输信息	
危险货物编号	32058
UN 编号	1230
包装标志	
包装类别	O52
包装方法	小开口钢桶;安瓿瓶外普通木箱;螺纹口玻璃瓶、铁盖压口玻璃瓶、塑料瓶或金属桶(罐)外普通木箱
运输注意事项	本品铁路运输时限使用钢制企业自备罐车装运,装运前需报有关部门批准。运输时运输车辆应配备相应品种和数量的消防器材及泄漏应急处理设备。夏季最好早晚运输。运输时所用的槽(罐)车应有接地链,槽内可设孔隔板以减少震荡产生静电。严禁与氧化剂、酸类、碱金属、食用化学品等混装混运。运输途中应防暴晒、雨淋,防高温。中途停留时应远离火种、热源、高温区。装运该物品的车辆排气管必须配备阻火装置,禁止使用易产生火花的机械设备和工具装卸。公路运输时要按规定路线行驶,勿在居民区和人口稠密区停留。铁路运输时要禁止溜放。严禁用木船、水泥船散装运输

续表

	第十五部分:法规信息
法规信息	下列法律法规和标准,对化学品的安全使用、贮存、运输、装卸、分类和标志等方面均作了相应的规定: 中华人民共和国安全生产法; 中华人民共和国职业病防治法; 中华人民共和国环境保护法; 危险化学品安全管理条例; 安全生产许可证条例; 化学品分类和危险性公示通则(GB 13690—2009); 危险化学品目录(2015版)
	第十六部分:其他信息
参考文献	
填表部门	
数据审核单位	
修改说明	
其他信息	

思考:安全技术说明书有什么作用?

【任务目标】

1. 认识安全标志及危险化学品标志。
2. 读懂危险化学品安全技术说明书和安全标签。

【知识准备】

一、安全色标

安全色标是特定的表达安全信息含义的颜色和标志。它以形象而醒目的信息语言向人们提供表达禁止、警告、指令、提示等安全信息。

我国国家标准《安全色》(GB 2893—2008)中规定红、蓝、黄、绿四种颜色为安全色,各安全色的含义及用途见表2-2。

表2-2 安全色的含义及用途

颜色	含义	用途举例
红色	禁止(停止)	禁止标志、停止信号;机器、车辆上的紧急停止手柄或按钮以及禁止人们触动的部位
蓝色	指令(必须遵守)	指令标志:如必须佩戴防护用具,道路上指引车辆和行人行驶方向的指令等
黄色	警告(注意)	警告标志、警戒标志:如厂内危险机器和坑池周围引起注意的警戒线,行车道中线,机械上齿轮内部,安全帽等
绿色	安全(通行)	提示标志:车间内的安全通道,行人和车辆通行标志,消防设备和其他安全防护设备的位置

二、安全标志

安全标志分禁止标志、警告标志、指令标志及提示标志，根据标准《图形符号安全色和安全标志 第5部分：安全标志使用原则与要求》（GB/T 2893.5—2020），我国规定的警告标志共有39个，禁止标志共有40个，指令标志共有16个，提示标志共有8个。

安全标志的类型及含义见表2-3。

表2-3 安全标志的类型及含义

标志类型	标志示例	含　　义
禁止标志	禁止明火作业	禁止人们不安全行为；其基本形式为带斜杠的圆形框。圆形和斜杠为红色，图形符号为黑色，衬底为白色
警告标志	注意安全	提醒人们对周围环境引起注意，以避免可能发生的危险，其基本形式是正三角形边框。三角形边框及图形符号为黑色，衬底为黄色
指令标志	必须戴防毒面具	强制人们必须做出某种动作或采用防范措施；其基本形式是圆形边框。图形符号为白色，衬底为蓝色
提示标志	紧急出口	向人们提供某种信息（如标明安全设施或场所等）。其基本形式是正方形边框。图形符号为白色，衬底为绿色

三、危险化学品的标志

根据常用危险化学品的危险特性和类别,设主标志16种和副标志11种,主标志是由表示危险特性的图案、文字说明、底色和危险品类别号四个部分组成的菱形标志。副标志图形中没有危险品类别号。当一种危险化学品具有一种以上的危险性时,应用主标志表示主要危险性类别,并用副标志来表示重要的其他的危险性类别。危险化学品的标志见表2-4和表2-5。

表2-4 危险化学品的主标志

底色:橙红色 图形:正在爆炸的炸弹(黑色) 文字:黑色	底色:正红色 图形:火焰(黑色或白色) 文字:黑色或白色

底色:绿色 图形:气瓶(黑色或白色) 文字:黑色或白色	底色:白色 图形:骷髅头和交叉骨形(黑色) 文字:黑色

底色:红色 图形:火焰(黑色或白色) 文字:黑色或白色	底色:红白相间的垂直宽条(红7、白6) 图形:火焰(黑色或白色) 文字:黑色

底色:上半部白色,下半部红色 图形:火焰(黑色或白色) 文字:黑色或白色	底色:蓝色 图形:火焰(黑色) 文字:黑色

续表

底色:柠檬黄色
图形:从圆圈中冒出的火焰(黑色)
文字:黑色

底色:柠檬黄色
图形:从圆圈中冒出的火焰(黑色)
文字:黑色

底色:白色
图形:骷髅头和交叉骨形(黑色)
文字:黑色

底色:白色
图形:骷髅头和交叉骨形(黑色)
文字:黑色

底色:上半部黄色,下半部白色
图形:上半部三叶形(黑色),下半部一条垂直的红色宽条
文字:黑色

底色:上半部黄色,下半部白色
图形:上半部三叶形(黑色),下半部两条垂直的红色宽条
文字:黑色

底色:上半部黄色,下半部白色
图形:上半部三叶形(黑色),下半部三条垂直的红色宽条
文字:黑色

底色:上半部白色,下半部黑色
图形:上半部两个试管中液体分别向金属板和手上滴落(黑色)
文字:白色(下半部)

表 2-5　危险化学品的副标志

 底色:橙红色 图形:正在爆炸的炸弹(黑色) 文字:黑色	 底色:正红色 图形:火焰(黑色) 文字:黑色或白色
 底色:绿色 图形:气瓶(黑色或白色) 文字:黑色	 底色:白色 图形:骷髅头和交叉骨形(黑色) 文字:黑色
 底色:红色 图形:火焰(黑色) 文字:黑色	 底色:红白相间的垂直宽条(红7、白6) 图形:火焰(黑色) 文字:黑色
 底色:上半部白色,下半部红色 图形:火焰(黑色) 文字:黑色或白色	 底色:蓝色 图形:火焰(黑色) 文字:黑色
 底色:柠檬黄色 图形:从圆圈中冒出的火焰(黑色) 文字:黑色	 底色:白色 图形:骷髅头和交叉骨形(黑色) 文字:黑色

 底色:上半部白色,下半部黑色 图形:上半部两个试管中液体分别向金属板和手上滴落(黑色) 文字:白色(下半部)	

四、危险化学品安全技术说明书

1. 危险化学品安全技术说明书的定义

危险化学品安全技术说明书是一份关于危险化学品燃爆、毒性和环境危害以及安全使用、泄漏应急处理、主要理化参数、法律法规等方面信息的综合性文件。

化学品安全技术说明书在国际上称作化学品安全信息卡,简称 MSDS 或 CSDS。

2. 危险化学品安全技术说明书的主要作用

① 它是化学品安全生产、安全流通、安全使用的指导性文件;
② 它是应急作业人员进行应急作业时的技术指南;
③ 可为制订危险化学品安全操作规程提供技术信息;
④ 它是企业进行安全教育的重要内容。

3. 危险化学品安全技术说明书的内容

危险化学品安全技术说明书包括以下十六部分的内容。

(1) 化学品名称　主要标明化学品名称、技术说明书编码、生产企业名称、地址等信息。

(2) 成分/组成信息　标明该化学品是物质还是混合物。如果是物质,则提供化学名或通用名、美国化学文摘登记号(CAS 号)及其他标识符。

(3) 危险性概述　简述本化学品最重要的危害和效应,主要包括:危险类别、侵入途径、健康危害、环境危害、燃爆危险等信息。

(4) 急救措施　主要是指作业人员受到意外伤害时,所需采取的现场自救或互救的简要的处理方法,包括:眼睛接触、皮肤接触、吸入、食入的急救措施。

(5) 消防措施　主要表示化学品的物理和化学特殊危险性,合适的灭火介质,不合适的灭火介质以及消防人员个体防护等方面的信息,包括:危险特性、灭火介质和方法、灭火注意事项等。

(6) 泄漏应急处理　指化学品泄漏后现场可采用的简单有效的应急措施和消除方法、注意事项,包括:应急行动、应急人员防护、环保措施、消除方法等内容。

(7) 操作处理与贮存　主要是指化学品操作处置和安全贮存方面的信息资料,包括:操作处置作业中的安全注意事项、安全贮存条件和注意事项。

(8) 接触控制/个体防护　主要指为保护作业人员免受化学品危害而采用的防护方法和手段，包括：最高允许浓度、工程控制、呼吸系统防护、眼睛防护、身体防护、手防护等防护要求。

(9) 理化特性　主要描述化学品的外观及主要理化性质等方面的信息，包括：外观与性状、pH值、沸点、熔点、爆炸极限等主要性质和其他一些特殊理化性质。

(10) 稳定性和反应性　主要叙述化学品的稳定性和反应活性方面的信息，包括：稳定性、禁配物、应避免接触的条件、聚合危害、分解产物。

(11) 毒理学资料　提供化学品毒理学信息，包括：不同接触方式的急性毒性（LD_{50}、LC_{50}）、刺激性、致癌性等。

(12) 生态学资料　主要叙述化学品的环境生态效应、行为和转归，包括：生物效应、生物降解性、环境迁移等。

(13) 废弃处置　是指对被化学品污染的包装和无使用价值的化学品的安全处理方法，包括废弃处置方法和注意事项。

(14) 运输信息　主要是指国内、国际化学品包装、运输的要求及规定的分类和编号，包括：危险货物编号、包装类别、包装标志、包装方法、UN编号及运输注意事项等。

(15) 法规信息　主要指化学品管理方面的法律条款和标准。

(16) 其他信息　主要提供其他对安全有重要意义的信息，包括：参考文献、填表时间、数据审核单位等。

4. 使用要求

① 安全技术说明书由化学品的生产供应企业编印，在交付商品时提供给用户，作为对用户的一种服务，随商品在市场上流通。

② 危险化学品的用户在接收、使用化学品时，要认真阅读安全技术说明书，了解和掌握其危险性。

③ 根据危险化学品的危险性，结合使用情形，制订安全操作规程，培训作业人员。

④ 按照安全技术说明书，制订安全防护措施。

⑤ 按照安全技术说明书制订急救措施。

⑥ 安全技术说明书的内容，每五年要更新一次。

5. 甲醇的安全技术说明书样张

甲醇的安全技术说明书见本节【案例引入】。

五、危险化学品安全标签

危险化学品安全标签是用文字、图形符号和编码的组合形式表示化学品所具有的危险性和安全注意事项，它可粘贴、挂拴或喷印在化学品的外包装或容器上。图2-2是危险化学品安全标签的样例。

化学品名称 A组分:60%;B组分:40%		
危 险 		
极易燃液体和蒸气,食入致死,对水生生物毒性非常大		
【预防措施】 ● 远离热源、火花、明火、热表面。使用不产生火花的工具作业。 ● 保持容器密闭。 ● 采取防止静电措施,容器与接收设备接地。 ● 使用防爆电器、通风、照明及其他设备。 ● 戴防护手套、防护眼镜、防护面罩。 ● 操作后彻底清洗身体接触部位。 ● 作业场所不得进食、饮水或吸烟。 ● 禁止排入环境。 【事故响应】 ● 如皮肤(或头发)接触:立即脱掉所有被污染的衣服。用水冲洗皮肤、淋浴。 ● 食入:催吐,立即就医。 ● 收集泄漏物。 ● 火灾时,使用干粉、泡沫、二氧化碳灭火。 【安全储存】 ● 在阴凉、通风良好处贮存。 ● 上锁保管。 【废弃处置】 ● 本品或其容器采用焚烧法处置。		
请参阅化学品安全技术说明书		
供应商:××××× 地　址:×××××	电话:××××× 邮编:××××× 化学事故应急咨询电话:×××××	

图 2-2 危险化学品安全标签的样例

《化学品安全标签编写规定》(GB 15258—2009)规定了化学品安全标签的术语和定义、标签内容、制作和使用要求。

1. 标签要素

标签要素包括化学品标识、象形图、信号词、危险性说明、防范说明、应急咨询电话、供应商标识、资料参阅提示语等。对于小于或等于100mL的化学品小包装,为方便标签使用,安全标签要素可以简化,包括化学品标识、象形图、信号词、危险性说明、应急咨询电话、供应商名称及联系电话、资料参阅提示语等。

2. 标签具体内容

(1) 化学品标识　用中英文分别标明化学品的化学名称或通用名称。名称要求醒目清晰,位于标签的上方。对于混合物,应标出对其危险性分类有贡献的主要组成的化学名称或通用名、浓度或浓度范围。当需要标出的组分较多时，组分个数以不超过5个为宜。

（2）象形图　采用《化学品分类和标签规范》（GB 30000—2013）规定的象形图。

（3）信号词　信号词位于化学品名称的下方。根据化学品的危险程度和类别，用"危险""警告"两个词分别进行危害程度的警示。根据《化学品分类和标签规范》（GB 30000—2013）选择不同类别危险化学品的信号词。

（4）危险性说明　简要概述化学品的危险特性，置于信号词下方。根据《化学品分类和标签规范》（GB 30000—2013）选择不同类别危险化学品的危险性说明。

（5）防范说明　表述化学品在处置、搬运、贮存和使用作业中所必须注意的事项和发生意外时简单有效的救护措施等。该部分应包括安全预防措施、意外情况（如泄漏、人员接触或火灾等）的处理、安全贮存措施及废弃处置等内容。

（6）供应商标识　供应商名称、地址、邮编和电话等。

（7）应急咨询电话　填写化学品生产商或生产商委托的24h化学事故应急咨询电话。国外进口化学品安全标签上应至少有一家中国境内的24h化学事故应急咨询电话。

（8）资料参阅提示语　提示化学品用户应参阅化学品安全技术说明书。

（9）危险信息先后排序　当某种化学品具有两种及两种以上的危险性时，安全标签的象形图、信号词、危险性说明的先后顺序要按《化学品安全标签编写规定》（GB 15258—2009）执行。

3. 使用安全标签的注意事项

① 安全标签的粘贴、挂拴或喷印应牢固，保证在运输、贮存期间不脱落，不损坏。

② 安全标签应由生产企业在货物出厂前粘贴、挂拴或喷印。若要改换包装，则由改换包装单位重新粘贴、挂拴或喷印标签。

③ 盛装危险化学品的容器或包装，在经过处理并确认其危险性完全消除之后，方可撕下安全标签，否则不能撕下相应的标签。

【任务实践】

试结合所学知识，对实训室、实验室、教学楼所见的标志归纳分类。

任务三　认识危险化学品的燃烧爆炸类型、过程及危害

【案例引入】

河南某气化厂"7·19"重大爆炸事故

事故基本情况： 2019年7月19日17时43分，河南省某气化厂C套空分装置发生爆炸，造成15人死亡、16人重伤，直接经济损失8170万元。

事故发生经过：该气化厂C套空分装置冷箱保温层在2019年6月26日常规分析（频次为10天/次）中检测到内部氧含量上升。7月7日密封气压力上升至800～900Pa（正常值为400～500Pa），氧含量达到58%（氧含量正常值应小于5%），冷箱顶部西侧、北侧出现外部结霜情况。7月12日冷箱四层北侧出现长250mm的裂纹，并有冷气冒出。7月19日冷箱内泄漏液体积累到一定程度，体积迅速膨胀导致冷箱超压变形开裂，17时43分发生珠光砂外喷。冷箱构件发生低温脆断，在自重作用下失稳坍塌，拉动塔器倾斜，冷箱及铝质设备倒向东偏北方向，砸裂东侧8.5m处500m^2液氧贮槽，大量液氧迅速外泄到周边区域，在冲击能的作用下，氧气与铝材及其他可燃物接触发生爆炸。

事故的直接原因：该气化厂C套空分装置冷箱阀连接管道发生泄漏，长达23天没有及时处置，富氧液体泄漏至珠光砂中，冷箱超压发生剧烈喷砂，支撑框架和冷箱板低温下发生冷脆，导致冷箱倒塌，砸裂东侧液氧贮槽及停放在旁边的液氧槽车油箱，液氧外泄，与可燃物接触引发爆炸。

事故的根本原因：企业安全发展理念不牢、安全发展意识不强，重生产轻安全，停车决策机制不健全，管理层级过多，该决策时不决策。从发现漏点到事故发生，历经23天时间，不按安全管理制度和操作规程停车检修，导致设备带病运行，隐患一拖再拖，从小拖大，拖至爆炸；违规生产操作，该停车时不停车，设备管理不规范，备用设备不能随时启动切换，不按规定开展隐患排查，不如实上报隐患。

事故航拍图见图2-3。

图2-3　某气化厂"7·19"重大爆炸事故航拍图

思考：危险化学品的爆炸事故是如何发生的？

【任务目标】

1. 了解燃烧爆炸的分类。
2. 了解燃烧爆炸的过程。
3. 了解危险化学品的燃烧爆炸类型、过程及危害。

【知识准备】

一、燃烧爆炸的基础知识

（一）燃烧的基础知识

燃烧是同时伴有发光、发热的激烈氧化还原反应。

1. 燃烧的条件

（1）可燃物质　凡能与空气、氧气或其他氧化剂发生剧烈氧化反应的物质，都可称为可燃物质。可燃物质种类繁多，按物理状态可分为气态、液态和固态三类。

（2）助燃物质　凡是具有较强的氧化能力，能与可燃物质发生化学反应并引起燃烧的物质均称为助燃物。

（3）点火源　凡能引起可燃物质燃烧的能源均可称为点火源。常见的点火源有明火、电火花、炽热物体等。

可燃物、助燃物和点火源是导致燃烧的必要非充分条件。上述"三要素"同时存在，燃烧能否实现，还要看是否满足量上的要求。在燃烧过程中，当"三要素"的量发生改变时，也会使燃烧速度改变甚至停止燃烧。

2. 燃烧过程

（1）可燃性气体的燃烧

① 混合燃烧　可燃性气体预先同空气（或氧气）混合，而后进行的燃烧即为混合燃烧。

② 扩散燃烧　若可燃性气体与周围空气一边混合一边燃烧，则称为扩散燃烧。

（2）可燃液体的燃烧

① 蒸发燃烧　液体蒸发产生的蒸气进行燃烧叫蒸发燃烧。

② 分解燃烧　难挥发可燃液体的燃烧是受热后分解产生的可燃性气体进行燃烧，称为分解燃烧。

（3）可燃固体的燃烧

① 火焰型燃烧　固体燃烧一般有火焰产生，故又称火焰型燃烧。

② 表面燃烧　当可燃固体燃烧到最后，分解不出可燃气体时，就剩下炭，此时没有可见火焰，燃烧转为表面燃烧（或叫均热型燃烧）。

3. 燃烧类型

（1）闪燃　可燃液体的蒸气（包括可升华固体的蒸气）与空气混合后，遇到明火而引起瞬间（延续时间少于5s）燃烧，称为闪燃。液体能发生闪燃的最低温度，称为该液体的闪点。闪燃往往是着火的先兆，可燃液体的闪点越低，越易着火，火灾危险性越大。

（2）着火　可燃物质在有足够助燃物质（如充足的空气、氧气）的情况下，由点火源作用引起的持续燃烧现象，称为着火。使可燃物质发生持续燃烧的最低温度，称为燃点或着火点。燃点越低，越容易着火。

(3) 自燃　可燃物质受热升温而不需明火作用就能自行着火燃烧的现象，称为自燃。可燃物质发生自燃的最低温度，称为自燃点。自燃点越低，则火灾危险性越大。

4. 燃烧过程

除了一些熔点较高的无机固体外，可燃物质的燃烧一般是在气相中进行的。由于可燃物质的状态不同，其燃烧过程也不相同。相对于可燃固体和液体，可燃气体最易燃烧，燃烧所需要的热量只用于本身的氧化分解，并使其达到着火点。气体在极短的时间内就能全部燃尽。液体在点火源作用下，先蒸发成蒸气，而后氧化分解进行燃烧。

固体燃烧一般有两种情况：对于硫、磷等简单物质，受热时首先熔化，而后蒸发为蒸气进行燃烧，无分解过程；对于复合物质，受热时可能首先分解成其组成部分，生成气态和液态产物，而后气态产物和液态产物蒸气着火燃烧。

(二) 爆炸的基础知识

爆炸是指物质在瞬间以机械功的形式释放出大量气体和能量的现象。

1. 爆炸的分类

(1) 按爆炸能量来源分

① 物理性爆炸　指由物理因素（如温度、体积、压力）变化而引起的爆炸现象。爆炸前后，物质的化学成分不变。

② 化学性爆炸　指使物质在短时间内完成化学反应，同时产生大量气体和能量而引起的爆炸现象。物质的化学成分和化学性质在化学爆炸后均发生了质的变化。

(2) 按爆炸的瞬时燃烧速度分

① 轻爆物质　爆炸时的燃烧速度为每秒数米，爆炸时无多大破坏力，声响也不大。

② 爆炸物质　爆炸时的燃烧速度为每秒数十米至数百米，爆炸时能在爆炸点引起压力激增，有较大的破坏力，有震耳的声响。

③ 爆轰物质　爆炸的燃烧速度为每秒 1000～7000m。爆轰时的特点是突然引起极高压力，并产生超声速的"冲击波"。

(3) 按爆炸反应物质分

① 简单分解爆炸　引起简单分解的爆炸物，在爆炸时并不一定发生燃烧反应，其爆炸所需要的热量是由爆炸物本身分解产生的。属于这一类的有乙炔银、叠氮铅等，这类物质受轻微震动即可能引起爆炸，十分危险。此外，还有些可爆炸气体在一定条件下，特别是在受压情况下，能发生简单分解爆炸。例如，乙炔、环氧乙烷等在压力下的分解爆炸。

② 复杂分解爆炸　这类可爆炸物的危险性较简单分解爆炸物稍低。其爆炸时伴有燃烧现象，燃烧所需的氧由本身分解产生。例如，TNT、黑索金等。

③ 爆炸性混合物爆炸　所有可燃性气体、蒸气、液体雾滴及粉尘与空气（氧）的混合物发生的爆炸均属此类。这类混合物的爆炸需要一定的条件，如混合物中可燃物浓度、含氧量及点火能量等。实际上，这类爆炸就是可燃物与助燃物按一定比例混合后遇具有足够能量的点火源发生的带有冲击力的快速燃烧。

2. 爆炸过程

(1) 分解爆炸性气体爆炸　某些单一成分的气体，在一定的温度下对其施加一定压力时则会产生分解爆炸。这主要是由物质的分解热的产生而引起的，产生分解爆炸并不需要助燃性气体存在。在高压下容易产生分解爆炸的气体，当压力低于某数值时则不会发生分解爆炸，这个压力称为分解爆炸的临界压力。各种具有分解爆炸特性气体的临界压力是不同的，如乙炔分解爆炸的临界压力是1.4MPa，其反应式如下：

$$C_2H_2 \longrightarrow 2C(固) + H_2 + 226kJ$$

(2) 粉尘爆炸　粉尘爆炸是悬浮在空气中的可燃性固体微粒接触到火焰（明火）或电火花等点火源时发生的爆炸现象。金属粉尘、煤粉、塑料粉尘、有机物粉尘、纤维粉尘及农副产品面粉等都可能造成粉尘爆炸事故。

① 粉尘空气混合物产生爆炸的过程　热能加在粒子表面，使温度逐渐上升。粒子表面的分子发生热分解或干馏作用，在粒子周围产生可燃气体。产生的可燃气体与空气混合形成爆炸性混合气体，同时发生燃烧。由燃烧产生的热进一步促进粉尘分解，燃烧连续传播，在适合条件下发生上述过程，是在瞬间完成的爆炸。

② 粉尘爆炸的特点　粉尘爆炸的燃烧速度、爆炸压力均比混合气体爆炸小；粉尘爆炸多数为不完全燃烧，所以产生的一氧化碳等有毒物质也相当多；可产生爆炸的粉尘颗粒非常小，以气溶胶状态分散悬浮在空气中，不下沉；堆积的可燃性粉尘通常不会爆炸，但由于局部的爆炸、爆炸波的传播使堆积的粉尘受到扰动而飞扬，形成粉尘雾，从而产生二次、三次爆炸。

(3) 蒸气云爆炸　可燃气体遇点火源被点燃后，若发生层流或近似层流燃烧，速度太低，不足以产生显著的爆炸超压，在这种条件下蒸气云仅仅是燃烧。在燃烧传播过程中，由于遇到障碍物或受到局部约束，引起局部紊流，火焰与火焰相互作用产生更高的体积燃烧速率，使膨胀流加剧，而这又使紊流更强烈，从而又能产生更高的体积燃烧速率，结果火焰传播速度不断提高，可达层流燃烧的十几倍乃至几十倍，发生爆炸。

一般要发生带破坏性超压的蒸气云爆炸，应具备以下几个条件：
① 泄漏物必须可燃且具备适当的温度和压力。
② 必须在点燃之前即扩散阶段形成一个足够大的云团，如果在一个工艺区域内发生泄漏，经过一段延迟时间形成云团后再点燃，则往往会产生剧烈的爆炸。
③ 产生足够数量的云团，处于该物质的爆炸极限范围内，才能产生显著的爆炸超压。

蒸气云团可分为3个区域，分别是：泄漏点周围是富集区，云团边缘是贫集区，介于两者之间的区域内的云团处于爆炸极限范围内。这部分蒸气云所占的比例取决于多个因素，包括泄漏物的种类和数量，泄漏时的压力，泄漏孔径的大小，云团受约束程度，以及风速、湿度和其他环境条件。

二、危险化学品燃烧爆炸事故的危害

火灾与爆炸都会造成生产设施的重大破坏和人员伤亡，但两者的发展过程显著不同。火灾是在起火后火场逐渐蔓延扩大，随着时间的延续，损失程度迅速增长，损失大约与时间的平方成比例，如火灾时间延长1倍，损失可能增加4倍。爆炸则是猝不及防，往往仅在瞬间爆炸过程已经结束，并造成设备损坏、厂房倒塌、人员伤亡等损失。

危险化学品的燃烧爆炸事故通常伴随发热、发光、高压、真空和电离等现象，具有很强的破坏作用，其与危险化学品的数量和性质、燃烧爆炸时的条件以及位置等因素有关。

主要破坏形式有以下所述几种。

1. 高温的破坏作用

燃烧爆炸后，建筑物内遗留大量的热或残余火苗，会把从破坏的设备内部不断喷出的可燃气体、易燃或可燃液体的蒸气点燃，也可能把其他易燃物点燃引起火灾。当盛装易燃物的容器、管道发生爆炸时，爆炸抛出的易燃物有可能引起大面积火灾，这种情况在油罐、液化气瓶爆破后最易发生。正在运行的燃烧设备或高温的化工设备被破坏时，其灼热的碎片可能飞出，点燃附近贮存的燃料或其他可燃物，引起火灾。此外，高温辐射还可能使附近人员受到严重灼烫伤害甚至死亡。

2. 爆炸的破坏作用

（1）爆炸碎片的破坏作用　机械设备、装置、容器等爆炸后产生许多碎片，飞出后会在相当大的范围内造成危害。一般碎片的飞散范围在 $100\sim500m$。

（2）爆炸冲击波的破坏作用　物质爆炸时，产生的高温、高压气体以极高的速度膨胀，像活塞一样挤压周围空气，把爆炸反应释放出的部分能量传递给压缩的空气层，空气受冲击而发生扰动，使其压力、密度等产生突变，这种扰动在空气中传播就称为冲击波。冲击波的传播速度极快，在传播过程中，可以对周围环境中的机械设备和建筑物产生破坏作用，使人员伤亡。冲击波还可以在作用区域内产生震荡作用，使物体因震荡而松散，甚至破坏。冲击波的破坏作用主要是由其波阵面上的超压引起的。在爆炸中心附近，空气冲击波波阵面上的超压可达几个甚至十几个大气压（1个大气压=101325Pa），在这样高的超压作用下，建筑物被摧毁，机械设备、管道等也会受到严重破坏。当冲击波大面积作用于建筑物时，波阵面超压在 $20\sim30kPa$ 内，就足以使大部分砖木结构建筑物受到严重破坏。超压在 $100\ kPa$ 以上时，除坚固的钢筋混凝土建筑外，其余部分将全部破坏。

3. 造成中毒和环境污染

在实际生产中，许多物质不仅是可燃的，而且是有毒的，发生爆炸事故时，会使大量有毒物质外泄，造成人员中毒和环境污染。此外，有些物质本身毒性不强，但燃烧过程中可能释放出大量有毒气体和烟雾，造成人员中毒和环境污染。

【任务实践】

试结合所学知识，查找相关危险化学品爆炸事故案例，并分析其爆炸类型。

任务四 探寻危险化学品事故的控制和防护措施

【案例引入】

"6·5"罐车泄漏重大爆炸事故

事故基本情况：2017年6月5日凌晨1时左右，临沂市某石化公司贮运部装卸区的一辆液化石油气运输罐车在卸车作业过程中发生液化气泄漏，引起重大爆炸着火事故，造成10人死亡，9人受伤，直接经济损失4468万元。事故现场图见图2-4。

图2-4 "6·5"罐车泄漏重大爆炸着火事故现场

事故直接原因：肇事罐车驾驶员长途奔波、连续作业，在午夜进行液化气卸车作业时，没有严格执行卸车规程，出现严重操作失误，致使快接接口与罐车液相卸料管未能可靠连接，在开启罐车液相球阀瞬间发生脱离，造成罐体内液化气大量泄漏。现场人员未能有效处置，泄漏后的液化气急剧汽化，迅速扩散，与空气形成爆炸性混合气体，达到爆炸极限，遇点火源发生爆炸燃烧。液化气泄漏区域的持续燃烧，先后导致泄漏车辆罐体、装卸区内停放的其他运输车辆罐体发生爆炸。爆炸使车体、罐体分解，罐体残骸等飞溅物击中周边设施、物料管廊、液化气球罐、异辛烷贮罐等，致使2个液化气球罐发生泄漏燃烧，2个异辛烷贮罐发生燃烧爆炸。

事故性质："6·5"罐车泄漏重大爆炸着火事故是一起生产安全责任事故。

引起的思考：如何预防此类事故的发生？

【任务目标】

掌握危险化学品事故预防控制措施。

【知识准备】

一、危险化学品中毒、污染事故预防控制措施

危险化学品中毒、污染事故目前采取的主要措施是替代、变更工艺、隔离、通风、个体防护和保持卫生。

1. 替代

控制、预防化学品危害最理想的方法是不使用有毒有害和易燃易爆的化学品，但这很难做到，通常的做法是选用无毒或低毒的化学品替代已有的有毒有害化学品。例如，用甲苯替代喷漆和涂漆中用的苯，用脂肪烃替代胶水或黏合剂中的芳烃等。

2. 变更工艺

虽然替代是控制化学品危害的首选方案，但是目前可供选择的替代品往往是很有限的，特别是因技术和经济方面的原因，不可避免地要生产、使用有害化学品。这时可通过变更工艺消除或降低化学品危害。如以往用乙炔制乙醛，采用汞作催化剂，现在发展为用乙烯为原料，通过氧化或氧氯化制乙醛，不需用汞作催化剂。通过变更工艺，彻底消除了汞害。

3. 隔离

隔离就是通过封闭、设置屏障等措施，避免作业人员直接暴露于有害环境中。最常用的隔离方法是将生产或使用的设备完全封闭起来，使工人在操作中不接触化学品。隔离操作是另一种常用的隔离方法，简单地说，就是把生产设备与操作室隔离开。最简单的形式是把生产设备的管线阀门、电控开关放在与生产地点完全隔离的操作室内。

4. 通风

通风是控制作业场所中有害气体、蒸气或粉尘最有效的措施之一。借助于有效的通风，使作业场所空气中有害气体、蒸气或粉尘的浓度低于规定浓度，保证工人的身体健康，防止火灾、爆炸事故的发生。

通风分为局部排风和全面通风两种。局部排风是把污染源罩起来，抽出污染空气，所需风量小，经济有效，并便于净化回收。全面通风则是用新鲜空气将作业场所中的污染物稀释到安全浓度以下，所需风量大，不能净化回收。

对于点式扩散源，可使用局部排风。使用局部排风时，应使污染源处于通风罩控制范围内。为了确保通风系统的高效率，通风系统设计的合理性十分重要。对于已安装的通风系统，要经常加以维护和保养，使其有效地发挥作用。

对于面式扩散源，要使用全面通风。全面通风亦称稀释通风，其原理是向作业场所提供新鲜空气，抽出污染空气，进而稀释有害气体、蒸气或粉尘，从而降低其浓度。采用全面通风时，在厂房设计阶段就要考虑空气流向等因素。因为全面通风的目的不是消除污染物，而是将污染物分散稀释，所以全面通风仅适用于低毒性作业场所，不适用于污染物量大的作业

场所。像实验室中的通风橱、焊接室或喷漆室，可移动的通风管和导管都是局部排风设备。在冶炼厂，熔化的物质从一端流向另一端时散发出有毒的烟和气，两种通风系统都要使用。

5. 个体防护

当作业场所中有害化学品的浓度超标时，工人就必须使用合适的个体防护用品。个体防护用品不能降低作业场所中有害化学品的浓度，它仅仅是一道阻止有害物进入人体的屏障。防护用品本身的失效就意味着保护屏障的消失，因此个体防护不能被视为控制危害的主要手段，而只能作为一种辅助性措施。防护用品主要有头部防护器具、呼吸防护器具、眼防护器具、躯干防护用品、手足防护用品等。

6. 保持卫生

保持卫生包括保持作业场所清洁和作业人员的个人卫生两个方面。经常清洗作业场所，对废弃物、溢出物加以适当处置，保持作业场所清洁，也能有效地预防和控制化学品危害。作业人员应养成良好的卫生习惯，防止有害物附着在皮肤上，防止有害物通过皮肤渗入体内。

二、危险化学品火灾、爆炸事故预防控制措施

从理论上讲，防止火灾、爆炸事故发生的基本原则主要有三点：防止燃烧、爆炸系统的形成；消除点火源；限制火灾、爆炸蔓延扩散的措施。

（一）防止燃烧、爆炸系统的形成

1. 用难燃或不燃物质代替可燃物质

选择危险性较小的液体时，沸点及蒸气压很重要。沸点在110℃以上的液体，常温下（18～20℃）不能形成爆炸浓度。

2. 根据物质的危险特性采取措施

对本身具有自燃能力的油脂以及遇空气自燃、遇水燃烧爆炸的物质等，应采取隔绝空气、防水、防潮或通风、散热、降温等措施，以防止物质自燃或发生爆炸。

相互接触能引起燃烧爆炸的物质不能混存，遇酸、碱有分解爆炸的物质应防止与酸、碱接触，对机械作用比较敏感的物质要轻拿轻放。

易燃、可燃气体和液体蒸气要根据它们的密度采取相应的排污方法。根据物质的沸点、饱和蒸气压考虑设备的耐压强度、贮存温度、保温降温措施等。根据它们的闪点、爆炸范围、扩散性等采取相应的防火防爆措施。

某些物质如乙醚等，受到阳光作用可生成危险的过氧化物，因此，这些物质应存放于金属桶或暗色的玻璃瓶中。

3. 密闭与通风措施

（1）密闭措施　为防止易燃气体、蒸气和可燃性粉尘与空气构成爆炸性混合物，应设法

使设备密闭。对于有压设备更须保证其密闭性，以防气体或粉尘逸出。在负压下操作的设备，应防止进入空气。

为了保证设备的密闭性，对危险设备或系统应尽量少用法兰连接，但要保证安装和检修方便。输送危险气体、液体的管道应采用无缝管。盛装腐蚀性介质的容器底部尽可能不装开关和阀门，腐蚀性液体应从顶部抽吸排出。

如设备本身不能密闭，可采用液封。负压操作可防止系统中有毒或有爆炸危险性气体逸入生产场所。例如在熔烧炉、燃烧室及吸收装置中都是采用这种方法。

（2）通风措施　实际生产中，完全依靠设备密闭，消除可燃物在生产场所的存在是不大可能的。往往还要借助于通风措施来降低车间空气中可燃物的含量。

4. 惰性介质保护

化工生产中常用的惰性介质有氮气、二氧化碳、水蒸气及烟道气等。这些气体常用于以下几个方面：

① 易燃固体物质的粉碎、研磨、筛分、混合以及粉状物料输送时，可用惰性介质保护；
② 可燃气体混合物在处理过程中可加入惰性介质保护；
③ 具有着火爆炸危险的工艺装置、贮罐、管线等配备惰性介质，以备在发生危险时使用，可燃气体的排气系统尾部用氮封；
④ 爆炸性危险场所中，非防爆电气、仪表等的充氮保护以及防腐蚀等；
⑤ 有着火危险的设备的停车检修处理；
⑥ 采用惰性介质（氮气）压送易燃液体，危险物料泄漏时用惰性介质稀释。

使用惰性介质时，要有固定贮存输送装置。根据生产情况、物料危险特性，采用不同的惰性介质和不同的装置。化工生产中惰性介质的需求量取决于系统中氧浓度的下降值。使用惰性气体时必须注意防止使人窒息。

（二）消除点火源

在多数场合，可燃物和助燃物的存在是不可避免的，因此，消除或控制点火源就成为防火防爆的关键。但是，在生产加工过程中，点火源常常是一种必要的热能源，故须科学地对待点火源，既要保证安全地利用有益于生产的点火源，又要设法消除能够引起火灾爆炸的点火源。

在化工企业中能引起火灾爆炸事故的点火源有：明火源、摩擦与撞击、高温物体、电气火花、光线照射、化学反应热等。

1. 消除和控制明火

明火是指敞开的火焰、火花、火星等。如吸烟用火、加热用火、检修用火、高架火炬及烟囱、机械排放火星等。这些明火是引起火灾爆炸事故的常见原因，必须严加防范。

① 在有火灾爆炸危险场所严禁吸烟，应设置醒目的"禁止烟火"标志，吸烟应到专设的吸烟室，不准乱扔烟头和火柴余烬。驶入危险区的汽车、摩托车等机动车辆，其废气排气管应安装防火帽。

② 生产用明火、加热炉宜集中布置在厂区的边缘，且应位于有易燃物料的设备全年最

小频率风向的下风侧,并与露天布置的液化烃设备和甲类生产厂房保持不小于15m的防火间距。加热炉的钢支架应覆盖耐火极限不小于1.5h的耐火层。燃烧燃料气的加热炉应设长明灯和火焰检测器。

③ 使用气焊、电焊、喷灯进行安装和维修时,必须按危险等级办理动火审批手续,并消除物体和环境的危险状态,备好灭火器材,在采取防护措施,确保安全无误后,方可动火作业。焊割工具必须完好。操作人员必须有资格证,作业时必须遵守安全技术规程。

④ 全厂性的高架火炬应布置在生产区全年最小频率风向的上风侧;可能携带可燃性液体的高架火炬与相邻居住区、工厂应保持不小于120m的防火间距,与厂区内装置、贮罐、设施保持不小于90m的防火间距。装置内的火炬,其高度应使火焰的辐射热不致影响人身和设备的安全,顶部应有可靠的点火设施和防止下"火雨"的措施;严禁排入火炬的可燃气体携带可燃液体;距火炬筒30m范围内,禁止可燃气体放空。

2. 防止撞击火花和控制摩擦

当两个表面粗糙的坚硬物体相互猛烈撞击或剧烈摩擦时,有时会产生火花,这种火花可认为是撞击或摩擦下来的高温固体微粒。据测试,若火星微粒的直径是0.1mm和1mm,则它们所带的热能分别为1.76mJ和176mJ,超过大多数物质的最小点火能,足以点燃可燃的气体、蒸气和粉尘,故应严加防范。

① 机械轴承存在缺油、润滑不均等问题时,会摩擦生热,具有引起附着可燃物着火的危险。要求对机械轴承等转动部位及时加油,保持良好润滑,并经常注意清扫附着的可燃污垢。

② 物料中的金属杂质以及金属零件、铁钉等落入反应器、粉碎机、提升机等设备内,由于铁器与机件的碰击,能产生火花而使易燃物料着火或爆炸。要求在有关机器设备上装设磁力离析器,以捕捉和提出金属硬物质;对研磨、粉碎特别危险物料的机器设备,宜采用惰性气体保护。

③ 金属机件摩擦碰撞,钢铁工具相互撞击或与混凝土地面撞击,均能产生火花,引起火灾爆炸事故。所以对摩擦或撞击能产生火花的两部分,应采用不同金属制造,如搅拌机和通风机的轴瓦或机翼采用有色金属制作;扳手等钢铁工具改成铍青铜或防爆合金材料制作等。在有爆炸危险的甲、乙类生产厂房内,禁止穿带钉子的鞋,地面应用摩擦、撞击不产生火花的材料辅助。

④ 在倾倒或抽取可燃液体时,由于铁制容器或工具与铁盖(口)相碰能迸发火星引起可燃蒸气燃爆,为防止此类事故的发生,应用铜锡合金或铝皮等不易产生火花的材料将容易摩擦的部位覆盖起来。搬运盛装易燃易爆化学物品的金属容器时,严禁抛掷、拖拉、摔滚,有的可加防护橡胶套(垫)。

⑤ 金属导管或容器突然开裂时,内部可燃的气体或溶液高速喷出,其中夹带的铁锈粒子与管(器)壁冲击摩擦变为高温粒子,也能引起火灾爆炸事故。因此,对有可燃物料的金属设备系统内壁表面应作防锈处理,定期进行耐压试验,经常检查其完好状况,发现缺陷,及时处置。

3. 防止和控制高温物体作用

高温物体一般是指在一定环境中能够向可燃物传递热量并能导致可燃物着火的具有较高温度的物体。在化工生产中常见的高温物体:加热装置(加热炉、裂解炉、蒸馏塔、干燥器等)、蒸气管道、高温反应器、输送高温物料的管线和机泵,以及电气设备和采暖设备等,这些高温物体温度高、体积大、散发热量多,能引起与其接触的可燃物着火。预防措施如下:

① 禁止可燃物料与高温设备、管道表面接触。在高温设备、管道上不准搭晒可燃衣物。可燃物料的排放口应远离高温物体表面。沉落在高温物体表面上的可燃粉尘纤维要及时清除。

② 工艺装置中的高温设备和管道要有隔热保护层。隔热材料应为不燃材料,并应定期检查其完好状况,发现隔热材料被泄漏介质侵蚀破损,应及时更换。

③ 在散发可燃粉尘、纤维的厂房内,集中采暖的热媒温度不应超过90℃。

④ 加热温度超过物料自燃点的工艺过程,要严防物料外泄或空气侵入设备系统。如需排送高温可燃物料,不得用压缩空气,应当用氮气压送。

4. 防止电气火花

电气火花是一种电能转变成热能的常见点火源。电气火花大体上有:电气线路和电气设备在开关断开、接触不良、短路、漏电时产生火花,静电放电火花,雷电放电火花等。

5. 防止日光照射和聚光作用

直射的日光通过凸透镜、圆底烧瓶或含有气泡的玻璃时,会被聚集的光束照射形成高温而引起可燃物着火。某些化学物质,如氯与氢、氯与乙烯或乙炔混合在光线照射下能爆炸。乙醚在阳光下长期存放,能生成有爆炸危险的过氧化物。硝化棉及其制品在日光下暴晒,自燃点降低,会自行着火。在烈日下贮存低沸点易燃液体的铁桶,能爆炸起火。压缩和液化气体的贮罐或钢瓶在烈日照射下,会使内部压力激增而引起爆炸及次生火灾。因此,应采取如下措施,加以防范,保证安全。

① 不准用椭圆形玻璃瓶盛装易燃液体,用玻璃瓶贮存时,不准露天放置。

② 乙醚必须存放在金属桶内或暗色的玻璃瓶中,并在每年4~9月以冷藏运输。

③ 受热易蒸发分解气体的易燃易爆物质不得露天存放,应存放在遮挡阳光的专门库房内。

④ 贮存液化气体和低沸点易燃液体的固定贮罐表面,无绝热措施时应涂以银灰色,并设冷却喷淋设备,以便夏季防暑降温。

⑤ 易燃易爆化学物品仓库的门窗外部应设置遮阳板,其窗户玻璃宜采用毛玻璃或涂刷白漆。

⑥ 在用食盐电解法制取氯气和氢气时,应控制单槽、总管和液氯废气中的氢含量分别在2%、0.4%、3.5%以下。在用电石法制备乙炔时,如用次氯酸钠作清净剂,其有效氯含量不应超过0.1%。

(三)限制火灾、爆炸蔓延扩散的措施

在化工生产中,火灾爆炸事故一旦发生,就必须采取局限化措施,限制事故的蔓延和扩散,把损失降低到最低限度。多数火灾爆炸事故,伤害和损失的很大一部分不是在事故的初始阶段,而是在事故的蔓延和扩散中造成的。目前许多大的化工企业把防灾的重点,普遍放在火灾爆炸发生并转而使事故扩大的危险性上。

火灾爆炸的局限化措施,在建厂初期设计阶段就应该考虑到。对于工艺装置的布局、建筑结构以及防火区域的划分,不仅要有利于工艺要求和运行管理,而且要有利于预防火灾和爆炸,把事故局限在有限的范围内。

1. 厂房设计和布置要求

（1）设计阶段　为了限制火灾蔓延及减少爆炸损失，厂址选择及防爆厂房的布局和结构应按照有关要求建设，如根据所在城市主导风向，把火源设置于易燃物质可能释放点的上风侧；为人员、物料和车辆流动提供充分的通道；厂址应靠近水量充足、水质优良的水源等。化工企业应根据我国《建筑设计防火规范（2018年版）》（GB 50016—2014），建设相应等级的厂房，建筑或工程设计时要考虑到防火安全，如采用难燃不燃材料代替可燃易燃建筑材料等。

（2）评估　对已有的厂房、仓库或工程进行危险评估，包括：耐火等级、安全间距、使用能源的安全要求等。

（3）阻燃　对建筑材料和结构进行阻燃处理。如装饰材料聚氯乙烯（俗称PVC），对其添加阻燃剂（其本身应毒性小，所以要求清洁阻燃），如溴、锑和铅的化合物等比较理想。

（4）安全间距　按照《建筑设计防火规范（2018年版）》（GB 50016—2014）的要求，合理设置厂房或危险车间与高压线、办公区、火源等的安全间距，采用防火门、防火墙、防火堤等对易燃易爆的危险场所进行防火分隔，设置合理的安全通道等。

（5）火灾探测　利用火灾初起期的冒烟、阴燃等信息研制火灾报警器等，一旦有了火情，就将火灾的特征物理量，如温度、烟雾、气体和辐射光强等转换成电信号，并立即动作向火灾报警控制器发送报警信号。

2. 隔离、露天布置、远距离操纵

（1）分区隔离　对于危险性较大的化工装置，应采取隔离安装和远距离操纵等措施。在厂区总体设计时，应慎重考虑危险车间的位置，与其他车间或装置保持一定的间距。应充分估计到相邻车间、建构筑物的相互影响，采用相应的建筑材料和结构形式等。例如合成氨生产中，合成车间压缩岗位的设置，焦化、炼焦、副产品回收车间的定位和间隔，都应该统筹考虑；再如染料厂的原料库、生产车间、高压加氢装置的间隔，工艺装置区、管理区和生活区的划分，都必须合理布局。

对于同一车间的各个工段，应视其生产性质和危险程度适当隔离。各种原料、半成品、成品的存放，应按其性质、贮量不同分隔处理。对个别有危险的过程，应采取隔离操作和设置防护屏的方法。操作人员和生产设备也应适当隔离。

（2）露天布置　为了便于有害气体的散发、减少因设备泄漏而造成易燃气体在厂房内积聚的危险，宜将这类设备和装置布置在露天或半露天场所。如石油化工企业的绝大部分设备都是露天放置。

（3）远距离操纵　对于大多数连续生产的过程，主要是根据反应进程调节各种阀门。对于有些操作人员难以接近、启闭比较吃力或需要迅速启闭的阀门，应该设置远距离操纵装置。对于多数过程和设备，如热辐射高的设备及危险性大的反应装置等，都提倡操作室隔离操作或远距离操纵。人员与危险工作环境隔离，可以消除人为误差，并提高工作效率。远距离操纵的方法主要有机械传动、气压传动、液压传动和电动操纵。

3. 防火与防爆安全装置

防火与防爆安全装置主要有阻火装置、泄压装置和指示装置等。

(1) 阻火装置　阻火装置的作用是防止火焰蹿入设备、容器与管道内或阻止火焰在设备和管道内扩散。

阻火装置工作原理是在可燃气体进出口两侧之间设置阻火介质，当一侧着火时，火焰的传播被阻而不会烧向另一侧。常用的阻火装置有安全液封、阻火器、单向阀和阻火闸门。

① 安全液封　这类阻火装置以液体作为阻火介质，目前，广泛使用安全水封，它以水作为阻火介质，一般设置在气体管线与生产设备之间。常用的安全水封有敞开式和封闭式两种。

使用安全水封时，应随时注意水位不得低于水位计（或水位阀门）所标定的位置。但水位也不应过高，否则可燃气体通过困难，水还可能随可燃气体一同进入出气管。每次发生火焰倒燃后，应随时检查水位并补足。另外，安全水封应保持垂直位置。

冬季使用安全水封时，在工作完毕后应把水全部排出并洗净，以免冻结。如发现冻结现象，只能用热水或蒸汽加热解冻，严禁用明火或红铁烘烤。为了防冻，可在水中加入少量食盐以降低冰点（溶液中食盐含量为13.6%时，冰点为$-10.4℃$；溶液中食盐含量为22.4%时，冰点为$-21.2℃$）。

使用封闭式安全水封时，由于可燃气体（尤其是烃类化合物）中可能带有黏性油质的杂质，使用一段时间后容易黏附在阀和阀座等处，所以需要经常检查逆止阀的气密性。

② 阻火器　阻火装置的工作原理是火焰在管中蔓延的速度随着管径的减小而减小，最后可以达到一个火焰不蔓延的临界直径。这一现象按照链式反应理论的解释是管子直径减小，器壁对自由基的吸附作用相应增加。用热损失的观点来分析，当管径小到某个极限值时，管壁的热损失大于反应热，从而使火焰熄灭。阻火器是根据上述原理制成的，即在管路上连接一个内装细孔金属网或砾石的圆筒，可以阻止火焰从圆筒的一侧蔓延到另一侧。

影响阻火器性能的因素是阻火层的厚度及其孔隙直径和通道的大小。

③ 单向阀　单向阀亦称止逆阀。其作用是仅允许可燃气体或液体向一个方向流动，遇倒流时即自行关闭，从而避免在燃气或燃油系统中发生流体倒流，避免高压蹿入低压造成容器管道的爆裂或发生回火时火焰的倒燃和蔓延等事故。

在工业生产上，通常在系统中流体的进口与出口之间，在与燃气或燃油管道及设备相连接的辅助管线上，高压与低压系统之间的低压系统上或压缩机与油泵的出口管线上设置单向阀。

④ 阻火闸门　阻火闸门是为了阻止火焰沿通风管道蔓延而设置的阻火装置。

在正常情况下，阻火闸门受制于成环状或条状的易熔元件的控制，处于开启状态，一旦着火，温度升高，易熔元件熔化，阻火闸门失去控制，闸门自动关闭，阻断火的蔓延。易熔元件通常用低熔点合金或有机材料制成。也有的阻火闸门是手动的，即在遇火警时由人迅速关闭。

(2) 泄压装置　现代化学工业生产中，经常伴随着高温、高压等危险性的生产条件以及操作。为了避免发生危险，保证生产的安全性，普遍需要使用安全泄压装置。

安全泄压装置是化工过程中必不可少的安全附件，就是当被保护系统内介质压力超过规定值时，泄压装置动作并向外排放介质。安全泄压装置的主要作用是防止压力容器、锅炉和管道等受压设备因火灾、操作故障或停水停电造成压力超过其设计压力而发生的爆炸事故。

安全泄压装置有很多类型，按结构形式分类可分为四种：阀型安全泄压装置、断裂型安全泄压装置、熔化型安全泄压装置和组合型安全泄压装置。

① 阀型安全泄压装置　阀型安全泄压装置就是常用的安全阀，安全阀的作用是为了防止设备和容器内压力过高而爆炸，包括防止物理性爆炸（如锅炉与压力容器、蒸馏塔等的爆炸）和化学性爆炸（如乙炔发生器的乙炔受压分解爆炸）。当容器和设备内的压力升高超过安全规定的限度时，安全阀即自动开启，泄出部分介质，降低压力至安全范围内再自动关闭。从而实现设备和容器内压力的自动控制，防止设备和容器的破坏。

这种装置的特点是，它不仅仅排泄容器内高于规定部分的压力，当容器内压力降至正常操作压力时，它即自动关闭。这样可避免容器因出现超压就得把全部气体排除而造成生产中断和浪费，因此被广泛采用。但这种泄压装置的缺点是密封性较差，由于弹簧的惯性作用，阀的开启会出现滞后现象。当用于一些不洁净的气体时，阀口有被堵塞或阀瓣有被粘住的可能。因此这种装置不适宜使用在易挥发、毒性大的场合，在阀门组装时应认真清理结合面避免杂质落入，当使用不清洁的物料时，需要经常检修。

设置安全阀时应注意：

a. 压力容器的安全阀最好直接装设在容器本体上。液化气体容器上的安全阀应安装于气相部分，防止排出液态物料，发生事故。

b. 安全阀用于排泄可燃气体时，如直接排入大气，则必须引至远离明火或易燃物之处，而且是通风良好的地方，排放管必须逐段用导线接地以消除静电的作用。如果可燃气体的温度高于它的燃点，应考虑防火措施或将气体冷却后排入大气。

c. 安全阀用于泄放可燃液体时，宜将排泄管接入事故贮槽、污油罐或其他容器；用于泄放高温油气或易燃、可燃液体等遇空气可能立即着火的物质时，宜接入密闭系统的放空塔或事故贮槽。

d. 室内的设备（如蒸馏塔，可燃气体压缩机的安全阀、放空口）宜引出房顶，并高于房顶 2m 以上。

② 断裂型安全泄压装置　常用的断裂型安全泄压装置是爆破片和防爆帽。前者用于中、低压容器，后者用于高压和超压容器。爆破片是最常用的一种断裂型安全泄压装置。爆破片的重要作用：一是当设备发生化学性爆炸时，保护设备免遭破坏。其工作原理是根据爆炸发展的特点，在设备或容器的适当部位设置一定面积的脆性材料（如铝箔片），构成薄弱环节。当爆炸刚发生时，这些薄弱环节在较小的爆炸压力作用下，首先遭受破坏，立即将大量气体和热量释放出去，爆炸压力以及温度很难再继续升高，从而保护设备或容器的主体免遭更大损坏，使在场的生产人员不致遭受致命的伤亡。二是如果压力容器的介质不洁净，易于结晶或聚合，这些杂质或结晶体有可能堵塞安全阀，使得阀门不能按规定的压力开启，失去了安全阀的作用。在此情况下，就只得用爆破片作为泄压装置。

此外，对于工作介质为剧毒气体或在可燃气体（蒸气）里含有剧毒气体的压力容器，其泄压装置也应采用爆破片，而不宜用安全阀，以免造成环境污染。因为，对于安全阀来说，微量的泄漏是难免的。爆破片的安全可靠性取决于爆破片的厚度、泄压面积和膜片材料的选择。

安装于室内的设备，其工作介质为可燃易爆物质或含有剧毒的物质时，应在爆破片上接导爆筒,并使其通向室外安全地点。防止爆破片破裂后,大量可燃、易爆物质和剧毒物质在室内扩散,扩大火灾爆炸和中毒事故。设备的工作介质具有腐蚀性时,应在膜片上涂上聚四氟乙烯防腐剂。应当指出,爆破片的可靠性必须经过爆膜试验鉴定。凡有重大爆炸危险性的设备、容器及管道,都应安装爆破片(如气体氧化塔、球磨机、乙炔发生器等)。

断裂型安全泄压装置的特点是密封性能好、泄压反应快以及气体内所含的污物对它的影响较小等。但是由于它在完成泄压后不能再继续使用而必须更换新的泄压装置,导致容器也得停止运行,不能使容器连续工作,会提高成本且操作频繁。所以断裂型安全泄压装置一般只被用于超压可能较小而且不宜装设阀型安全泄压装置的容器上。

③ 熔化型安全泄压装置　熔化型安全泄压装置就是常用的易熔塞。它是通过易熔合金的熔化,使容器的气体从原来填充有易熔合金的孔中排出而泄放压力的。这种泄压装置主要用于防止容器由于温度升高而产生超压,避免引起爆炸事故,所以熔化型安全泄压装置一般多用于液化气体钢瓶。

④ 组合型安全泄压装置　组合型安全泄压装置是一种同时具有阀型和断裂型或者是阀型和熔化型的安全泄压装置。常见的有弹簧安全阀和爆破片的组合型。它具有阀型和断裂型的优点,既能防止阀型安全泄压装置的泄漏,又可以在排放过高的压力以后使容器继续运行。容器超压时,爆破片断裂,安全阀开放排气,待压力降至正常压力时,安全阀关闭,容器继续运行。

不管什么类型的安全泄压装置,其总的设置原则如下:

a. 在操作过程中,在工艺操作条件异常、误操作、动力故障、火灾事故等不正常条件下,介质压力有可能超过设计压力的设备,均应设置安全泄压装置;

b. 加热炉的炉管不宜设置安全阀;

c. 在同一压力系统中,如压力来源处已有安全泄压装置,则其余设备可不设;

d. 由于使用安全阀可以不完全损失或不损失物料,并通常可以保持工艺过程不致因其而中断等许多优点,因此应首先考虑设置安全阀。只有当安全阀不能满足工艺要求和可靠工作时,可采用爆破片装置或安全阀与爆破片装置的组合装置。爆破片装置不宜用于液化气体贮罐和经常超压的场所;

e. 安全阀的类型通常采用直接载荷弹簧式安全阀,若采用非直接载荷弹簧式安全阀,则必须做到即使副阀失灵,主阀仍应能在规定的开启压力下,自行开启并排出全部额定泄放量。

(3) 指示装置　指示装置主要指利用报警和联锁装置进行安全预警,对于装置内的压力异常、温度异常、火花等提前发出警报,以避免事故发生。石油化工生产所使用的报警和联锁装置种类很多,主要包括成分自控联锁、温度控制联锁、压力控制联锁、液位自调联锁、着火源切断联锁、自动灭火联锁、自动切断物料、自动放空、自动切断电源、自动停车联锁、消防自动报警以及其他各种声光报警等。

【任务实践】

1. 思考为避免危险化学品中毒、污染事故,应该采取哪些措施?
2. 思考为避免危险化学品火灾、爆炸事故,应该采取哪些防控措施?

任务五　危险化学品贮存与运输安全技术认知

【案例引入】

认识包装的重要性

工业产品的包装是现代工业中不可缺少的组成部分。一种产品从生产到使用者手中,一般要经过多次装卸、贮存、运输的过程。在这个过程中,产品将不可避免地受到碰撞、跌落、冲击和震动。一个好的包装,将会很好地保护产品,减少运输过程中的破损,使产品安全地到达用户手中。这一点,对于危险化学品显得尤为重要。包装方法得当,就会降低贮存、运输中的事故发生率,否则,就会有可能导致重大事故。如某年1月,巴基斯坦曾发生一起严重氯气泄漏事故,一卡车在运输瓶装氯气时,由于车辆颠簸,致使液氯钢瓶剧烈撞击,引起瓶体的破裂,导致大量氯气泄漏,造成多人中毒。后经检验,钢瓶材质严重不符合要求,从而为运输安全留下了事故隐患。与此相反,同年3月18日凌晨,我国广西一辆满载200桶氰化钠剧毒品的10t大卡车在梧州市翻入桂江,由于包装严密,打捞及时,包装无一破损,避免了一场严重的泄漏污染事故。因此,化学品包装是化学品贮运安全的基础。为了加强危险化学品包装的管理,国家制定了一系列相关法律、法规和标准,如《危险化学品安全管理条例》(国务院令第645号)对危险化学品包装的定点、使用和监督检查都作了具体规定。

【任务目标】

1. 了解危险化学品贮存及运输过程中注意的安全问题。
2. 掌握危险化学品贮存和运输的规定。

【知识准备】

一、危险化学品贮存的基本要求

贮存危险化学品的基本安全要求如下:
① 贮存危险化学品必须遵照国家法律、法规和其他有关的规定。
② 危险化学品必须贮存在经公安部门批准设置的专门的危险化学品仓库中,经销部门自管仓库贮存危险化学品及贮存数量必须经公安部门批准。未经批准不得随意设置危险化学品贮存仓库。
③ 危险化学品露天堆放,应符合防火、防爆的安全要求,爆炸物品、一级易燃物品、遇湿燃烧物品、剧毒物品不得露天堆放。

④ 贮存危险化学品的仓库必须配备有专业知识的技术人员，其库房及场所应设专人管理，管理人员必须配备可靠的个人安全防护用品。

⑤ 贮存的危险化学品应有明显的标志，标志应符合《危险货物包装标志》（GB 190—2009）的规定。同一区域贮存两种及两种以上不同级别的危险化学品时，应按最高等级危险化学品的性能标志。

⑥ 危险化学品贮存方式分为 3 种：隔离贮存、隔开贮存、分离贮存。隔离贮存是指同一房间或同一区域内，不同的物料之间分开一定距离，非禁忌物料间用通道保持空间的贮存方式。隔开贮存是指在同一建筑或同一区域内，用隔板或墙将其与禁忌物料分离开的贮存方式。分离贮存是指贮存在不同的建筑物或远离所有建筑的外部区域内的贮存方式。

⑦ 根据危险化学品性能分区、分类、分库贮存。各类危险化学品不得与禁忌物料混合贮存。

⑧ 贮存危险化学品的建筑物、区域内严禁吸烟和使用明火。

二、危险化学品运输安全技术与要求

化学品在运输中发生事故的情况比较常见，全面了解并掌握有关化学品的安全运输规定，对降低运输事故具有重要意义。

① 国家对危险化学品的运输实行资质认定制度，未经资质认定，不得运输危险化学品。危险化学品运输企业应当配备专职安全管理人员、驾驶人员、装卸管理人员和押运人员。

② 危险化学品托运人必须办理有关手续后方可运输；运输企业应当查验有关手续齐全有效后方可承运。

③ 托运危险化学品的，托运人应当向承运人说明所托运的危险化学品的种类、数量、危险特性以及发生危险情况的应急处置措施，并按照国家有关规定对所托运的危险化学品妥善包装，在外包装上设置相应的标志。需要添加抑制剂或者稳定剂的，托运人应当按照规定添加，并告知承运人相关注意事项；还应当提交与托运危险化学品完全一致的安全技术说明书和安全标签。

④ 危险化学品装卸过程中，应当根据危险化学品的性质轻装轻卸，堆码整齐，防止混杂、泄漏、破损，不得与普通货物混合堆放。

⑤ 危险化学品装卸前，应对车（船）运输工具进行必要的通风和清扫，不得留有残渣，对装有剧毒物品的车（船），卸车（船）后必须洗刷干净。

⑥ 装运具有爆炸、剧毒、放射性、易燃（液体）、可燃（气体）等性质的物品，必须使用符合安全要求的运输工具；禁忌物料不得混运；禁止用电动车、翻斗车、铲车、自行车等运输爆炸物品。运输强氧化剂、爆炸品及用铁桶包装的一级易燃液体时，没有采取可靠的安全措施时，不得用铁底板车及汽车挂车；禁止用叉车、铲车、翻斗车搬运易燃、易爆液化气体等危险物品；温度较高地区装运液化气体和易燃液体等危险物品，要有防晒设施；放射性物品应用专用运输搬运车和抬架搬运，装卸机械应按规定负荷降低 25% 的装卸量；遇水燃烧物品及有毒物品，禁止用小型机帆船、小木船和水泥船承运。

⑦ 运输危险货物应当配备必要的押运人员，保证危险货物处于押运人员的监管之下；危险化学品运输车辆应当符合国家标准要求的安全技术条件，应当悬挂或者喷涂符合国家标准要求的警示标志。

⑧ 道路危险化学品运输过程中，驾驶人员不得随意停车。不得在居民聚居点、行人稠密地段、政府机关、名胜古迹、风景游览区停车。如需在上述地区进行装卸作业或临时停车，应采取安全措施。运输爆炸物品、易燃易爆化学物品以及剧毒、放射性等危险物品，应事先报经当地公安部门批准，按指定路线、时间、速度行驶。

⑨ 运输易燃易爆危险化学品车辆的排气管，应安装隔热和熄灭火星装置，并配装导静电橡胶拖地带装置。

⑩ 运输危险货物应根据货物性质，采取相应的遮阳、控温、防爆、防静电、防火、防震、防水、防冻、防粉尘飞扬、防泄漏等措施。

⑪ 禁止通过内河封闭水域运输剧毒化学品以及国家规定禁止通过内河运输的其他危险化学品。通过道路运输剧毒化学品的，托运人应当向运输始发地或者目的地的县级人民政府公安机关申请剧毒化学品道路运输通行证。

⑫ 危险化学品道路运输企业、水路运输企业的驾驶人员、船员、装卸管理人员、押运人员、申报人员、集装箱现场检查员应当经交通运输主管部门考核合格，取得从业资格。

【任务实践】

检查安全实验室物品的贮存是否符合标准。

知识巩固

一、不定项选择题

1. 危险化学品造成化学事故的主要特性包括（　　）。
   A. 易燃易爆性　　B. 扩散性　　C. 突发性　　D. 毒害性
2. 我国国家标准《安全色》（GB 2893—2008）中规定红、蓝、黄、绿四种颜色的安全色分别代表（　　）。
   A. 禁止　　B. 指令　　C. 警告　　D. 安全
3. （　　）是导致燃烧的必要非充分条件。
   A. 可燃物　　B. 助燃物　　C. 点火源
4. （　　）是指同一房间或同一区域内，不同的物料之间分开一定距离，非禁忌物料间用通道保持空间的贮存方式。
   A. 隔离贮存　　B. 隔开贮存　　C. 分离贮存
5. 危险化学品运输企业应当配备专职（　　）。
   A. 安全管理人员　B. 驾驶人员　　C. 装卸管理人员　D. 押运人员

二、判断题

1. 气体的扩散性受气体本身密度的影响，分子量越小的物质扩散越快。（　　）
2. 提示标志强制人们必须做出某种动作或采用防范措施，其基本形式是圆形边框。
   （　　）

3. 可燃液体的闪点越低，越易着火，火灾危险性越大。（　　）

4. 爆炸物品、一级易燃物品、遇湿燃烧物品、剧毒物品露天堆放时，应符合防火、防爆的安全要求。（　　）

5. 同一区域贮存两种及两种以上不同级别的危险化学品时，应按最高等级危险化学品的性能标志。（　　）

6. 禁止用叉车、铲车、翻斗车搬运易燃、易爆液化气体等危险物品。（　　）

7. 通过道路运输剧毒化学品的，托运人应当向运输始发地或者目的地的市级人民政府公安机关申请剧毒化学品道路运输通行证。（　　）

三、简答题

1. 简述危险化学品的分类。
2. 简述危险化学品安全标签要素。
3. 简述危险化学品燃烧爆炸事故的危害。
4. 防止燃烧、爆炸系统形成的措施有哪些？
5. 消除点火源的措施有哪些？
6. 限制火灾、爆炸蔓延扩散的措施有哪些？
7. 简述贮存危险化学品的基本安全要求。

项目三

探索化工工艺控制的安全技术

化工生产具有高温高压、深冷负压、易燃易爆、介质有毒、腐蚀性强、生产过程高度连续性等特点，对工艺操作控制的要求非常苛刻，在连续生产过程和间歇生产过程中，开车和停车都有自己的一套顺序和操作步骤，特别是大型的石油化工生产过程，开停车要花很长时间。若不按照一定的步骤和顺序进行，就会造成严重的经济损失。对于间歇生产过程，其往复循环操作更频繁。

任务一　探寻影响化工生产安全稳定的因素

【案例引入】

新疆"7·26"较大燃爆事故

事故基本情况：2017年7月11日，新疆某企业事业部开始逐步对停产的造气车间进行复产工作。为增加煤气供应量，7月26日，拟依序投用南造气车间三号系统12号、13号、14号、15号造气炉。

26日10时40分，事业部部长通知工艺技术员检查南造气车间三号系统。16时许，工艺技术员回复三号系统只有12号造气炉各系统情况都正常。16时30分，工艺技术员指示造气班二班班长到三号系统检查确认正常后就开始垫渣。17时30分，操作工丙因工作内容太多，无法一人完成，告知二班班长要求增加人员，二班班长便安排操作工丁去协助配合操作工丙的工作。17时44分，操作工丙、丁和二班班长达到12号炉现场，操作阀门向炉膛内放煤进行垫渣，在此期间操作工丙上到加焦机平台数次动作阀门。18时06分11秒，12号造气炉煤仓底部插板阀与加焦机之间的下煤通道处冒黑烟，随后12号造气炉发生燃爆。

事故发生时，有一家承包商正在南造气车间进行复产前的检修作业，还有几家承包商作业人员正在南造气车间内外进行管道防腐保温作业，总人数有135人。事故共造成5人死亡、15人重伤、12人轻伤，直接经济损失共计2403万元。

事故直接原因：操作人员违规将放煤通道三道阀门同时打开，致使放煤落差高达13m，放煤过程中大量煤尘形成了爆炸浓度的煤尘云，在富氧条件下，遇到阴燃的煤粉，发生了燃爆。

事故间接原因：

① 企业未按照《造气系统停车方案》，将停用的12号造气炉氧气管道进行隔离，自停产到恢复生产之日，12号造气炉一直处于富氧环境（50%氧气含量），为煤粉燃爆提供了助燃环境。

② 企业未按照《造气系统停车方案》，将煤仓中的煤粉及时清理，12号造气炉煤仓中的煤粉放置长达3个多月，致使煤粉在富氧环境下发生了阴燃，为煤粉燃爆提供了点火源。

③ 企业对从业人员安全教育不到位，未督促从业人员严格按照操作规程和规章制度进行作业，违规将放煤通道的三道阀门同时打开，使其形成达到爆炸浓度的煤尘云。

④ 在12号造气炉垫渣过程中，DCS操作人员未观察到造气炉内部的氧含量、温度、流量等参数的异常变化，未将事故征兆及时反馈至现场操作人员。

事故引起的思考：化工生产中存在哪些不安全因素？

【任务目标】

1. 了解化工生产过程中的不安全因素。
2. 掌握化工生产过程中不安全因素造成的危害。
3. 熟悉避免化工生产过程中不安全因素发生的措施。

【知识准备】

作为一个工厂、一个生产流程或一个生产装置，均需按产品品质和数量的要求、原材料供应以及公共设施情况，由工艺设备组建一定的工艺流程然后组织生产。在生产过程中，产品的品质、产量等都必须在安全条件下实现。

化工生产过程中的工艺参数主要有温度、压力、流量、液位及物料配比等。按工艺要求严格控制工艺参数在安全限度以内，是实现化工安全生产的基本保证。实现这些参数的自动调节和控制是保证生产安全的重要措施。而在生产过程中各种扰动（干扰）和工艺设备特性的改变以及操作的稳定性均会影响正常生产，这些影响因素包括如下内容。

1. 原材料的组成变化

在工业生产过程中都依一定的原料性质生产一定规格的产品，原料性质的改变则会严重影响生产的安全运行。

2. 产品性能与规格的变化

随着市场对产品性能与规格要求的改变，工业生产企业必须马上能适应市场的需求而改变，安全生产条件必须适应这种变化的情况。

3. 生产过程中设备的安全可靠性

工业生产过程的生产设备都是按照一定的生产规模而设计的。随着市场对产品数量需求的改变，原设计不能满足实际生产的需要，工厂生产设备的损坏或被占用，都会影响生产负荷的变化。

4. 装置与装置或工厂与工厂之间的关联性

在流程工业中，物料流与能量流在各装置之间或工厂之间有着密切的关系，因前后存在联系调度等，往往要求生产过程的运行相应改变，以满足整个生产过程物料与能量的平衡与安全运行的需要。

5. 生产设备特性的漂移

在工业生产工艺设备中，有些重要设备的特性随着生产过程的进行会发生变化，如热交换器由于结垢而影响传热效果，化学反应器中的催化剂活性随化学反应的进行而衰减，有些管式裂解炉随着生产的进行而结焦等。这些特性的漂移和扩展的问题都将严重地影响装置的安全运行。

6. 控制系统失灵

仪表自动化系统是监督、管理、控制工业生产的关键设备与手段，自动控制系统本身的故障或特性变化也是生产过程的主要扰动来源。例如测量仪表测量过程的噪声，零点的漂移，控制过程特性的改变而控制器的参数没有及时调整，操作者的操作失误等，都是影响装置安全运行的扰动来源。

由于现代工业生产过程规模大，设备关联紧密，对于扰动十分敏感。例如，炼油工业中催化裂化生产过程，采用固体催化剂流态化技术，该生产过程不仅要求物料和能量的平衡，而且要求压力保持平衡，使固体催化剂保持在良好的流态化状态。再如芳烃精馏生产过程，各精馏塔之间不仅物料紧密相连，而且采用热集成技术使得前后装置的热量耦合在一起。因此，现代工艺生产过程，能量平衡接近于临界状态，一个局部的扰动，就会在整个生产过程传播开来，给安全生产带来威胁。

【任务实践】

试结合所学知识，尝试分析【案例引入】中的事故是由哪些不稳定因素引起的。

任务二　探寻工艺参数温度的安全控制措施

【案例引入】

浙江"1·3"爆炸事故

事故基本情况：2017年1月3日，浙江台州某医药公司一班员工由于24h上班，在岗位上打瞌睡，错过了投料时间，本应在晚上11时左右投料，而3日却在凌晨4时左右投料，在滴加浓硫酸20～25℃保温2h后，交接给下一班白班。下一班未进行升温至60～68℃并保温5h操作，就直接开始减压蒸馏，蒸了20多分钟，发现没有甲苯蒸出，操作工继续加大蒸汽量（使用蒸汽旁路通道，主通道自动切断装置失去作用），约半小时后，发生爆燃，造成3人死亡。

事故直接原因：开始减压蒸馏时甲苯未蒸出，当班工人擅自加大蒸汽开量且违规使用蒸汽旁路通道，致使主通道气动阀门自动切断装置失去作用。蒸汽开量过大，外加未反应原料继续反应放热，釜内温度不断上升，并超过反应产物（含乳清酸）分解温度105℃。反应产物（含乳清酸）急剧分解放热，体系压力、温度迅速上升，最终导致反应釜超压爆炸。

事故引起的思考：如何认识化工生产中温度控制的重要性？控制反应温度，可以采取哪些措施？

【任务目标】

1. 了解化工生产过程中的工艺参数。
2. 掌握化工生产过程中温度因素造成的危害。
3. 了解如何避免化工生产过程中温度因素的影响。

【知识准备】

温度是化工生产中的主要控制参数之一，不同的化学反应都有其自己最适宜的反应温度，正确控制反应温度不但对保证产品质量、降低消耗有重要意义，而且也是预防火灾爆炸事故所必需的措施。如果超温，反应物可能着火，造成压力升高而爆炸，也可能因温度过高产生副反应，生成新的危险物质。升温过快或冷却降温设施发生故障，还可能引起剧烈反应导致爆炸，温度过低有时会造成反应速率减慢或停滞，而且反应温度恢复正常时，则往往会因为未反应的物料过多而发生剧烈反应引起爆炸。温度过低还会使某些物料冻结，造成管路堵塞或破裂，致使易燃物泄漏而发生火灾爆炸。控制反应温度时，常可采取移除反应热、防止搅拌中断、正确选择传热介质等措施。

一、移除反应热

化学反应一般都伴随着热效应，放出或吸收一定热量。例如，基本有机合成中的各种氧化反应、氯化反应、水合和聚合反应等均是放热反应；而各种裂解反应、脱氢反应、脱水反应等则是吸热反应。为使反应在一定温度下进行，必须向反应系统中加入或移去一定的热量，以防因过热而发生危险。

温度的控制靠管外"道生"（导热姆，一种加热系统或者设备，有道生炉和道生加热系统）的流通实现。在放热反应中，"道生"从反应器移走热量，通过冷却器冷却；当反应器需要升温时，"道生"则通过加热器吸收热量，使其温度升高，向反应器送热。

移除热量的方法目前有夹套冷却（图3-1）、内蛇管冷却（图3-2）、夹套内蛇管兼用、淤浆循环、液化丙烯循环、稀释剂回流冷却、惰性气体循环等。

图 3-1　夹套冷却

图 3-2　内蛇管冷却

此外，还采用一些特殊结构的反应器或在工艺上采取措施移除反应热。例如，合成甲醇是一个强烈的放热反应过程，采用一种特殊结构的反应器，器内装有热交换装置，混合合成气分两路，通过控制一路气体量的大小来控制反应温度。

向反应器内加入其他介质，例如通入水蒸气带走部分热量也是常见的方法。乙醇氧化制取乙醛时，利用乙醇蒸气、空气和水蒸气的混合气体送入氧化炉，在催化剂作用下生成乙醛，利用水蒸气的吸热作用将多余的反应热带走。

二、防止搅拌中断

化学反应过程中，搅拌可以加速热量的扩散与传递，如果中断搅拌可能造成散热不良或局部反应剧烈而导致危险发生。因此，要采取可靠的措施防止搅拌中断，例如双路供电、增设应急人工搅拌装置等。搅拌加热装置见图 3-3。

三、正确选择传热介质

化工生产中常用的热载体有水蒸气、热水、过热水、烃类（如矿物油、二苯醚等）、熔盐、汞和熔融金属、烟道气等。掌握、了解热载体的性质并正确选择，对加热过程的安全十分重要。

(1) 避免使用与反应物料性质相抵触的介质　如环氧乙烷很容易与水发生剧烈的反应，甚至极微量的水分渗到液体环氧乙烷中，也会引起自聚发热而引起爆炸。又如金属钠遇水即发生反应而爆炸，其加热或冷却可采用液体石蜡。所以，应尽量避免使用与反应物料性质有明显作用的物质作为加热或冷却介质。

图 3-3　搅拌加热装置

防止传热面结疤（垢）。结疤不仅影响传热效率，更危险的是因物料分解而引起爆炸。结疤可能的原因：水质不好而结成水垢；物料聚集在传热面上；由物料聚合、缩合、凝聚、碳化等原因引起结疤。

对于明火加热的设备，要定期清渣、清洗和检查锅壁厚度，防止锅壁结疤。有的物料在传热面结疤，由于结疤部位过热造成物料分解而引起爆炸。对于这种易结疤并能引起分解爆炸的物料，选择传热方式时，应特别注意改进其搅拌方式；对于易分解的乳化层物料的处理尽可能采用别的工艺方法，例如加酸、加盐、吸附等，避免加热处理时发生事故。

换热器内流体宜采用较高流速，不仅可提高传热系数，而且可减少污垢在换热器管表面沉积。当然，预防污垢和结疤的措施涉及工艺路线、机械设计与选型、运行管理、维护保养等各个方面，需要互相密切配合、认真研究。同时要注意对于易分解物料的加热设备，其加热面必须低于液面，操作中不能投料过少；设备设计尽量采用低液位加热面，加热面不够可增设内蛇管，甚至可以采用外热式加热器，也可以在加热室进口增加一个强制循环泵，加大流速，增加传热效果。

（2）安全使用热载体　热载体在使用过程中处于高温状态，所以安全问题十分重要。高温热载体，例如联苯混合物（由73.5%联苯醚和26.5%联苯组成），在使用过程中要防止低沸点液体（如水等）进入。因为低沸点物质进入系统，遇高温热载体会立即汽化，造成超压爆炸。热载体运行系统不能有死角（如冷凝液回流管高出夹套底，夹套底部就可能造成死角），以防水压试验时积存水或其他低沸点物质。热载体运行系统在水压试验后，一定要有可靠的脱水措施，在运行前，应当进行干燥处理。

（3）妥善处理热不稳定物质　对热不稳定物质要注意降温和采取隔热措施。对能生成过氧化物的物质，加热之前要从物料中除去。

【任务实践】

1. 试结合所学知识，对【案例引入】中事故的原因做详细分析。
2. 思考化工生产中温度控制的重要性。

任务三　探寻工艺参数压力的安全控制措施

【案例引入】

煤化公司造气车间吹风气燃料气总管压力超压事件

事故概况： 2014年8月9日，某煤化公司造气车间1号吹风气停运检修，14:35吹风气主控接到车间主任和工艺技术员的指令，要求1号吹风气停送燃料气，降温处理高预器漏点。主控接到指令后向氨库打电话，要求降低燃料气压力并告知1号吹风气不用燃料气。当在主控室观察燃料气压力有下降趋势后，便出去关闭1号吹风气燃料气总阀，炉前阀开始加水封。期间未再确认燃料气总管压力变化情况，燃料气压力逐渐上涨至0.59MPa。合成车间主控发现压力超指标后，汇报调度并联系氨库岗位降低了燃料气压力，操作工即将完成其他工作，15:05返回主控室时燃料气总管压力在已降至0.3MPa，恢复正常，本次事件未对生产造成直接影响。

事故直接原因：

（1）1号吹风气停用燃料气只与氨库岗位进行了联系，未汇报调度，使压力变化没有得到相关人监控。

（2）在关闭燃料气阀门期间，未再关注压力变化是否控制在指标内，从而进一步联系调整。

（3）燃料气总管安全阀在0.4MPa未发挥起跳作用，使压力继续上升至超标。

事故引起的思考： 压力对于化工生产有什么影响？

【任务目标】

1. 了解影响压力安全控制的主要因素。
2. 掌握压力容器的安全操作方法。

【知识准备】

压力是生产装置运行过程的重要参数。当管道其他部分阻力发生变化或有其他扰动时，压力将偏离设定值，影响生产过程的稳定，甚至引起各种重大生产事故，因此必须保证生产系统压力的恒定，才能维护化工生产的正常进行。

当今时代，现代工业技术飞速发展，国内外化工生产装置的规模已向着大型化发展，同时生产工艺也正向着高温、高压、深冷、高负荷方向延伸。以山东某公司为例，化工生产装置的规模为合成氨560kt/a、尿素830kt/a、三聚氰胺64.6kt/a，生产合成氨和尿素的反应压力一般都在10~30MPa。随着高压容器更多地投入到化工生产中，在促进了化工行业的快速发展的同时，也带来了严重的不安全问题。该公司作为一个综合性大型化工企业，生产条件复杂，参加反应的介质具有高温、高压、易燃、易爆、有毒和腐蚀等特性，一旦发生事故，除了容器本身损失外，还会引起重大的人员伤亡事故。因此，必须采取各种有效的措施，对高压容器严加防范。

压力容器（图3-4）的金属腐蚀是指材料在受到外界条件的作用后由表及里逐渐被破坏的过程，按腐蚀机理可分为电化学腐蚀和化学腐蚀。而压力容器腐蚀多属于电化学腐蚀，它既可能是单一的电化学作用，也可能是电化学作用与机械、生物作用并存和相互作用的结果。

影响化工压力容器腐蚀的主要因素有两点：一是金属材料本身，二是操作条件（如介质的pH值、浓度、化学成分、流速、压力、温度等）。在化工压力容器的腐蚀破坏中，局部腐蚀约占70%，而且这种腐蚀常常是酿成突发性和灾难性事故的

图3-4 压力容器

诱发因素。化工压力容器（如反应釜、蒸发器、换热器、蒸馏塔、贮罐等）多为金属材料制成，许多酸、碱、硫化物等腐蚀性介质均会对金属设备造成腐蚀。腐蚀会使报警、计量、联锁等装置中断，扰乱温度、压力、液位、浓度等工艺条件的控制而引发事故；腐蚀还会使设备材质遭破坏而强度降低，使防静电、防雷装置失效，在特殊的天气下导致事故发生。化工压力容器遭腐蚀破坏后，轻则频繁更换设备，重则中断生产，造成人员伤亡，严重威胁着化

工企业的安全生产。据统计，压力容器发生事故大多是由操作失误（人为过失）和压力容器腐蚀破坏所造成的。我国中型化肥企业压力容器由于人为操作失误所引起的事故约占压力容器事故总数的50%以上，压力容器腐蚀破坏引发爆炸的事故案例也是屡见不鲜。可见，研讨压力容器的安全操作方法和最佳防范措施已成为当务之急。

一、压力容器的设计和操作人员培训

首先，化工压力容器设计和制造单位必须是有资格认可的定点单位。压力容器设计应严格遵循相关国家标准，严格把握设计质量关，同时在压力容器制造时要由具备资质的厂家按照图纸进行施工，并且在材料的质量上也要严格把关。为减少设备应力腐蚀，在设备设计中应尽量消除可能引起腐蚀介质积聚的缺口和缝隙，并注意设备金属的组织和结构，在设计中合理选择设备和衬里的材料。许多设备材料都以碳钢为主，必要时可选择不锈钢、铜材和钛材，衬里材料可选橡胶、石墨、玻璃、瓷砖、聚四氟乙烯等耐腐蚀或不腐蚀材料。其次，严格培训操作人员，特别要训练他们处理事故的能力，合格以后才能上岗操作。为了防止误操作，除了设置安全联锁装置外，还应在装置现场设置工艺流程图，在总控制室设置电子模拟装置流程图。容器、管道必须按国家有关部门的统一规定涂刷颜色，标示介质的流动方向，特别要注意对反扣的阀门标明开关方向，以防误操作。另外，做好压力容器安全装置（如安全阀、爆破片、压力表、液面计、温度计、切断阀、减压阀等）的调试工作是确保压力容器安全的重要措施。安全装置不但要在调试时检查好，而且必须装在容器上进行实际调试。值得注意的是，压力表应在刻度盘上画出最高工作压力红线（不允许将红线画在压力表的玻璃面上，因为这样会使操作人员读取压力时出现偏差，从而导致事故的发生）。此外还要确保减压阀的灵敏、安全和可靠。减压阀的低压侧应安装安全阀，在减压阀失灵时，可确保容器的压力不会超过其工作的安全压力。

二、压力容器操作

操作人员对压力容器加载或卸载时，操作一定要平稳，升压、降压、升温、降温或加减负荷等操作都应该平稳、缓慢地进行，不得使压力、温度和负荷骤升或骤降。升压时，如果压力突然升高，将使材料受到很高的加载速度，材料的塑性、韧性会下降；在压力的冲击下，很可能导致容器的脆性破坏。升、降温的速度也宜缓慢，使容器各部位的温度在升、降温过程中大致相近。温差越小，材料因温差而产生的应力也相应较小；反之，温差越大，由此而产生的温差应力也大，降低材料抵抗变形或抗断裂的能力，或使材料中原有的微裂纹快速扩展，缩短容器的使用寿命，甚至导致容器破坏。根据实践经验，升、降压的速度可参照0.4～0.6MPa/min；有化学反应的高温压力容器的升、降温速度为40～50℃/h。压力容器严禁超温、超压、超负荷操作，必须按时巡回检查，不可任意乱动阀门。有的阀门（如进、出口阀）开、关时，要挂上警告牌，以防操作人员误开、误关。有减压阀的容器或管道，应定期检查减压阀和阀后的安全阀是否完好，以防损坏或失效，发生超压爆炸事故。连续生产的化工容器，特别要注意前后各主产岗位之间的紧急联系，如设立事故信号、紧急停车信号和事故直通电话等。严禁对运转中的容器和带压的容器进行修理、紧固和拆卸等作业。

三、压力容器的检查和维护

压力容器在发生事故前都有先期征兆，只要勤于检查、仔细观察便能够及时发现事故隐患。因此，必须建立巡回检查制度，定时、定点、定线地对压力容器进行检查。巡回检查的内容主要包括工艺、设备和安全附件等方面的检查。工艺方面，主要检查容器的压力、温度、流量、液位以及处理介质的成分等是否符合要求；设备方面，主要检查压力容器的法兰和连接处有无泄漏，外壳有无变形、鼓包、腐蚀等迹象，保温层和防腐层是否完好，连接管道有无震动、磨损等，以及相关的电气、仪表、阀门等情况；安全附件方面，主要检查安全阀、爆破片、压力表、液位计、切断阀、安全联锁、报警信号、安全防护器材等是否齐全、完好、灵敏、可靠等。

化工压力容器必须定期进行检验，为防止漏检和误检，应正确选择和确定检验的重点部位。这些重点检验部位应包括：容易造成液体滞留或固体物质沉积的部位，如容器底部、底封头等；连接结构中容易形成缝隙死角的部位，如胀接结构、容器内支承件等；应力集中部位，如容器开孔、焊接交叉、T形焊等部位；容器的气液相交界部位，如变换热交换器和饱和热水塔底部；局部温差变化大的部位，如容器内的局部过热点；容器进料口附近和管口对面壁体。加强化工压力容器的日常巡查及维护是抑制腐蚀破坏的重要措施之一，发现液位、温度、压力、浓度等参数不符合工艺要求时，要意识到是否是由于腐蚀而使计量仪不准。对设备的外壳要经常维护、擦拭，减少大气腐蚀；特别是对停用的压力容器要彻底清洗和扫污，认真做好防腐保养工作。

化工压力容器腐蚀破坏对化工安全生产威胁极大，不容忽视。只要对腐蚀形态进行分析和研究，定期取样分析，弄清压力容器腐蚀破坏的规律和影响因素，采取有效的防范措施，就可以减缓或抑制腐蚀破坏，确保化工装置安全生产。

【任务实践】

1. 试结合所学知识，尝试对【案例引入】中事故的原因做详细分析。
2. 思考工艺参数压力的安全控制措施有哪些？

任务四　探寻投料速度和配比的安全控制措施

【案例引入】

某生物科技爆炸事故

事故概况：2009年11月，山东淄博市某生物科技公司发生一起爆炸火灾事故，事故导致11人死亡，4人重伤。

事故经过：2009年11月9日18:05，硝化车间乙班岗位职工孙某焦急地等待丙班操作工周某来接班，因为今天是孙某朋友的生日，大家约好晚上去饭店好好聚聚。18:07，周某到达岗位，孙某说："今天家里有点急事，先走了，1号和3号在保温，2号等着进料，4号釜正常"，孙某在交接班记录上签字后，匆匆离开岗位。

18:55，周某查看4号反应，按照以往惯例，这个时候应该投加催化剂，反应釜温度、压力各项参数正常。19:00周某按照生产比例投加催化剂，19:20 4号反应釜温度持续升高，压力剧增。19:30左右反应釜爆炸，导致周某上层岗位及周某邻岗操作工11人当场死亡，车间房顶被全部炸开。

经调查，4号反应釜投料时间比以往早半个小时，在周某接班前，孙某已经投加完反应催化剂，但是着急聚会忘记做记录，接班的周某还是按照原来的惯例进行操作，两人未进行认真细致的交接班，将反应催化剂重复添加，反应速率失控导致釜内温度压力急剧上升引发爆炸事故。

事故直接原因：将反应催化剂重复添加，反应速率失控导致釜内温度压力急剧上升引发爆炸事故。

事故引起的思考：加料过程中的注意事项有哪些？

【任务目标】

掌握化工生产中工艺参数投料速度和配比的安全控制。

【知识准备】

对于放热反应，投料速度不能超过设备的传热能力，否则，物料温度将会急剧升高，引起物料的分解、突沸而产生事故。加料温度如果过低，往往造成物料积累、过量，温度一旦恢复正常，反应便会加剧进行，如果此时热量不能及时导出，温度及压力都会超过正常指标，造成事故。

对连续化程度较高、危险性较大的生产，要特别注意反应物料的配比关系。例如环氧乙烷生产中乙烯和氧的混合反应，其浓度接近爆炸范围，尤其在开停车过程中，乙烯和氧的浓度都在发生变化，而且开车时催化剂活性较低，容易造成反应器出口氧浓度过高。为保证安全，应设置联锁装置，经常核对循环气的组成，尽量减少开停车次数。

催化剂对化学反应的速率影响很大，催化剂过量，就可能发生危险。可燃或易燃物与氧化剂的反应，要严格控制氧化剂的投料速度和投料量。能形成爆炸性混合物的生产，其配比应严格控制在爆炸极限范围以外。如果工艺条件允许，可以添加水蒸气或氮气等惰性气体稀释。

投料速度太快时，除影响反应速率和温度之外，还可能造成尾气吸收不完全，引起毒气或可燃性气体外逸。如某农药厂乐果生产硫化岗位，由于投料速度太快，使硫化氢尾气来不及吸收而外逸，引起中毒事故。当反应温度不正常时，要准确判断原因，不能随意采用补加反应物的办法来提高反应温度，更不能采用增加投料量然后再补热的办法。

还有一个值得注意的问题是投料顺序问题。例如氯化氢合成应先投氢后投氯；三氯化磷生产应先投磷后投氯；磷酸酯与甲胺反应时，应先投磷酸酯，再滴加甲胺等。如果不按照投料顺序投料就可能发生爆炸。

加料过少也可能引起事故，有两种情况，一是加料量少，使温度计接触不到料面，温度指示出现假象，导致判断失误引起事故；二是物料的气相与加热面接触（夹套、蛇管加热面）不良，可使易于热分解的物料局部过热分解，同样会引起事故。

【任务实践】

1. 试结合所学知识，尝试对【案例引入】中事故的原因做详细分析。
2. 思考工艺参数投料速度和配比的安全控制。

任务五　探寻杂质超标和副反应的安全控制措施

【案例引入】

化工分公司 20t 锅炉连续两次发生结焦灭炉事件

事故经过： 2014 年 3 月 31 日 22:08 左右，20t 锅炉炉温波动幅度大，大幅度降温一次，最低降至 570℃，通过加木炭、减风的操作控制后，并没有稳定炉况，22:40 分左右，温度升至 620℃，岗位人员在处置过程中发生高温结焦，4 月 1 日 3:40，重新启炉，生产逐步加满负荷，恢复生产。4 月 2 日 4:00 左右，同样发生了炉温波动，处置过程中，造成结焦停炉事件。

事故直接原因：
（1）20t 锅炉技术与运行管理混乱是造成 20t 锅炉连续结焦的直接原因。燃煤管理差，煤中有大块矸石，堵塞风道，未要求过筛处理；下底料管理混乱，无下料时间与数量的技术管理；给风与给煤量无技术数据，进风量与给煤量随意性大。每次事件基本都是在下底料之后发生，底料下得多，炉内热量减少，加煤时炉温下降，再加木炭提温，待炉温回升，炉内可燃物量又太多，所以结焦。

（2）炉温波动时，采取应急措施不得当，未及时压火重新启炉；在锅炉历年运行过程中，发现炉膛截面过大，风机与风量不匹配，在 2009 年大修过程中，封堵了炉膛外围三排风帽，造成炉内蓄热偏小，炉温出现波动时，难以控制。

事故引起的思考： 原料中保证反应产物纯度重要吗？说说你的理解。

【任务目标】

掌握化工生产中杂质超标和副反应的安全控制措施。

【知识准备】

许多化学反应，由于反应物料中杂质的增加而导致副反应的发生，无论从哪方面讲，超量杂质的存在和副反应的发生,对生产都是不利的。因此,化工生产原料、成品的质量及包装的标准化是保证生产安全的重要条件。

反应物料中危险杂质超标导致副反应、过反应的发生,造成燃烧或爆炸。因此,化工生产原料、成品的质量及包装的标准是保证生产安全的重要条件。

反应原料气中,如果有害气体不清除干净,在物料循环过程中,就会越积越多,最终导致爆炸。有害气体除采用吸收清除的方法之外,还可以在工艺上采取措施,使之不积累。例如高压法合成甲醇,在甲醇分离器之后的气体管道上设置放空管,通过控制放空量以保证系统中有用气体的比例。这种将部分反应气体放空或进行处理的方法也可以用来防止其他爆炸性介质的积累。

有时为了防止某些有害杂质的存在引起事故,还可以采用加稳定剂的办法。如氰化氢在常温下呈液态,贮存时必须使其所含水分低于1%,然后装入密闭容器中,贮存于低温处。为了提高氰化氢的稳定性,常加入浓度为0.001%~0.5%的硫酸、磷酸及甲酸等酸性物质作为稳定剂或吸附在活性炭上加以保存。

有些反应过程应该严格控制,使其反应完全。成品中含有大量未反应的半成品,也是导致事故的原因之一。

有些过程要防止过反应的发生,许多过反应生成物是不稳定的,往往引起事故。如三氯化磷生产中将氯气通入黄磷中,生成的三氯化磷沸点低(75℃),很容易从反应锅中除去。假如发生过反应,生成固体五氯化磷,在100℃时才升华,但化学活性较三氯化磷高得多。由于黄磷的过氧化而发生的爆炸事故已有发生。

对有较大危险的副反应物,要采取措施不让其在贮罐内长久积聚。例如液氯系统往往有三氯化氮存在。目前,液氯包装大多采用液氯加热汽化进行灌装,这种操作不仅使整个系统处于较高压力状态,而且汽化器内也易导致三氯化氮累积,采用泵输送可以避免这种情况。

【任务实践】

1. 试结合所学知识,尝试对【案例引入】中事故的原因做详细分析。
2. 思考工艺参数杂质超标和副反应的安全控制的重要性。

任务六 探寻化工自动控制与安全联锁措施

【案例引入】

四川宜宾"7·12"大爆燃事故

2018年7月12日,宜宾某公司发生一起化工生产重大安全事故,共造成19人死亡。在事故现场获悉,自动化控制系统的缺失是这次事故造成众多人员伤亡的重要的因素之一

(图 3-5)。

图 3-5　四川宜宾"7·12"大爆燃事故

事故现场了解到，该企业生产过程涉及多种重点监控危险化学品和重点监管工艺，但是未按相关要求安装自动化控制系统、报警系统及消防水系统。此次发生爆燃的正是刚刚投产两个月的中间体生产新装置，反应釜上甚至没有预留安装相应设施的接口。由于缺少了自动化系统，每班需有10余人在反应釜周边操作，这正是此次事故造成众多人员伤亡的重要原因之一。

事故直接原因： 缺少自动调节系统，引发事故。

事故引起的思考： 自动化控制系统的缺失是导致精细化工生产安全事故频发的主要原因之一。对于那些已经具备自控系统却又发生安全事故的，安全事故频发与自控系统无法良好运行有关。而造成自控系统不能正常运行的主要原因有哪些？

【任务目标】

1. 掌握化工生产过程中自动化控制系统的重要性。
2. 了解自动化系统的分类。

【知识准备】

化工作为高危险性行业，在其生产过程中，对于危险环节操作实现自动化控制是避免事故发生的有效措施。采用自动化控制措施，当出现液位及可燃、有毒气体浓度等工艺指标的超限报警时，生产装置能够安全联锁停车。对于大型和高度危险化工装置，一定要在自动化控制的基础上，实施装备紧急停车系统或者安全仪表系统。

化工危险作业设备的安全基本规范就是建立流量、压力、温度、联锁停车、自动报警装置，以便于自动化控制工艺流程，现阶段主要包括以下几方面自动化控制工艺。第一，可编程控制器（PLC，图3-6），一般都是在顺序控制、逻辑控制等方面应用，用来取代继电器，并且也能够合理应用在过程控制中。第二，分布式工业控制计算机系统（DCS，图3-7），也可以称为分散控制系统，主要是合理应用网络通信系统，合理连接分布现场的操作中心、采集点、控制点，从而达到分散控制的目的。第三，现场总线控制系统（FCS，图3-8），现场总线控制系统是开放型现场总线自动化系统,已经得到广泛应用,是未来发展工业控制的主要方向,化工、石油等危险工业中适合应用安全型总线,能够达到降低系统危险的目的。第四,总线工业控制机(OEM),配置工业控制机具有方便、配置灵活、集中控制、适应性强等特点。

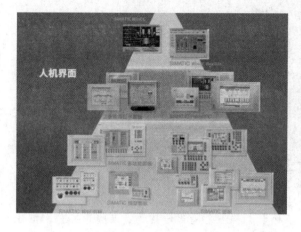
图 3-6　可编程控制器（PLC）

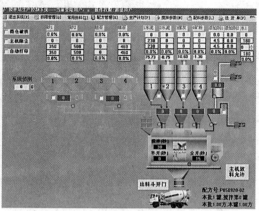
图 3-7　分布式工业控制计算机系统（DCS）

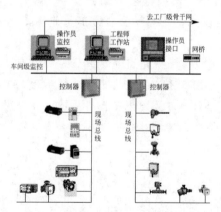
图 3-8　现场总线控制系统（FCS）

自动化系统按其功能分为四类。

1. 自动检测系统

自动检测系统是对机器、设备及过程自动进行连续检测,把工艺参数等变化情况显示或记录出来的自动化系统。从信号连接关系上看,对象的参数如压力、流量、液位、温度、物料成分等信号送往自动装置,自动装置将此信号变换、处理并显示出来。

2. 自动调节系统

自动调节系统是通过自动装置的作用,使工艺参数保持给定值的自动化系统。工艺系统保持给定值是稳定、正常生产所要求的,从信号连接关系上看,欲了解参数是否在给定值上,就需要进行检测,即把对象的信号送往自动装置,与给定值比较后,将一定的命令送往对象,驱动阀门产生调节动作,使参数趋近于给定值。

3. 自动操纵系统

自动操纵系统是对机器、设备及过程的启动、停止及交换、接通等工序，由自动装置进行操作的自动化系统。操作人员只要对自动装置发出指令，全部工序即可自动完成，可以有效地降低操作人员的工作强度，提高操作的可靠性。

4. 自动信号、联锁和保护系统

自动信号、联锁和保护系统是机器、设备及过程出现不正常情况时，会发出警报或自动采取措施，以防事故发生、保证安全生产的自动化系统。有一类仅仅是发出报警信号的，这类系统通常由电接点、继电器及声光报警装置组成。当参数超出允许范围后，电接点使继电器动作，利用声光装置发出报警信号。另一类不仅报警，而且自动采取措施。例如，当参数进入危险区域时，自动打开安全阀，或在设备不能正常运行时自动停车，或将备用的设备接入等。这类系统通常也由电接点及继电器等组成。

上述四种系统都可以在生产操作中起到控制作用。自动检测系统和自动操纵系统主要是使用仪表和操纵机构，若需调节则尚需人工操作，通常称为"仪表控制"。自动调节系统，则不仅包括检测和操作，还包括通过参数与给定值的比较和运算而发出的调节作用，因此也称为"自动控制"。

【任务实践】

1. 试结合所学知识，尝试对【案例引入】中事故的原因做详细分析。
2. 思考自动化控制系统对工艺操作以及操作人员的要求。

知识巩固

一、判断题

1. 催化剂是提高反应速率的一种最常用、很有效的办法之一。　　　　　　　（　）
2. 催化剂能加快反应速率，但本身性质、数量不变。　　　　　　　　　　　（　）
3. 压力升高，设备材质要求变高，动力费用增加，运行的安全性降低。　　　（　）
4. 生产过程中各种扰动、设备特性的改变、操作的稳定均对安全生产产生影响。（　）

二、简答题

1. 简述化工生产安全稳定的因素。
2. 工艺参数温度的安全控制措施有哪些？
3. 工艺参数压力的安全控制措施有哪些？
4. 简述工艺参数投料速度和配比的安全控制。
5. 简述工艺参数杂质超标和副反应的安全控制。
6. 简述化工自动控制与安全联锁控制。

项目四

探索化工单元操作的安全技术

单元操作就是指化工生产过程中物理过程步骤（少数包含化学反应，但其主要目的并不在反应本身），是化工生产中共有的操作。按其操作的原理和作用可分为：流体输送、搅拌、过滤、沉降、传热（加热或冷却）、蒸发、吸收、蒸馏、萃取、干燥、离子交换、膜分离等。按其操作的目的可分为增压、减压和输送，物料的加热或冷却，非均相混合物的分离，均相混合物的分离，物料的混合或分散等。

单元操作在化工生产中占主要地位，决定整个生产的经济效益，在化工生产中单元操作的设备费和操作费一般可占到80%～90%，可以说没有单元操作就没有化工生产过程。同样，没有单元操作的安全，也就没有化工生产的安全。

任务一　认识流体及固体输送操作安全技术

【案例引入】

"11·22"输油管道泄漏爆炸特别重大事故

事故基本情况：2013年11月22日10:25，山东省青岛市某管道储运分公司输油管道泄漏原油进入市政排水暗渠，在形成密闭空间的暗渠内油气积聚遇火花发生爆炸，造成62人死亡、136人受伤，直接经济损失75172万元。事故影响区域及现场见图4-1。

事故简要过程：11月22日凌晨3点，青岛市某输油储运公司输油管线破裂，事故发生后，约3点15分关闭输油，约1000m^2路面被原油污染，部分原油沿着雨水管线进入胶州湾，海面过油面积约3000m^2。黄岛区立即组织在海面布设两道围油栏。处置过程中，当日上午10点25分，黄岛区沿海河路和斋堂岛路交会处发生爆燃，同时在入海口被油污染的海面上发生爆燃。

项目四 探索化工单元操作的安全技术

图 4-1 "11·22"输油管线爆炸事故影响区域及现场

事故直接原因：输油管道与排水暗渠交会处管道腐蚀减薄，管道破裂，原油泄漏，流入排水暗渠及反冲到路面。原油泄漏后，现场处置人员采用液压破碎锤在暗渠盖板上打孔破碎，产生撞击火花，引发暗渠内油气爆炸。

事故引起的思考：流体运输过程的安全注意事项是什么？油气一旦发生泄漏会有哪些危害？如何预防油气运输过程中发生泄漏事故？

【任务目标】

1. 了解流体及固体输送的基本概念和知识。
2. 掌握流体及固体输送过程可能发生的危害。
3. 了解流体及固体输送设备的常用安全技术措施。

【知识准备】

一、概述

化工生产中必然涉及流体（包括液体和气体）和（或）固体物料从一个设备到另一个设备或一处到另一处的输送。物料的输送是化工过程中最普遍的单元操作之一，它是化工生产的基础，没有物料的输送就没有化工生产过程。

化工生产中流体的输送是物料输送的主要部分。流体流动也是化工生产中最重要的单元操作之一。流体在流动过程中不仅存在阻力损失，而且有时需要从低处流向高处，或从低压设备流向高压设备。因此，流体在流动过程中需要外界对其施加能量，即需要流体输送机械对流体做功，以增加流体的机械能。

流体输送机械按被输送流体的压缩性可分为：液体输送机械，常称为泵，如离心泵等。气体输送机械，如风机、压缩机等。按其工作原理可分为：动力式（叶轮式），利用高速旋转的叶轮使流体获得机械能，如离心泵；正位移式（容积式），利用活塞或转子挤压使流体升压排出，如往复泵；其他，如喷射泵、隔膜泵等。几种常用的流体输送机械设备如图 4-2～图 4-7 所示。

图 4-2 离心泵

图 4-3 风机

图 4-4 空气压缩机

活塞右移,腔内压力降低,将上活门压下,下活门顶起,液体吸入;活塞左移,腔内压力增高,将上活门顶起,下活门压下,液体排出

图 4-5 往复泵

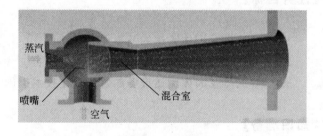

图 4-6 蒸汽喷射泵

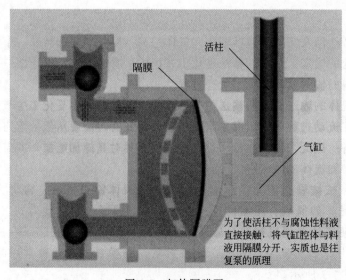

为了使活柱不与腐蚀性料液直接接触,将气缸腔体与料液用隔膜分开,实质也是往复泵的原理

图 4-7 气体隔膜泵

固体物料的输送主要有气力输送、皮带输送机输送、链斗输送机输送、螺旋输送机输送、刮板输送机输送、斗式提升机输送和位差输送等多种方式。

二、危险性分析

（一）流体输送

1. 腐蚀

化工生产中需输送的流体常具有腐蚀性，甚至许多流体的腐蚀性很强，因此需要注意流体输送机械、输送管道以及各种管件、阀门的耐腐蚀性。

2. 泄漏

流体输送中流体往往与外界存在较高的压强差，因此在流体输送机械（如轴封等处）、输送管道、阀门以及各种其他管件的连接处都有发生泄漏的可能，特别是与外界存在高压差的场所发生的概率更高，危险性更大。一旦发生泄漏，不仅直接造成物料损失，而且危害环境，并易引发中毒、火灾等事故。当然，泄漏也会使外界空气漏入负压设备，可能造成生产异常，甚至爆炸等。

3. 中毒

由于化工生产中的流体常具有毒性，一旦发生泄漏事故，可能导致人员中毒。

4. 火灾、爆炸

化工生产中使用的流体常具有易燃性和易爆性，当有火源（如静电）存在时容易发生火灾、爆炸事故。国内外已发生过多起输油管道、天然气管道燃爆等重大事故。

5. 人身安全

流体输送机械一般有运动部件，如转动轴，存在造成人身伤害的可能。此外，有些流体输送机械有高温区域，存在烫伤的危险。

6. 静电

流体与管壁或器壁的摩擦可能会产生静电，有引燃物料时可能有发生火灾、爆炸的危险。

7. 其他

如果输送流体骤然中断或大幅度波动，可能会导致设备运行故障，甚至造成严重事故。

（二）固体输送

1. 粉尘爆炸

粉尘爆炸是固体输送中需要特别注意的。

2. 人身伤害

许多固体输送设备往返运转，还有的需要进行连续加料、卸载等，如果操作不当也会造成人身伤害。

3. 堵塞

固体物料较易在供料处、转弯处，有错偏或焊渣突起等障碍处黏附管壁（具有黏性或湿度过高的物料更为严重），最终造成管路堵塞；输料管径突然扩大，或物料在输送状态中突然停车，易造成堵塞。

4. 静电

固体物料会与管壁或皮带发生摩擦而产生静电，高黏附性的物料也易产生静电，有引燃物料时可能有发生火灾、爆炸的危险。

三、安全技术

（一）输送管路

根据管道输送介质的种类、压力、湿度以及管道材质的不同，管道有不同的分类。

（1）按设计压力可分为：高压管道、中压管道和真空管道。

（2）按管内输送介质可分为：天然气管道、氢气管道、冷却水管道、蒸汽管道、原油管道等。

（3）按管道的材质可分为：金属管道（铸铁管、碳钢管、合金钢管、有色金属管等）、非金属管道（如塑料管、陶瓷管、水泥管、橡胶管等）、衬里管（把耐腐蚀材料衬在管道内壁上以提高管道的耐腐蚀性能）。

（4）按管道所承受的最高工作压力、温度、介质和材料等因素综合考虑，将管道分为Ⅰ～Ⅴ五类。

化工生产中输送管道必须与所输送物料的种类、性质（黏度、密度、腐蚀性、状态等）以及温度、压强等操作条件相匹配。如普通铸铁一般用于输送压力不超过1.6MPa，温度不高于120℃的水、酸性溶液、碱性溶液，不能用于输送蒸汽，也不能输送有爆炸性或有毒性的介质，否则容易因泄漏或爆裂引发安全事故。

管道与管道、管道与阀门及管道与设备的连接一般采用法兰连接、螺纹连接、焊接和承插连接四种连接方式。大口径管道、高压管道和需要经常拆卸的管道，常用法兰连接。用法兰连接管道时，必须采用垫片，以保证管道法兰密封性。法兰和垫片也是化工生产中最常用的连接管件，这些连接处往往是管路相对薄弱处，是发生泄漏或爆裂的高发地，应加强日常巡检和维护。输送酸、碱等强腐蚀性液体管道的法兰连接处必须设置防止泄漏的防护装置。

化工生产中使用的阀门很多，按其作用可分为调节阀、截止阀、减压阀、止逆阀、稳压阀和转向阀等；按阀门的形状和构造可分为闸阀、球阀、旋塞、蝶阀、针形阀等。阀门易发生泄漏、堵塞以及开启与调节不灵等故障，如不及时处理不仅影响生产，更易引发安全事故。

管道的铺设应沿走向有0.3%～0.5%的倾斜度，含有固体颗粒或可能产生结晶晶体的物料管线的倾斜度应不小于1%。由于物料流动易产生静电，输送易燃、易爆、有毒物质及颗粒时，必须可靠接地，防止静电累积，以便防止燃烧或爆炸事故。管道排布时注意冷热管道有安全距离，在分层排布时，一般遵循热管在上，冷管在下，有腐蚀性介质的管道在最下的原则。易燃气体、液体管道不允许同电缆一同敷设；而可燃气体管道同氧气管一起敷设时，氧气管道应设在旁边，保持0.25m以上的净距，并根据实际需要安装止逆阀、水封和阻火器等安全装置。此外，由于管道会产生热胀冷缩，在温差较大的管道（热力管道等）上应安装补偿器（如弯管等）。

当输送管道温度与环境温差较大时，一般对管道做保温（冷）处理，这一方面可以减少能量损失，另一方面可以防止烫伤或冻伤事故。输送凝固点高于环境温度的流体，在输送中可能出现结晶的流体以及含有 H_2S、HCl、Cl_2 等气体，可能出现冷凝或形成水合物的流体，应采取加热保护的措施。如果温度高于65℃，即使工艺不要求保温的管道，在操作人员可能触及的范围内也应予以保温，以防止人员烫伤。噪声大的管道（如排空管等），应加绝热层以隔声，隔声层的厚度一般不小于50mm。

化工管道输送的流体往往具有腐蚀性，空气、水、蒸汽管道，也会受周围环境的影响而发生腐蚀，特别是在管道的变径、拐弯部位，埋设管道外部的下表面，以及液体或蒸汽管道在有温差的状态下使用，容易产生局部腐蚀。因此需要采取合理的防腐措施，如涂层防腐（应用最广）、电化学防腐、衬里防腐、使用缓蚀剂防腐等。这样可以降低泄漏发生的概率，延长管道的使用寿命。

新投用的管道，在投用前应规定管道系统强度、严密性实验以及系统吹扫和清洗。在用管道要注意定期检查和正常维护，以确保安全。检查周期应根据管道的技术状况和使用条件合理确定。但一般一季度至少进行一次外部检查；Ⅰ～Ⅲ类管道每年至少进行一次重点检查；Ⅳ～Ⅴ类管道每两年至少进行一次重点检查；各类管道每六年至少进行一次全面检查。

此外，对输送悬浮液、可能有晶体析出的溶液或高凝固点的熔融液的管道，应防止发生堵塞。冬季停运管道（设备）内的水应排净，以防止冻坏管道（设备）。

（二）液体输送设备

1. 离心泵

离心泵在液体输送设备中应用最为广泛，约占化工用泵的80%～90%。

离心泵使用时，应避免发生汽蚀现象，安装高度不能超过最大安装高度。离心泵运转时，液体的压力随泵吸入口向叶轮入口而下降，叶片入口附近的压力为最低。如果叶片入口附近的压力低于输送条件下液体的饱和蒸气压，液体将发生汽化，产生的气泡随液体从低压区进入高压区，在高压区气泡会急剧收缩、冷凝，气泡消失会产生局部真空，使其周围的液体以极高的流速冲向原气泡所占空间，产生高强度的冲击波，冲击叶轮和泵壳，发出噪声，并引起震动，这种现象称为汽蚀现象。若长时间受到冲击力的反复作用，加之液体中微量溶解氧对金属的化学腐蚀作用，叶轮的局部表面会出现斑痕和裂纹，甚至呈海绵状损坏。当泵发生汽蚀时，泵内的气泡可导致泵性能急剧下降，破坏正常操作。为了提高允许安装高度，即提高泵的抗汽蚀性能，应选用直径稍大的吸入管，且应尽可能地缩短吸入管长度，尽量减少弯头等，以减少进口阻力损失。此外，为避免汽蚀现象发生，应防止输送流体的温度明显升高（特别是操作温度提高时更应注意），以保证其安全运行。

安装离心泵时，应确保基础稳固，且基础不应与墙壁、设备或房柱基础相连接，以免产生共振。在靠近出口的排出管道上装有调节阀，供开车、停车和调节流量时使用。

在启动前需要进行灌泵操作，即向泵壳内灌满泵输送液体。离心泵启动时，如果泵壳与吸入管路内没有充满液体，则泵内存在空气，由于空气的密度远小于液体的密度，产生的离心力小，因而叶轮中心处所形成的低压不足以将贮槽内的液体吸入泵内，此时启动离心泵也不能输送液体，这种现象叫作气缚。气缚现象也说明离心泵没有自吸能力。若离心泵的吸入口位于被吸液贮槽的上方，一般在吸入管路的进口处，应装一单向底阀以防止启动前所灌入的液体从泵内漏失，对不洁净或含有固体的液体，应安装滤网以阻拦液体中的固体物质被吸入而堵塞管道和泵壳。

启动前还要进行检查并确保泵轴与泵壳之间的轴封密封良好，以防止高压液体从泵壳内沿轴往外泄漏（这是最常见的故障之一），同时防止外界空气从相反方向进入泵壳内。同时还要进行盘泵操作，观察泵的润滑、盘动是否正常，进出口管道是否流畅，出口阀是否关闭，待确认可以启动时方可启动离心泵。运转过程中注意观察泵入口真空表和出口压力表是否正常，声音是否正常，泵轴的润滑与发热情况、泄漏情况，发现问题及时处理。同时注意贮槽或设备内的液位的变化，防止液位过高或过低。在输送可燃液体时，注意管内流速不应超过安全流速，且管道应有可靠的接地措施，以防静电危害。

停泵前，关闭泵出口阀门，以防止高压液体倒冲回泵造成水锤而破坏泵体，为避免叶轮反转，常在出口管道上安装止逆阀。在化工生产中，若输送的液体不允许中断，则需要配置备用泵和备用电源。

此外，由于电机的高速运转，泵与电机的联轴节处应加防护罩以防绞伤。

2. 正位移泵

正位移特性是指泵的输液能力只取决于泵本身的几何尺寸和活塞（或转子等）的运动频率，与管路情况无关，而所提供的压头则只取决于管路的特性，具有这种特性的泵称为正位移泵，这也是一类容积式泵。化工生产中常用的正位移泵主要有往复泵和旋转泵（如齿轮泵、螺杆泵等）。这里主要强调与离心泵不同的安全技术要点。

由于容积式泵只要运动一周，泵就排出一定体积的液体，因此应安装安全阀，且其流量调节不能采用出口阀门调节（否则将造成泵与电动机的损坏，甚至发生爆炸事故），常用调节方法有两种：

（1）旁路调节

如图 4-8 所示，这种方法方便，但不经济，一般用于小幅度流量调节。

（2）改变转速较经济

正位移泵适用于高压头或高黏度液体的输送，但不能输送含有固体杂质的液体，否则易磨损和泄漏。

由于正位移泵的吸液是靠容积的扩张造成低压进行的，因此启动时不必灌泵，即正位移泵具有自吸能力，但须开启旁路阀。

（三）气体输送设备

按出口表压力或压缩比的大小可将气体输送机械分为四种：①通风机出口表压力不大于

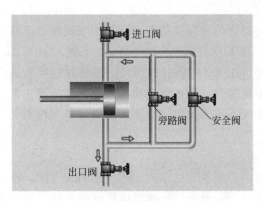

图 4-8　泵旁路调节系统示意图

15kPa，压缩比为 1～1.15；②鼓风机出口表压力为 15～300kPa，压缩比＜4；③压缩机出口表压力大于 300kPa，压缩比＞4；④真空泵出口压力为大气压或略高于大气压，它的原理是将容器中气体抽出，在容器（或设备）内造成真空。

气体输送机械与液体输送机械的工作原理大致相同，如离心泵风机与离心泵、往复式压缩机与往复泵等。但与液体输送相比，气体输送具有体积流量大、流速高、管径粗、阻力压头损失大的特点，而且气体具有可压缩性，在高压下，气体压缩的同时温度升高，因此高压气体输送设备往往带有换热器，如压缩机。因此，从安全角度看气体输送设备有一些区别于液体输送设备但必须引起重视之处，现简要说明如下。

1. 通风机和鼓风机

在风机出口设置稳压罐，并安装安全阀；在风机转动部位安装防护罩，并确保完好，避免发生人身伤害事故；尽量安装隔声装置，减小噪声污染。

2. 压缩机

（1）应控制排出气体温度，防止超温。压缩比不能太大，当大于 8 时，应采用多级压缩以避免高温；压缩机在运行中不能中断润滑油和冷却水（同时应避免冷却水进入气缸产生水锤作用，损坏缸体引发事故），确保散热良好，否则也将导致温度过高。一旦温度过高，易造成润滑剂分解，摩擦增大，功耗增加，甚至因润滑油分解、燃烧，发生爆炸事故。

（2）要防止超压　为避免压缩机气缸、贮气罐以及输送管路因压力过高而引起爆炸，除要求它们有足够的机械强度外，还要安装经校验的压力表和安全阀（或爆破片）。安全阀泄压时应将危险气体泄至安全的地方。另外还可安装超压报警器、自动调节装置或超压自动停车装置。经常检查压缩机调节系统的仪表，避免因仪表失灵发生错误判断，操作失误引起压力过高，发生燃烧爆炸事故。

（3）严格控制爆炸性混合物的形成，避免发生爆炸可能。压缩机系统中，空气必须彻底置换干净后方可启动压缩机；在输送易燃气体时，进气口应保持一定的余压，以免造成负压吸入空气；同时气体在高压下，极易发生泄漏，所以应经常检查垫圈、阀门、设备和管道的法兰、焊接处和密封处等部位；对于易燃、易爆气体或蒸汽压缩设备的电机部分，应全部采用防爆型；易燃气体流速不能过高，管道应接地良好，以防止产生静电。雾化的润滑油或其分解产物与压缩空气混合，同样会产生爆炸性混合物。若压力不高，输送可燃气体时，采用液环泵比较安全。

此外，启动前，务必检查电机转向是否正常，压缩机各部分是否松动，安全阀、润滑系统及冷却系统是否正常，确定一切正常后方可启动。压缩机运行中，注意观察各运转部件的运作声音，辨别其工作是否正常；检查排气温度、润滑油温度和液位、吸气压力、排气压力是否在正常范围；注意电机温升，轴承温度和电流电压表是否正常，同时用手感触压缩机各部分温度是否正常。如发现不正常现象，应立即处理或停车检查。

3. 真空泵

应确保系统密封良好，否则不仅达不到工艺要求的真空度，在输送易燃气体时，空气的吸入易引发爆炸事故。此外，输送易燃气体时应尽可能采用液环式真空泵。

（四）固体输送

1. 机械输送

（1）避免发生人身伤害事故　输送设备的润滑、加油和清扫工作，是操作者在日常维护中致伤的主要原因。首先，应提倡安装自动注油和清扫装置，以减少这类工作的次数，降低操作者接触这类危险的概率。在设备没有安装自动注油和清扫装置的情况下，一律进行维护操作。其次，在输送设备的高危部位必须安装防护罩，即使这样，进行操作时也要特别注意。例如，皮带同皮带轮接触的部位，齿轮与齿轮、齿条、链带相啮合的部位以及轴、联轴节、联轴器、键及固定螺钉等，对于操作者是极其危险的部位，可造成断肢伤害甚至危及生命安全。严禁随意拆卸这些部位的防护装置，因检修拆卸下的防护罩，事后应立即恢复。

（2）防止传动机构发生故障　对于皮带输送机，应根据输送物料的性质、负荷情况合理选择皮带的规格和形式，要有足够的强度，皮带胶接应平滑，并根据负荷调整松紧度。在运行过程中，要防止发生因高温物料烧坏皮带或因斜偏刮档撕裂皮带的事故。

对于靠齿轮传动的输送设备，其齿轮、齿条和链条应具有足够的强度，并确保它们啮合良好。同时应严密注意负荷的均匀、物料的粒度情况以及混入其中的杂物，防止因卡料而拉断链条、链板，甚至拉毁整个输送设备机架。

此外，应防止链斗输送机下料器下料过多、料面过高而造成链带拉断；斗式提升机应有链带拉断而坠落的保护装置。

（3）重视开、停车操作　操作者应熟悉物料输送设备的开、停车操作规程。为保证安全，输送设备处除设有事故自动停车和就地手动事故按钮停车系统外，还应安装超负荷、超行程停车保护装置和设在操作者经常停留部位的紧急事故按钮停车开关。停车检修时，开关应上锁或撤掉电源。对长距离输送系统，应安装开停车联系信号（声、光信号或通话装置），以及给料、输送、中转系统的自动联锁装置或程序控制系统。

2. 气力输送

气力输送就是利用气体在管内流动以输送粉粒状固体的方法，作为输送介质的气体常用空气。但在输送易燃易爆粉末时，应采用惰性气体。气力输送按输送气流压力可分为吸引式气力输送（输送管中的压力低于常压的输送）和压送式气力输送（输送管中压力高于常压的输送）；按气流中固相浓度又可分为稀相输送和密相输送。

气力输送方法从19世纪开始就用于港口码头和工厂内的谷物输送,因与其他机械输送方法比较,具有系统密闭(可避免物料的飞扬、受潮、受污染,改善劳动条件),设备紧凑,易于实现连续化、自动化操作,便于同连续的化工过程相衔接以及可在输送过程中同时进行粉碎、分级、加热、冷却以及干燥等操作的优点,故其在化工生产上的应用日益增多。但也存在动力消耗大,物料易破碎,管壁易磨损以及输送颗粒尺寸不大(一般小于30mm)等缺点。

从安全技术角度考虑,气力输送系统除设备本身因故障损坏外,还应注意避免系统的堵塞和由静电引起的粉尘爆炸。

为避免堵塞,设计时应确定合理的输送速度,如果输送速度过高,动力消耗大,同时增加装置尾部气-固分离设备的负荷;输送速度过低,管线堵塞危险性增高。一般水平输送时输送速度应略大于其沉积速度;垂直输送时输送速度应略大于其噎塞速度。同时,合理选择管道的结构和布置形式,尽量减少弯管、接头等管件的数量,且管内表面尽量光滑、不准有皱褶或凸起。此外,气力输送系统应保持良好的严密性,否则,吸引式系统的漏风会导致管道堵塞(压送式系统漏风,会将物料带出污染环境)。

为了防止产生静电,可采取如下措施。

① 根据物料性质,选取产生静电小而导电性较好的输送管道(可通过实验筛选),且直径尽量大些,管内壁应平滑、不许装设网格之类的部件,管道弯曲和变径处要少且尽可能平缓。

② 确保输送管道接地良好,特别是绝缘材料的管道,管外应采取可靠的接地措施。

③ 控制好管道内风速,保持稳定的固气比。

④ 要定期清扫管壁,防止粉料在管内堆积。

【任务实践】

1. 试结合所学知识查找资料,分析【案例引入】中的事故与流体输送的哪些安全技术措施是相悖的。
2. 结合所学知识,思考为避免流体输送过程中发生事故,应该采取哪些措施?
3. 结合所学知识,思考为避免固体输送过程中发生事故,应该采取哪些措施?

任务二 认识传热操作安全技术

【案例引入】

大连"7·16"常减压装置火灾事故

事故基本情况:2011年7月,大连某石化公司1000万吨/年常减压蒸馏联合装置的减压蒸馏塔塔底换热器出现泄漏并引起火灾事故,造成直接经济损失187.7万元。火灾事故现场见图4-9。

图4-9 "7·16"大连火灾事故现场

事故简要过程：2011年7月16日14时25分,某石化公司厂区内1000万吨/年常减压蒸馏装置换热器发生泄漏并引起大火。

事故直接原因：经过事故调查组现场勘查,资料查阅,人员询问,设备设施的材料、油品检测鉴定,确认了事故的直接原因是垫片材质不符合相关技术标准,垫片厚度没有达到4.5mm的设计要求,再加上安装时垫片偏移、螺栓紧固不均匀,导致垫片破损,原油喷出,泄漏的原油流淌到泄漏点下方的换热器高温表面(二层换热器介质温度350℃左右)被引燃。

事故引起的思考：传热过程具有哪些危害?可能引起的事故有哪些?传热过程的安全注意事项是什么?

【任务目标】

1. 了解传热的类型等基础知识。
2. 掌握传热过程可能发生的危害。
3. 掌握传热操作过程的常用安全技术措施。

【知识准备】

一、概述

传热即热量的传递,只要有温差存在的地方,就有热量的传递。它是由物体内部或物体之间的温差引起的。传热广泛用于化工生产过程的加热或冷却(如反应、精馏、干燥、蒸发等)、热能的综合利用和废热回收以及化工设备和管道的保温,是应用最普遍的单元操作之一。

在传热过程中,用于供给或取走热量的载体称为载热体。起加热作用的载热体称为加热剂(或加热介质),而起冷却作用的载热体称为冷却剂(冷却介质)。常用的加热剂有热水(40~100℃)、饱和水蒸气(100~180℃)、矿物油(180~250℃)、道生油(255~380℃)、熔盐(142~530℃)、烟道气(500~1000℃),或采用电加热(温度范围宽,易控,但成本高)。水的传热效果好,成本低,使用最普遍;空气,在缺水地区采用,但传热系数低,需要的传热面积大。常用冷冻剂有冷冻盐水(可低至零下几十度到零下十几度)、液氨(温度<$-33.4℃$)、液氮等。

用于实现传热的设备称为换热器,其种类繁多,化工生产中广泛采用的是间壁式换热器,而间壁式换热器的种类也很多,列管式(管壳式)换热器是最常用的一种,由于其具有单位体积设备所能提供的传热面积大,传热效果好,设备结构紧凑、坚固,且能选用多种材料来制造,适用性较强等特点,因此在高温、高压和大型装置上多采用列管式换热器,在化工生产中其应用最为广泛。

在列管式换热器中,由于两流体的温度不同,管束和壳体的温度也不同,因而它们的膨胀程度也有差别。若两流体的温度相差较大(50℃以上)时,就可能由于热应力而引起设备的变形,甚至弯曲或破裂,因此设计时都必须考虑这种热膨胀的影响。根据热补偿的方法不同,列管式换热器又可分为固定管板式、浮头式和U形管式换热器。

二、危险性分析

(一) 腐蚀与结垢

传热过程中所使用的载热体,如导热油、冷冻盐水等以及工艺物料常具有腐蚀性。另外,参与传热的流体一般都会在传热面的表面产生一些额外的固体物质,即结垢,如果介质不洁净或因温度变化易析出固体(如河水、自来水等),其结垢现象将更为严重。在换热器中一旦形成污垢,其传热热阻将显著增大,换热性能也明显下降,同时壁温明显升高,而且污垢的存在还会加速换热面的腐蚀,严重时可造成换热器的损坏。因此不仅需要注意换热设备的耐腐蚀性,而且需要采取有效措施减轻或减缓污垢的形成,并对换热设备进行定期清洗。设计时不洁净或易结垢的流体应流经便于清洗的一侧。

(二) 泄漏

在化工生产中,参与换热的两种介质一般都具有一定压力和温度,有时甚至是高温、高压,与外界压力存在压力差,在换热设备的连接处势必有发生泄漏的可能。一旦发生泄漏,不仅直接造成物料的损失,而且危害环境,并易引发中毒、火灾甚至爆炸等事故。更重要的是,参与换热的两种介质往往性质各异,且不允许相互混合,但由于介质腐蚀,温度、压力作用,特别是温度、压力的波动或者突然变化(如开停车、不正常操作),这就存在高压流体泄漏入低压流体的可能。如板式换热器,一般管板与管的连接处以及垫片和垫圈处最容易发生泄漏,这种泄漏隐蔽性较强,如果出现这样的内部泄漏,不仅造成介质的损失和污染,而且可能因为发生化学反应等相互作用造成严重的事故。

(三) 堵塞

严重的结垢以及不洁净的介质易造成换热设备的堵塞。堵塞不仅造成换热器传热效率降低,还可引起流体压力增加,如硫化物等堵塞热管部分空间,致使阻力增加,进一步加剧硫化物的沉积;某些腐蚀性物料的堵塞还能加重换热管和相关部位的腐蚀,最终造成泄漏。所以过量堵塞及腐蚀属于事故性破坏范畴。

（四）气体的集聚

当换热介质是液体或蒸汽时，不凝性气体如空气，可能会发生集聚，这将严重影响换热效果，甚至根本完不成换热任务。如在蒸汽冷凝过程中，如果存在1%的不凝气，其冷凝传热系数将下降60%；冬天家中暖气片不热往往也是这个原因。从安全角度考虑，不凝性气体大量集聚可造成换热器压力增加，尤其是不凝性可燃气体的集聚，可能会导致火灾及爆炸事故。因此，换热器应设置排气口，并定期排放不凝性气体。

三、安全技术

（一）加热

① 根据换热任务需要，合理选取加热方式及介质，在满足温差及热负荷的前提下，应尽可能选择安全性高、来源广泛、价格合理的加热介质，如在化工生产中能采用水蒸气作为加热介质的应优先采用。对于易燃、易爆物料，采用水蒸气或热水加热比较安全，但在处理与水会发生反应的物料时，不宜用水蒸气或热水加热。

② 在间隙过程或连续过程的开车阶段的加热过程中，应严格控制升温速度；在正常生产过程中要严格按照操作条件控制温度。如对于吸热反应，一般随着温度升高，反应速率加快，有时可能导致反应过于剧烈，容易发生冲料，易燃物料大量汽化，可能会集聚在车间内与空气形成爆炸性混合物，引起燃烧、爆炸等事故。

③ 用水蒸气或热水加热时，应定期检查蒸汽夹套和管道的耐压强度，并安装压力表和安全阀，以免设备或管道炸裂，造成事故。同时注意设备的保温，避免烫伤。

④ 加热温度如果接近或超过物料的自燃点，应采用氮气保护。

⑤ 工业上使用温度为200～350℃时，常采用液态导热油作为加热介质，如常用的道生油A（二苯醚73.5%，联苯26.5%）、S-700等。使用时，必须重视水等低沸点物质对导热油加热系统的破坏作用，因为水等低沸物进入加热炉中遇高温（200℃以上）会迅速汽化，压力骤增可导致爆炸事故。同时，导热油在运行过程中会发生结焦现象，如果结焦层成长，内壁积有焦炭的炉管壁温又进一步升高，就会形成恶性循环，如果不及时处理甚至会发生爆管事故。为了尽量减少结焦现象，就得尽量把传热膜的温度控制在一定的界限之下。此外，道生油A等二苯混合物具有较强的渗透能力，它能透过软质衬垫物（如石棉、橡胶板等），因此，管道连接最好采用焊接或加金属垫片法兰连接，防止发生泄漏引发事故。

⑥ 使用无机载热体加热，其加热温度可达350～500℃。无机载热体加热可分为盐浴（如亚硝酸钠和亚硝酸钾的混合物）和金属浴（如铅、锡、锑等低熔点的金属）。在熔融的硝酸盐浴中，如加热温度过高，或硝酸盐漏入加热炉燃烧室中，或有机物落入硝酸盐浴（因具有强氧化性，与有机物会发生强烈的氧化还原反应）内，均会发生燃烧或爆炸事故。水及酸类流入高温盐浴或金属浴中，同样会产生爆炸危险。采用金属浴加热，操作时应防止其蒸气对人体造成危害。

⑦ 采用电加热，温度易于控制和调节，但成本较高。加热易燃物质以及受热能挥发可燃性气体或蒸气的物质，应采用封闭式电炉。电感加热是一种较安全的新型加热设备，它是

在设备或管道上缠绕绝缘导线，通入交流电，由电感涡流产生的热量来加热物料。如果电炉丝与被加热的器壁绝缘不好，电感线圈绝缘破坏，受潮，发生漏电、短路，产生电火花、电弧，或接触不良发热，均能引起易燃、易爆物质着火、爆炸。为了提高电加热设备的安全可靠性，可采用防潮、防腐蚀、耐高温的绝缘材料，增加绝缘层的厚度，添加绝缘保护层等措施。

⑧ 直接用火加热温度不易控制，易造成局部过热，引起易燃液体的燃烧或爆炸，危险性大，化工生产中尽量不使用。

(二) 冷却与冷凝

从传热的角度，冷却与冷凝都是从热物料中移走热量，而本身介质温度升高。其主要区别在于被冷却的物料是否发生相的改变，若无相变而只是温度降低则称为冷却，若发生相变（一般由气相变为液相）则称为冷凝。

① 应根据热物料的性质、温度、压力以及所要求冷却的工艺条件，合理选用冷却（凝）设备和冷却剂，降低发生事故的概率。

② 冷却（凝）设备所用的冷却介质不能中断，否则会造成热量不能及时导出，系统温度和压力增高，甚至引起爆炸。若冷凝器中冷却介质中断或其流量显著减小，蒸汽因来不及冷凝而造成生产异常，如果有机蒸气外逸，可能导致燃烧或爆炸。以冷却介质控制系统温度时，最好安装自动调节装置。

③ 对于腐蚀性物料的冷却，应选用耐腐蚀材料的冷却（凝）设备。如石墨冷却器、塑料冷却器、陶瓷冷却器、四氟换热器或钛材冷却器等，化工生产中 HCl 的冷却采用的就是石墨冷却器。

④ 确保冷却（凝）设备的密闭性良好，防止物料蹿入冷却剂或冷却剂蹿入被冷却的物料中。

⑤ 冷却（凝）设备的操作程序是：开车时，应先通冷却介质；停车时，应先停物料，后停冷却介质。

⑥ 对于凝固点较低或遇冷易变得黏稠甚至凝固的物料，在冷却时要注意控制温度，防止物料堵塞设备及管道。

⑦ 检修冷却（凝）器时，应彻底清洗、置换，切勿带料焊接，以防发生火灾、爆炸事故。

⑧ 如有不凝性可燃气体需排空，为保证安全，应充氮保护。

(三) 冷冻

将物料温度降到比环境温度更低的操作称为制冷或冷冻。冷冻操作的实质是不断地由低温物料（被冷冻物料）取出热量，并传给高温物料（水或空气），以使被冷冻的物料温度降低。热量由低温物体到高温物体的传递过程需要借助于冷冻剂来实现。一般凡冷冻范围在 $-100℃$ 以内的称为冷冻；而在 $-200\sim-100℃$ 或更低的温度，则称为深度冷冻（简称深冷）。

生产中常用的冷冻方法有三种：①低沸点液体的蒸发，如液氨在 0.2MPa 下蒸发，可以获得$-15℃$的低温；液态氮蒸发可达$-210℃$等。②冷冻剂于膨胀机中膨胀，气体对外做功，致使内能减少而获取低温。该法主要用于那些难以液化气体（如空气等）的液化过程。③利用气体或蒸气在节流时所产生的温度降低而获取低温的方法。目前应用较为广泛的是氨制冷压缩系统，它一般由压缩机、冷凝器、蒸发器与膨胀阀四个基本部分组成。

除压缩机操作安全外，冷冻还需注意以下安全问题。

① 制冷剂的泄漏以及危害。如以液氨为制冷剂的制冷机组，其最大的危险是泄漏，液氨泄漏的危害主要有三种：人员中毒、火灾爆炸（氨的爆炸极限范围为 15.5%～27.4%）和致人冻伤。国内氨冷库发生了多起重特大事故，2013 年 8 月 31 号上海某冷藏实业有限公司发生液氨泄漏，造成 15 人死亡、25 人受伤；而因燃烧产生的高温导致氨设备和氨管道发生物理爆炸的吉林长春市某禽业有限公司"6·3"事故更是造成 121 人死亡。一旦氨压缩机发生漏氨事故，应立即切断压缩机电源，马上关闭排气阀、吸气阀，关闭机房运行的全部机器，如漏氨事故较大，无法靠近事故机，应到室外停机，并迅速开启氨压缩机机房所有的事故排风扇。

② 合理选取冷冻介质（往返于冷冻机与被冷物料之间的热量载体），并确保其输送安全。常用的冷冻介质有氯化钠、氯化钙、氯化镁等水溶液。对于一定浓度的冷冻盐水，有一定的凝固点，应确保所用冷冻盐水的浓度较所需的浓度大，防止产生冻结现象。盐水对金属材料有较大的腐蚀作用，在空气存在时，其氧化腐蚀作用更强。因此，一般均应采用闭式盐水系统，并在其中加入缓蚀剂。

③ 装有冷料的设备及管道，应注意其低温材质的选择，防止金属的低温脆裂。

【任务实践】

1. 试结合所学知识，分析【案例引入】事故中提到的换热器高温表面在火灾事故发生过程中所起的作用。

2. 结合所学知识，思考为避免传热过程中发生事故，应该采取哪些措施？

任务三　认识非均相混合物分离操作安全技术

【案例引入】

江苏"8·2"特别重大爆炸事故

事故基本情况：2014 年 8 月 2 日 7 时 34 分，江苏省苏州市某金属制品有限公司抛光二车间（即 4 号厂房，以下简称事故车间）发生特别重大铝粉尘爆炸事故，当天造成 75 人死亡、185 人受伤。依照《生产安全事故报告和调查处理条例》（国务院令第 493 号）规定的事故发生后 30 日报告期，共有 97 人死亡、163 人受伤（事故报告期后，经全力抢救医治无效陆续死亡 49 人），直接经济损失 3.51 亿元。爆炸事故现场见图 4-10。

项目四 探索化工单元操作的安全技术

图 4-10 江苏 8·2 爆炸事故现场

事故简要过程：2014 年 8 月 2 日 7 时，事故车间员工上班。7 时 10 分，除尘风机开启，员工开始作业。7 时 34 分，1 号除尘器发生爆炸。爆炸冲击波沿除尘管道向车间传播，扬起的除尘系统内和车间集聚的铝粉尘发生系列爆炸。当场造成 47 人死亡、当天经送医院抢救无效死亡 28 人，185 人受伤，事故车间和车间内的生产设备被损毁。

事故直接原因：事故车间除尘系统较长时间未按规定清理，铝粉尘集聚。除尘系统风机开启后，打磨过程产生的高温颗粒在集尘桶上方形成粉尘云。1 号除尘器集尘桶锈蚀破损，桶内铝粉受潮，发生氧化放热反应，达到粉尘云的引燃温度，引发除尘系统及车间的系列爆炸。因没有泄爆装置，爆炸产生的高温气体和燃烧物瞬间经除尘管道从各吸尘口喷出，导致全车间所有工位操作人员直接受到爆炸冲击，造成群死群伤。

事故引起的思考：粉尘的危害是什么？预防粉尘事故的安全技术措施有哪些？

【任务目标】

1. 了解非均相混合物的基本概念和分离方法。
2. 掌握非均相混合物分离的危险性。
3. 掌握预防非均相混合物分离的安全技术措施。

【知识准备】

一、概述

化工生产中涉及许多混合物，它们一般可分为两大类，均相混合物和非均相混合物。

物系内部各处物料性质均匀且不存在相界面的混合物，称为均相混合物或均相物系。如气体混合物、液体混合物（溶液）等。

凡物系内部存在两相界面且界面两侧的物料性质不同的混合物，称为非均相混合物或非均相物系，如悬浮液、含尘气体、含雾气体等。非均相混合物中处于分散状态的物质，称为分散相或分散物质，如含尘气体中的尘粒、悬浮液中的颗粒等都是分散相。非均相混合物中包围着分散物质而处于连续状态的物质，则称为连续相或分散介质，如含尘气体中的气体、悬浮液中的液体是连续相。

为了获得纯度较高的产品，需要对混合物进行分离。非均相混合物的分离方法主要有过滤和沉降两种。

1. 过滤

过滤就是在外力的作用下使含有固体颗粒的非均相物系（气-固或液-固物系）通过多孔性物质，混合物中固体颗粒被截留，流体则穿过介质流出，从而实现固体与流体分离的操作。虽然过滤包括含尘气体的过滤和悬浮溶液的过滤，但通常所说的"过滤"往往是指悬浮液的过滤。

化工生产中所涉及的过滤一般为表面过滤（或称为滤饼过滤）。在表面过滤中，真正发挥分离作用的主要是滤饼层，而不是过滤介质。根据推动力不同，过滤可分为重力过滤（过滤速度慢，如滤纸过滤）、离心过滤（过滤速度快，设备投资和动力消耗较大，多用于颗粒大、浓度高悬浮液的过滤）和压差过滤（应用最广，可分为加压过滤和真空过滤）。随着过滤的进行，被过滤介质截留的固体颗粒越来越多，液体的流动阻力逐渐增加。压差过滤又可分为恒压过滤（即维持操作压差不变的过滤过程，其过滤速度将逐渐下降）和恒速过滤（操作时逐渐加大压差以维持过滤速度不变的过滤）。

过滤设备按操作方式可分为：①间歇式，出现早，结构简单，操作压强可以较高，如压滤机、叶滤机等；②连续式，出现晚，多为真空操作，如转鼓真空过滤机等。若按压差产生方式，过滤设备又可分为：①过滤和吸滤设备，如压滤机、叶滤机、转鼓真空过滤机等；②离心过滤设备，如离心过滤机。

2. 沉降

沉降就是依据连续相（流体）和分散相（颗粒）的密度差异，在重力场或离心场中在场力作用下实现两相分离的操作。它可用于回收分散相、净化连续相或保护环境。用来实现这种过程的作用力可以是重力，也可以是离心力。因此，沉降又可分为重力沉降和离心沉降。重力沉降多用于大颗粒的分离，而离心沉降则多用于小颗粒的分离。

降尘室是应用最早的重力沉降设备，常用于含尘气体的预分离；连续式沉降槽（增稠器）一般用于悬浮液的重力沉降分离。

旋风分离器是利用惯性离心力的作用从气流中分离出所含尘粒的设备。旋风分离器的器体一般上部为圆筒形，下部为圆锥形。含尘气体从圆筒上侧的进气管以切线方向进入，受器壁约束而旋转向下做螺旋运动，分离出粉尘后从圆筒顶的排气管排出。粉尘颗粒自锥形底落入灰斗。旋风分离器结构简单，没有运动部件，分离效率较高，可分离出小到 $5\mu m$ 的颗粒，是气-固混合物分离的常用设备。但其阻力损失较大，颗粒磨损严重。

沉降离心机是利用机械带动液体旋转，分离非均相混合物的常用设备，其分离速度快、效率高，但能耗大。

二、危险性分析

1. 存在中毒、火灾和爆炸危险

悬浮液中的溶剂都有一定的挥发性，特别是有机溶剂还可能有毒或具有易燃、易爆性，在过滤或沉降（如离心沉降）过程中不可避免地存在溶剂暴露问题，特别是在卸渣时更为严重。因此，在操作过程中应注意做好个人防护，避免发生中毒，同时，加强通风，防止形成爆炸性混合物引发火灾或爆炸事故。

2. 存在粉尘危害

含尘气体经过沉降设备后必然含有少量细小颗粒，尾气的排放一定要符合规定，同时操作场所应加强通风除尘，严格控制粉尘浓度，避免粉尘集聚，引发粉尘爆炸或给操作人员带来健康危害。

3. 存在机械损伤危险

离心机的转速较高，应设置防护罩，严格按操作规程进行操作，避免发生人身伤害事故。

三、安全技术

根据悬浮液的性质及分离要求，合理选择分离方式。间歇过滤一般包括设备组装、加料、过滤、洗涤、卸料、滤布清洗等操作过程，操作周期长，且人工操作劳动强度大，直接接触物料，安全性低。而连续过滤过程的过滤、洗涤、卸料等各个步骤自动循环，其过滤速度较间歇过滤快，且操作人员与有毒物料接触机会少，安全性高。因此可优先选择连续过滤方式。此外，操作时应注意观察滤布的磨损情况。

当悬浮液的溶剂有毒或易燃，且挥发性较强时，其分离操作应采用密闭式设备，不能采用敞开式设备。对于加压过滤，应以惰性气体保持压力，在取滤渣时，应先泄压，否则会发生事故。

对于气-固系统的沉降，要特别重视粉尘的危害，尽量从源头上加以控制。第一，应使流体在设备内分布均匀，停留时间满足工艺要求以保证分离效率，同时尽可能减少对沉降过程的干扰，以提高沉降速度。第二，应避免已沉降颗粒的再度扬起，如降尘室内气体应处于层流流动，旋风分离器的灰斗应密闭良好（防止空气漏入）。第三，加强尾气中粉尘的捕集，确保达标排放。第四，控制气速避免颗粒和设备的过度磨损。此外，还应加强操作场所的通风除尘，防止粉尘污染。

由于离心过滤或沉降机的转速一般较高，其危险性较大，使用时应特别注意以下事项：

① 应注意离心机的选材和焊接质量，转鼓、盖子、外壳及底座应采用韧性金属制造，并应限制其转鼓直径与转速，以防止转鼓承受高压而引起爆炸。在有爆炸危险的生产中，最好不使用离心机。

② 处理腐蚀性物料，离心机转鼓内与物料接触的部分应有防腐措施，如安装耐腐蚀衬里。

③ 应充分考虑设备自重、震动和装料量等因素，确保离心机安装稳固。在楼上安装时应用工字钢或槽钢作成金属骨架，在其上要有减震装置，并注意其内、外壁间隙。同时，应防止离心机与建筑物产生谐振。

④ 离心机开关应安装在近旁，并应有锁闭装置。盖子应与离心机启动联锁，盖子打开时，离心机不能启动。在开、停机时，不要用手帮助启动或停止，以防发生事故。不停车或未停稳严禁清理器壁，以防发生人身伤害。

⑤ 离心机超负荷、运转时间过长、转鼓磨损或腐蚀、启动速度过高等均有可能导致事故发生。对于上悬式离心机，当负荷不均匀时（如加料不均匀）会发生剧烈震动，不仅磨损轴承，且能使转鼓撞击外壳而发生事故。高速运转的转鼓也可能从外壳中飞出，造成重大事故。

⑥ 离心机应有限速装置，在有爆炸危险的厂房中，其限速装置不得因摩擦、撞击而发热或产生火花。

⑦ 当离心机无盖或防护装置不良时，工具或其他杂物有可能落入其中，并以很大速度飞出伤人。即使杂物留在转鼓边缘，也可能引起转鼓震动造成其他危险。

⑧ 加强对离心机的巡检，注意观察润滑、发热、噪声等是否正常。同时应对设备内部定期检查，检查内容包括转鼓各部件材料的壁厚和硬度，转鼓上连接焊缝的完好性（可采用无损探伤），转鼓的动平衡和转速控制机构。

【任务实践】

1. 结合【案例引入】中事故的原因分析及所学知识，总结粉尘爆炸的原因有哪些？
2. 思考为避免非均相混合物分离过程中的事故发生，我们应该采取哪些措施？

任务四 认识均相混合物分离操作安全技术

【案例引入】

某双苯厂硝基苯装置爆炸事故

事故基本情况： 2005年11月13日，吉林某双苯厂因硝基苯精馏塔塔釜蒸发量不足、循环不畅，需排放该塔塔釜残液，降低塔釜液位，但在停硝基苯初馏塔和硝基苯精馏塔进料，排放硝基苯精馏塔塔釜残液的过程中，硝基苯初馏塔发生爆炸，造成8人死亡，60人受伤，其中1人重伤，直接经济损失6908万元。同时，爆炸事故造成部分物料泄漏通过雨水管道流入松花江，引发了松花江水污染事件。爆炸事故现场图片见图4-11。

事故直接原因： 由于操作工在停硝基苯初馏塔进料时，没有将应关闭的硝基苯进料预热器加热蒸汽阀关闭，导致硝基苯初馏塔进料预热期长时间超温；恢复进料时，操作工本应该

图4-11 某双苯厂"11·13"爆炸事故

按操作规程先进料、后加热的顺序进行,使进料预热器温度再次出现升温。7min 后进料预热器温度就超过 150℃ 的量程上限。这时启动硝基苯初馏塔进料泵,温度较低的粗硝基苯(26℃)进入超温的进料预热器后,出现突沸并产生剧烈震动,造成预热器及进料管线法兰松动,密封出现不严,空气吸入系统内,空气和突沸形成的汽化物被抽入负压运行的硝基苯初馏塔,引发硝基苯初馏塔爆炸。随即又引发苯胺装置相继发生 5 次较大爆炸,造成塔、罐及部分管线破损、装置内罐区围堰破损,部分泄漏的物料在短时间内通过下水井和雨水排入口,流入松花江,造成松花江水体污染。

事故引起的思考:精馏操作涉及的危险有害因素有什么?精馏操作的安全注意事项是什么?

【任务目标】

1. 了解均相混合物的分离技术。
2. 掌握均相混合物分离过程可能存在的危险有害因素。
3. 掌握均相混合物分离过程的常用安全技术措施。

【知识准备】

一、概述

均相混合物是化工生产中涉及最多的一类混合物,其分离方法主要有吸收、蒸馏、萃取等。

1. 吸收

吸收是利用液体溶剂把气体混合物中的一个或几个组分部分或全部溶于其中而分离气体混合物的操作。它是气体混合物分离的主要单元操作,其分离的依据是气体混合物中各组分在溶剂中溶解度的差异。在化工生产中,经常在吸收的同时需要解吸(溶质和吸收剂分离的操作,是吸收的逆过程),通过解吸使溶质气体得到回收,吸收剂得以再循环使用。解吸的原理与吸收相同。吸收广泛用于分离混合气体回收有用组分,除去有害组分以净化气体以及制备产品,如用水吸收 HCl、NO_x、SO_3 气体制取盐酸、硝酸、硫酸等。

吸收按其过程有无化学反应可分为物理吸收(吸收过程中溶质与吸收剂之间不发生明显的化学反应)和化学吸收(吸收过程中溶质与吸收剂之间有显著的化学反应);按被吸收的组分数目可分为单组分吸收(混合气体中只有一个组分在吸收剂中有显著的溶解度,其他组分的溶解度极小,可以忽略)和多组分吸收(吸收时气体混合物中有多个组分在吸收剂中有显著的溶解度);按吸收过程有无温度变化可分为非等温吸收和等温吸收;按吸收过程的操作压力可分为常压吸收(操作压力为常压)和加压吸收。

2. 蒸馏

蒸馏是借助与液体混合物中各组分挥发能力的差异而达到分离的目的,它是分离液体混合物或能液化的气体混合物（如空气）的一种重要方法，是工业应用最广的传质分离操作。蒸馏操作简单，技术成熟，可获得高纯度的产品。

蒸馏按物系的组分数可分为双组分（二元）蒸馏和多组分（多元）蒸馏；按操作方式可分为间歇蒸馏（主要用于实验室、小规模生产或某些有特殊要求的场合）和连续蒸馏（工业生产中常采用的操作，生产能力大）；按塔顶操作压力可分为常压蒸馏、加压蒸馏和减压蒸馏（塔顶绝压＜40kPa的减压蒸馏又称为真空蒸馏）；按分离程度可分为简单蒸馏、平衡蒸馏和精馏。简单蒸馏和平衡蒸馏只能使液体混合物得到有限分离，而精馏是采用多次部分汽化和多次部分冷凝的方法将混合物中组分进行较完全的分离，它是工业上最常用的一种分离方法。

蒸馏操作是通过汽化、冷凝达到提纯的目的。加热汽化要耗热，气相冷凝则需要提供冷量，因此加热和冷却费用是蒸馏过程的主要操作费用。此外，对同样的加热量和冷却量，其费用还与载热体温位有关。对加热剂，其温位越高，单位质量加热剂越贵；而对冷却剂则是温位越低，越贵。而蒸馏过程中液体沸腾温度和蒸气冷凝温度均与操作压强有关。

加压蒸馏主要适用于两种情况：①常压下是混合液体，但其沸点较低（一般＜40℃），如采用常压蒸馏，其蒸气用一般的冷却水冷凝不下来，需用冷冻盐水或其他较昂贵的制冷剂，操作费大大提高。此时采用加压操作可避免使用冷冻剂。②混合物在常压下为气体，如空气，则通过加压或冷冻将其液化后蒸馏。

减压蒸馏主要适用于两种情况：①常压下沸点较高（一般＞150℃），加热温度超出一般水蒸气的范围（＜180℃），减压蒸馏可使沸点降低，以避免使用高温载热体。②常压下蒸馏热敏性物料，组分在操作温度下容易发生氧化、分解和聚合等现象时，必须采用减压蒸馏以降低沸点，如P-NCB、O-NCB的分离。

总之，操作压强的选取还应考虑其组分间挥发性、塔的造价和传质效果的影响以及客观条件，作出合理选择。

3. 萃取

利用液体混合物中各组分在某溶剂中溶解度的差异而实现分离的单元操作称为液液萃取或溶剂萃取或抽提，常简称为萃取。显然，萃取是分离液体混合物的一种方法。萃取一般在常温下操作，是采用质量分离剂即溶剂（称为萃取剂）分离混合物，其能耗远低于蒸馏方法，且在萃取过程中不受物系组分相对挥发度的限制，而取决于组分溶解度的差异。因此，萃取操作在工业上应用越来越广泛，特别适用于常规蒸馏难以处理的物系，如液体混合物中组分沸点非常接近，混合液在蒸馏时易形成恒沸物，热敏物系，以及从稀溶液中提取有价值的组分或分离极难分离的金属（如锆与铪、钽与铌等）。目前，萃取操作已成为分离和提纯物质的重要单元操作之一。

萃取操作主要由混合、分层、萃取相分离、萃余相分离等过程构成，工业生产中所采用的萃取主要有单级和多级之分。在液液萃取操作中，两相密切接触并伴有较高的湍动，当两相充分混合后，仍需使两相再达到较为完善的分离。在吸收和蒸馏中由于气相与液相之间的密度差异很大，两相分离很容易且能迅速完成，而在萃取中两个液相间的密度相差不大，因而两液相的分离比较困难。

4. 传质分离设备

吸收、蒸馏和萃取同属气（汽）液或液液相传质过程，所用设备皆应提供充分的气液或液液接触，因而有着很大的共同性。传质设备种类繁多，其中应用最广的传质设备主要有：逐级接触式传质设备［如板式塔，气（液）、液两相在塔内进行逐级接触，两相的组成沿塔高呈阶梯式变化］和连续接触式传质设备［如填料塔，气（液）、液在填料的润湿表面上进行接触，其组成沿塔高连续变化］。填料塔具有分离效率高、压降小、持液量少等优点，但它不适宜于处理易聚合或含有固体悬浮物的物料。

二、危险性分析

1. 因溶剂及物料的挥发，存在中毒、火灾和爆炸危险

在化工生产中，无论是吸收剂、萃取剂，还是精馏过程中产生的物料蒸气，大多数是易燃、易爆、有毒的危险化学品，这些溶剂或物料的挥发或泄漏必将加大中毒、火灾和爆炸事故发生的概率。因此，应高度重视系统的密闭性以及耐腐蚀性。此外，还应注意控制尾气中溶剂及物料的浓度。

2. 传质分离设备运行故障

除了可能因为物料腐蚀造成设备故障外，由于气液或液液在传质分离内湍动，可能会造成部分内构件（如塔板、分布器、填料、溢流装置等）移位、变形，造成气液或液液分布不均、流动不畅，影响分离效果。

3. 传质分离设备的爆裂

真空（减压）操作时，空气的漏入与物料形成爆炸性混合物，或者加压操作使系统压力的异常升高，都有可能造成传质分离设备的爆裂。

三、安全技术

1. 吸收

① 根据气体混合物的性质及分离要求，选取合适的吸收剂，这对分离的经济性以及安全性起到决定性的作用。应该优先选用挥发度较小（因为离开吸收设备的尾气中往往被吸收剂的蒸气所饱和）、选择性高、毒性低、燃烧爆炸性小的溶剂作为吸收剂。

② 合理选取温度、压力等操作条件。低温、高压有利于吸收，但同时应兼顾经济性，并注意吸收剂的物性（如黏度、熔点等）会随之改变，可能会引起塔内流动情况恶化，甚至出现堵塞进而引发安全事故。当然，对放热显著的吸收过程，如用水吸收 HCl 气体，需要及时移走吸收过程放出的热量。

③ 吸收塔开车时应先进吸收剂，待其流量稳定以后，再将混合气体送入塔中；停车时应先停混合气体，再停吸收剂，长期不操作时应将塔内液体卸空。

④ 操作时，注意控制好气流速度，气速太小，对传质不利；若太大，达到或接近液

泛气速,易造成过量雾沫夹带甚至液泛。同样应注意吸收剂流量稳定,避免操作中出现波动,适宜的喷淋密度是保证填料的充分润湿和气液接触良好的前提。吸收剂流量减小或中断,或喷淋不良,都将使尾气中溶质含量升高,如不及时处理,容易引发中毒、火灾或爆炸事故。

⑤ 注意监控排放尾气中溶质和吸收剂的含量,避免因易燃、易爆、有毒物质的过量排放,造成环境污染和物料损失,并引发中毒、火灾或爆炸等安全事故。一旦出现异常现象,应启动联锁等事故应急处理设施。

⑥ 塔设备应定期进行清洗、检修,避免气液通道的减小或堵塞以及出现泄漏问题。

2. 蒸馏

① 根据被分离混合物的性质,包括沸点、黏度、腐蚀性等,合理选择操作压力以及塔设备的材质与结构形式,这是蒸馏过程安全的基础。如对于沸点较高,而在高温下蒸馏时又能引起分解、爆炸或聚合的物质(如硝基甲苯、苯乙烯等),采用真空蒸馏较为合适。

② 蒸馏过程开车的一般程序是:首先开启冷凝器的冷却介质,然后通氮气将系统置换至符合操作规定,若为减压蒸馏可启动真空系统,开启进料阀,待塔釜液位达到规定值(一般不低于30%)后再缓慢开启加热介质阀门给再沸器升温。在此过程中注意控制进料速度和升温速度,防止过快。停车时倒过来,应首先关闭加热介质,待塔身温度降至接近环境温度后再停真空(只对减压操作)和冷却介质。

③ 采用水蒸气加热较为安全,易燃液体的蒸馏不能采用明火作为热源。

④ 蒸馏过程中需密切注意回流罐液位、塔釜液位、塔顶和塔底的温度与压力以及回流、进料、塔釜采出的流量是否正常,一旦超出正常操作范围,应及时采取措施进行调整,避免出现液泛等现象。否则,会有物料溢出或未冷凝蒸气逸出,使系统温度增高,分离效果下降,逸出的蒸气更可能引发中毒、燃烧甚至爆炸事故。对于凝固点较高的物料应当注意防止其凝结堵塞管道(冷凝温度不能偏低),使塔内压强增高,蒸气逸出而引起爆炸事故。

⑤ 对于高温蒸馏系统,应防止冷却水突然窜入塔内。否则水迅速汽化,致使塔内压力突然增高,而将物料冲出或发生爆炸。同时注意定期或及时清理塔釜的结焦等残渣,防止引发爆炸事故。

⑥ 确保减压蒸馏系统的密闭性良好。系统一旦漏入空气,与塔内易燃气混合形成爆炸性混合物,就有引起燃烧或爆炸的危险。因此,减压蒸馏所用的真空泵应安装单向阀,以防止突然停泵而使空气倒流入设备。减压蒸馏中易燃物质的排气管应通至厂房外,管道上应安装阻火器。

⑦ 蒸馏易燃易爆物质时,厂房要符合防爆要求,有足够的泄压面积,室内电机、照明等电器设备均应采用防爆产品,且应灵敏可靠,同时应注意消除系统的静电。特别是苯、丙酮、汽油等不易导电液体的蒸馏,更应将蒸馏设备、管道良好接地。室外蒸馏塔应安装可靠的避雷装置。应设置安全阀,其排气管与火炬系统相接,安全阀起跳即可将物料排入火炬烧掉。

⑧ 应防止蒸馏塔壁、塔盘、接管、焊缝等的腐蚀泄漏,导致易燃液体或蒸气溢(逸)出,遇明火或灼热的炉壁而发生燃烧、爆炸事故,特别是蒸馏腐蚀性液体更应引起重视。

⑨ 蒸馏设备应经常检查、维修,认真进行停车后、开车前的系统清洗、置换,避免发生事故。

3. 萃取

① 选取合适的萃取剂。萃取剂必须与原料液混合后能分成两个液相，且对原料液中的溶质有显著的溶解能力，而对其他组分应不溶或少溶，即萃取剂应有较好的选择性；同时尽量选取毒性、燃烧性和爆炸性小以及化学稳定性和热稳定性高的萃取剂。这是萃取操作的关键，萃取剂的性质决定了萃取过程的危险性和经济性。

② 选取合适的萃取设备。对于腐蚀性较强的物质，宜选取结构简单的填料塔，或采用耐腐蚀金属、非金属材料（如塑料、玻璃钢）内衬或内涂的萃取设备。对于放射性化学物质的处理，可采用无须机械密封的脉冲塔。如果物系有固体悬浮物存在，为避免设备堵塞，可选用转盘塔或混合澄清器。如果原料的处理量较小时，可用填料塔、脉冲塔；处理量较大时，可选用筛板塔、转盘塔以及混合澄清器。此外，在选择设备时还要考虑物料的稳定性与停留时间。若要求有足够的停留时间（如有化学反应或两相分离较慢），选用混合澄清器较为合适。

③ 萃取过程有许多稀释剂或萃取剂，属易燃介质，相混合、相分离以及泵输送等操作容易产生静电，若是搪瓷反应釜，液体表层积累的静电很难被消除，甚至会在物料放出时产生放电火花。因此，应采取有效的静电消除措施。

④ 萃取剂、稀释剂和有些溶质往往都是有毒、易燃、易爆的危险化学品，操作中要控制其挥发，防止其泄漏，并加强通风，避免发生中毒、火灾或爆炸事故。同时，加强对设备巡检，发现问题按操作规程及时处理。

【任务实践】

结合【案例引入】中事故的原因并查找资料，思考为避免均相混合物分离过程中发生事故，应该采取哪些措施？

任务五　认识干燥操作安全技术

【案例引入】

某淀粉厂干燥塔粉尘燃爆事故

事故基本情况：2007年5月9日，辽宁省某淀粉厂淀粉干燥车间脱水干燥塔发生粉尘燃爆事故，造成16人受伤，脱水干燥塔损坏。

事故直接原因：机体没有采取静电消除措施，致使因塔内高速流动粉体所产生的静电不能及时消除而积累，机内静电放电产生火花最终引起粉尘燃爆。此外，干燥塔泄爆口泄压面积不足，设置位置不合适，也是造成此次干燥塔内淀粉粉尘燃爆事故扩大化的主要原因。

事故引起的思考： 干燥塔操作可能存在的危险是什么？预防事故发生的安全措施有哪些？

【任务目标】

1. 了解干燥过程的基本知识。
2. 掌握干燥过程可能发生的危害。
3. 了解干燥过程的常用安全技术措施。

【知识准备】

一、概述

干燥（或称为固体的干燥）是通过加热的方法使水分或其他溶剂汽化，借此来除去固体物料中湿分的操作。它是化工生产中一种必不可少的单元操作。该法去湿程度高，但过程及设备较复杂，能耗较高。

干燥按其操作压力可分为：常压干燥（操作压力为常压）和真空干燥（操作温度较低，蒸气不易外泄，故适宜于处理热敏性、易氧化、易爆或有毒物料以及产品要求含水量较低、要求防止污染及湿分蒸气需要回收的情况）。干燥按操作方式可分为：连续干燥（工业生产中的主要干燥方式，其优点是生产能力大、热效率高、劳动条件好）和间歇干燥（投资费用低、操作控制灵活方便，适用于多种物料，但干燥时间较长，生产能力小）。干燥按热量供给的方式可分为：传导干燥、辐射干燥、介电加热干燥（包括高频干燥和微波干燥）和对流干燥。对流干燥又称为直接加热干燥。载热体（又称为干燥介质，如热空气和热烟道气）将热能以对流的方式传给与其直接接触的湿物料，以供给湿物料中溶剂或水分汽化所需要的热量，并将蒸气带走。干燥介质通常为热空气，因其温度和含湿量容易调节，因此物料不易过热。对流干燥生产能力较大，相对来说设备费用较低，操作控制方便，应用最广泛；但其干燥介质用量大，带走的热量较多，热能利用率比传导干燥要低。目前在化工生产中应用最广泛的是对流干燥，通常使用的干燥介质是空气，被除去的湿分是水分。

在化工生产中，由于被干燥物料的形状（如块状、粒状、溶液、浆状及膏糊状等）和性质（耐热性、含水量、分散性、黏性、酸碱性、防爆性及湿态等）都各不相同，生产规模或生产能力差别很大，对于干燥后的产品要求（含水量、形状、强度及粒径等）也不尽相同，所以采用的干燥方法和干燥器的类型也就多种多样，每一类型的干燥器也都有其适应性和局限性。总体来说，希望干燥器具有对被干燥物料的适应性强、设备的生产能力高、热效率高、设备系统的流动阻力小以及操作控制方便、劳动条件好等优点，当然，对于具体的某一台干燥器，很难满足以上所有要求，但可用来评价干燥器设备的优劣。

二、危险性分析

1. 火灾或爆炸

干燥过程中散发出现的易燃蒸气或粉尘，同空气混合达到爆炸极限时，遇明火、炽热表面或高温即发生燃烧或爆炸；此外，干燥温度、干燥时间如果控制不当，可造成物料分解发生爆炸。

2. 人身伤害

化工干燥操作往往处于高温、粉尘或有害气体的环境中，可导致操作人员发生中暑、烫伤、粉尘吸入过量甚至中毒；此外，许多转动的设备还可能对人员造成机械损伤。因此，应设置必要的防护措施（如通风、防护罩等），并加强操作人员的个人防护（如戴口罩、手套等）。

3. 静电

一般干燥介质温度较高，湿度较低，在此环境中物料与气流，物料与干燥器器壁等容易产生静电，如果没有良好的防静电措施，容易引发火灾或爆炸事故。

三、安全技术

① 根据所需处理的物料性质与工艺要求，合理选择干燥方式与干燥设备。间歇式干燥，物料大部分依靠人力输送，操作人员劳动强度大，且处于有害环境中，同时由于一般采用热空气作为热源，温度较难控制，易造成局部过热物料分解甚至引起火灾或爆炸。而连续式干燥采用自动化操作，干燥连续进行，物料过热的危险性较小，且操作人员脱离了有害环境，所以连续干燥较间歇干燥安全，可优先选用。

② 应严格控制干燥过程中物料的温度，干燥介质流量及进、出口温度等工艺条件。一方面要防止局部过热，以免造成物料分解引发火灾或爆炸事故；另一方面干燥介质的出口温度偏低，可导致干燥产品返潮，并造成设备的堵塞和腐蚀。特别是对于易燃易爆及热敏性物料的干燥，要严格控制干燥温度及时间，并应安装温度自动调节装置、自动报警装置以及防爆泄压装置。

③ 易燃易爆物料干燥时，干燥介质不能选用空气或烟道气，排气所用设备应采用具有防爆措施的设备（电机包含在设备内）。同时由于在真空条件下易燃液体蒸发速度快，干燥温度可适当控制低一些，防止由于高温引起物料局部过热和分解，可以降低火灾、爆炸事故发生的可能性，因此采用真空干燥比较安全。但在卸真空时，一定要注意使温度降低后才能卸真空。否则，空气的过早进入，会引起干燥物燃烧甚至爆炸。如果采用电烘箱烘烤散发易燃蒸气的物料时，电炉丝应完全封闭，箱上应安装防爆门。

④ 干燥室内不得存放易燃物，干燥器与生产车间应使用防火墙隔绝，并安装良好的通风设备，一切非防爆型电器设备开关均应装在室外或箱外；在干燥室或干燥箱内操作时，应防止可燃的干燥物直接接触热源，特别是明火，以免引起燃烧或爆炸。

⑤ 在气流干燥、喷雾干燥、沸腾床干燥以及滚筒式干燥中，多以烟道气、热空气为热源。必须防止干燥过程中所产生的易燃气体和粉尘同空气混合达到爆炸极限。在气流干燥中，物料由于迅速运动，相互激烈碰撞、摩擦易产生静电，因此，应严格控制干燥气速，并确保设备接地良好。滚筒式干燥应适当调整刮刀与筒壁间隙，并将刮刀牢牢固定，或采用有色金属材料所制刮刀以防产生火花。利用烟道气直接加热可燃物时，在滚筒或干燥器上应安装防爆片，以防烟道气中混入一氧化碳而引起爆炸。同时，注意加料不能中断，滚筒不能中途停止回转，如有断料或停转，应切断烟道气并通入氮气。

⑥ 常压干燥器应密闭良好，防止可燃气体及粉尘泄漏到作业环境中，并要定期清理设备中的积灰和结疤以及墙壁积灰。

⑦ 对易燃易爆物料，应避免粉料在干燥器内堆积，否则会氧化自燃，引起干燥系统爆燃。同时，还应注意干燥辅助系统的粉料，如袋式过滤器或旋风分离器内，可能因摩擦产生静电，静电放电打出火花，引燃细粉料，也会引起爆燃，同样会给装置安全运行带来极大的危害。

此外，当干燥物料中含有自燃点很低的物料或其他有害杂质时，必须在干燥前彻底清除；采用洞道式、滚筒式干燥器干燥时，应有各种防护装置及联系信号以防止产生机械伤害。

【任务实践】

1. 试结合所学知识，查找资料分析【案例引入】事故中涉及的干燥塔操作过程中的不安全因素有哪些？
2. 思考为避免干燥过程中发生事故，应该采取哪些措施？

任务六　认识蒸发操作安全技术

【案例引入】

宜宾"7·12"重大爆炸着火事故

事故基本情况：2018 年 7 月 12 日 18 时 42 分 33 秒，宜宾市某公司发生重大爆炸着火事故，造成 19 人死亡，12 人受伤，直接经济损失 4142 余万元。爆炸事故现场见图 4-12。

图 4-12　宜宾某科技有限公司 7·12 爆炸事故现场

事故装置基本情况：

1. 事故装置

事故装置为生产咪草烟的丁酰胺脱水装置（企业编号为 2R301 的 3000L 搪瓷反应釜），位于公司二车间三楼西北角。2R301 釜是用于咪草烟合成过程中原料丁酰胺脱水操作的设备，配置有釜顶螺旋板冷凝器、玻璃材质回流分水器以及甲苯冷凝液接收槽（在二车间底楼）。

2. 事故车间

二车间备案报建拟生产 5-硝基间苯二甲酸，实际生产咪草烟和 1，2，3-三氮唑。二车间为地上三层钢梁框架结构，屋顶为钢梁和彩钢板，四周无隔墙，总高 13.85m；车间东西为 4 跨，南北为 2 跨，共 3 层。事故发生前，车间二、三层各有 9 台釜（原设计分别为 6 台），按南北分列，北部 5 台，南部 4 台；每个釜通过 4 个支座安置在车间的工字形钢梁上（支座未与钢梁固定），釜体呈贯穿楼板形式悬挂设置，釜体在楼板上下各约 1/2。

3. 事故装置生产工艺

咪草烟合成过程中原料丁酰胺的脱水，采取加入甲苯并升温，利用甲苯和水互不相溶，能与水形成共沸物，共沸物冷凝后在分层器分为两层，实现水与甲苯的分离。具体操作为向脱水釜中加入甲苯和丁酰胺，边搅拌边向夹套通入蒸汽加热升温，共沸脱水（108℃左右）；待分水器内无水脱出后，蒸出甲苯。甲苯回流到釜中再次与釜内物料中的水形成共沸物，进而将物料丁酰胺带入的水不断蒸出。

4. 事故装置变更情况

根据原设计单位提供的设备安装图，二车间共设计有 12 台釜，现场勘验发现二车间共有 18 台釜，事故单位擅自增加了釜的数量，且未履行相关设计变更和变更管理手续。

5. 事故装置自动控制情况

发生事故的生产装置未设置自动化控制系统，原设计的二车间 DCS 控制系统、ESD 紧急停车系统现场实际未安装，无可燃和有毒气体检测报警系统和消防系统。生产设备、管道工艺参数的观察和控制仅靠现场人工观察压力表、双金属温度计以及人工手动操作，设备的全部工艺参数均未实现远传。

事故简要经过：2018 年 7 月 12 日 11 时 13 分，该公司副总陈某接到送货员肖某的电话，告知将有一批货物送达。

11 时 14 分，陈某电话通知公司生产部部长刘某来了一批货，让刘某找公司污水处理站杨某安排两个工人卸货。刘某随即给公司库管员宋某打电话，宋某未接电话。

11 时 16 分左右，宋某刚好到了刘某办公室，刘某当面告知宋某到了一批生产原料丁酰胺，并安排宋某到厂门口接车。

11 时 30 分左右，宜宾某物流公司吴某将 2t 标注为原料的 COD 去除剂（实为氯酸钠）送达该公司仓库。随后，宋某请三车间副主任查某安排三名工人完成了卸货。入库时，宋某未对入库原料进行认真核实，将其作为原料丁酰胺进行了入库处理。

14 时左右，二车间副主任罗某开具 20 袋丁酰胺领料单到库房领取咪草烟生产原料丁酰胺，宋某签字同意并发给罗某 33 袋"丁酰胺"（实为氯酸钠），并要求罗某补开 13 袋丁酰胺领料单。

14 时 30 分左右，叉车工王某把库房发出的 33 袋"丁酰胺"运至二车间一楼升降机旁。

14 时 30 分左右，二车间咪草烟生产岗位的当班人员陈某（男，二车间副主任）、毛某（女，工人）、左某（女，工人）、李某（男，班长）四人（均已在事故中死亡）通过升降机（物料升降机由车间当班工人自行操作）将生产原料"丁酰胺"提升到二车间三楼，而后用人工液压叉车转运至三楼 2R302 釜与北侧栏杆之间堆放。

14时左右，用于丁酰胺脱水的2R301釜完成转料处于空釜状态。

14时20分前，2R301釜完成投料。

17时20分左右，2R301釜夹套开始通蒸汽进行升温脱水作业。

17时42分33秒，正值现场交接班时间，二车间三楼2R301釜发生化学爆炸。爆炸导致2R301釜严重解体，随釜体解体过程冲出的高温甲苯蒸气，迅速与外部空气形成爆炸性混合物并产生二次爆炸，同时引起车间现场存放的氯酸钠、甲苯与甲醇等物料殉爆殉燃和二车间、三车间的着火燃烧，造成重大人员伤亡和财产损失。

事故直接原因：该公司在生产咪草烟的过程中，操作人员将无包装标识的氯酸钠当作2-氨基-2,3-二甲基丁酰胺（简称丁酰胺），补充投入到2R301釜中进行脱水操作。在搅拌状态下，丁酰胺-氯酸钠混合物形成具有迅速爆燃能力的爆炸体系，开启蒸汽加热后，丁酰胺-氯酸钠混合物的BAM摩擦及撞击感度随着釜内温度升高而升高，在物料之间、物料与釜内附件和内壁相互撞击、摩擦下，引起釜内的丁酰胺-氯酸钠混合物发生化学爆炸，爆炸导致釜体解体；随釜体解体过程冲出的高温甲苯蒸气，迅速与外部空气形成爆炸性混合物并产生二次爆炸，同时引起车间现场存放的氯酸钠、甲苯与甲醇等物料殉爆殉燃和二车间、三车间着火燃烧，进一步扩大了事故后果，造成重大人员伤亡和财产损失。

事故引起的思考：蒸发过程的安全注意事项是什么？如何预防事故的发生？

【任务目标】

1. 了解蒸发的概念及机理。
2. 掌握蒸发过程可能发生的危害。
3. 蒸发过程的常用安全技术措施。

【知识准备】

一、概述

蒸发是将含非挥发性物质的稀溶液加热沸腾使部分溶剂汽化并使溶液得到浓缩的过程。它是化工、轻工、食品、医药等工业生产中常用的一种单元操作。

蒸发按其操作压力可分为常压蒸发（蒸发器加热室溶液侧的操作压力略高于大气压，此时系统中不凝气体依靠本身的压力排出）和真空蒸发；按蒸发器的效数可分为单效蒸发（蒸发装置中只有一个蒸发器，蒸发时生成的二次蒸汽直接进入冷凝器而不再次利用）和多效蒸发（将几个蒸发器串联操作，使蒸汽的热能得到多次利用，通常它是将前一个蒸发器产生的二次蒸汽作为后一个蒸发器的加热蒸汽，蒸发器串联的个数称为效数，最后一个蒸发器产生的二次蒸汽进入冷凝器被冷凝）。

由于被蒸发溶液的种类和性质不同，蒸发过程所需的设备和操作方式也随之有很大的差异。如有些热敏性物料在高温下易分解，必须设法降低溶液的加热温度，并缩短物料在加热区的停留时间；有些物料有较大的腐蚀性；有些物料在浓缩过程中会析出结晶或在传热面上大量结垢等。因而蒸发设备的种类和型式很多，但其实质上是一个换热器,一般由加热室和分离室两部分组成。常用的主要有循环型蒸发器(如中央循环管式、外加热式蒸发器、强制循环蒸发器等)、膜式蒸发器(如升膜蒸发器、降膜蒸发器等)和旋转刮片式蒸发器。蒸发的辅助设备主要包括除沫器(除去二次蒸汽中所夹带的液滴)、冷凝器和疏水器等。

二、危险性分析

蒸发与加热单元操作类似,其设备本身存在泄漏、腐蚀与结垢、堵塞以及不凝性气体集聚的危险外,物料一侧的加热表面上更易形成污垢层。溶液在沸腾汽化、浓缩过程中常在加热表面上析出溶质(沉淀)而形成污垢层,使传热过程恶化,并可能造成局部过热,促使物料分解引发燃烧或爆炸。

三、安全技术

① 根据需蒸发溶液的性质,如溶液的黏度、发泡性、腐蚀性、热敏性,以及是否容易结垢、结晶等情况,选取合适的蒸发设备。应设法防止或减少污垢的生成,尽量采用传热面易于清理的结构形式,并经常清洗传热面。

② 对热敏性物料的蒸发,须注意严格控制蒸发温度不能过高,物料受热时间不宜过长。为防止热敏性物料的分解,可采用真空蒸发,以降低蒸发温度;或尽量缩短溶液在蒸发器内的停留时间和与加热面的接触时间,可采用膜式蒸发等。

③ 对腐蚀性较强溶液的蒸发,应考虑设备的腐蚀问题,为此有些设备或部件需采用耐腐蚀材料制造。

【任务实践】

1. 试结合所学知识并查找资料,分析【案例引入】事故中涉及的蒸发过程有哪些方面不符合安全技术措施的要求?

2. 思考蒸发过程可能遇到的危险有害因素及预防措施有哪些?

知识巩固

一、不定项选择题

1. 流体输送过程中可能导致的事故包括(   )。

    A. 腐蚀   B. 泄漏   C. 粉尘爆炸

    D. 中毒   E. 火灾、爆炸   F. 堵塞

2. 管道排布时应注意冷热管道应有安全距离,在分层排布时,一般遵循(   ),有腐蚀性介质的管道在最下的原则。

    A. 热管在上,冷管在下   B. 冷管在上,热管在下

C. 热管冷管可随意设

3. 在换热过程中，用于供给或取走热量的载体称为载热体。起加热作用的载热体称为加热剂（或加热介质），而起冷却作用的载热体称为冷却剂（介质）。常用的加热剂有（　　）。

A. 热水（40～100℃）　　　　　　B. 饱和水蒸气（100～180℃）
C. 矿物油（180～250℃）　　　　　D. 道生油（255～380℃）
E. 熔盐（142～530℃）　　　　　　F. 烟道气（500～1000℃）

4. 当悬浮液的溶剂有毒或易燃，且挥发性较强时，其分离操作应采用（　　）设备。

A. 敞开式　　　B. 半密闭式　　　C. 密闭式　　　D. 以上均可

5. 加热过程中可能发生的危险包括（　　）。

A. 腐蚀与结垢　　B. 机械损伤　　C. 堵塞
D. 气体的集聚　　E. 泄漏

6. 均相混合物分离过程中可能发生的危险包括（　　）。

A. 传质分离设备运行故障　　　　　B. 粉尘危害
C. 传质分离设备的爆裂　　　　　　D. 机械损伤危害
E. 因溶剂及物料的挥发，存在中毒、火灾和爆炸危险

二、判断题

1. 普通铸铁一般用于输送压力不超过1.6MPa，温度不高于120℃的水、酸性溶液、碱性溶液，也可用于输送蒸汽及有爆炸性或有毒性的介质。　　　　　　　　　　　（　　）
2. 加热温度如果接近或超过物料的自燃点，应采用氮气保护。　　　　　（　　）
3. 加热时直接用火加热温度不易控制，易造成局部过热，引起易燃液体的燃烧和爆炸，危险性大，化工生产中尽量不使用。　　　　　　　　　　　　　　　　　（　　）
4. 干燥过程应根据所需处理的物料性质与工艺要求，合理选择干燥方式与干燥设备。一般间歇干燥较连续干燥安全，可优先选用。　　　　　　　　　　　　　　（　　）

三、简答题

1. 流体输送过程可能存在的危险有哪些？
2. 固体输送过程可能存在的危险有哪些？
3. 传热过程可能存在的危险有哪些？
4. 非均相混合物分离过程可能存在的危险有哪些？
5. 均相混合物分离过程可能存在的危险有哪些？
6. 干燥过程可能存在的危险有哪些？
7. 蒸发过程可能存在的危险有哪些？

项目五

探索典型化工工艺控制的安全技术

危险化学品行业和其他行业相比,在工艺过程和操作单元方面有着特殊的重要性。这主要是由其生产特点决定的,特点如下:①危险化学品行业爆炸源多,如原料、中间体、成品大多数都是易燃、易爆物质;同时,生产过程中的点火源很多,如明火、电火花、静电火花等都可能成为爆炸的点火源。易燃、易爆物质或其蒸气和氧气等助燃性气体混合达到一定的比例而形成的混合气体遇点火源发生爆炸时,其破坏程度不亚于烈性炸药的威力,这一特点,决定了危险化学品行业做好防火防爆工作的重要性。②危险化学品生产往往具有高温、高压、深冷、负压的特点,并且多数介质具有较强的腐蚀性,加上温度应力、交变应力等作用,受压容器、设备经常因此而遭到破坏,从而引起泄漏,造成大面积火灾和爆炸事故。③危险化学品生产具有高度自动化、密闭化、连续化的特点,生产工艺条件苛刻,操作要求严格,加之新老设备并存,部分设备已运行多年,安全可靠性下降,发生恶性爆炸事故的概率较高。④危险化学品产业发展迅速,生产规模不断扩大,加上对新工艺、新技术的爆炸危险性认识不足,防爆设计不完善等,运行中发生爆炸事故损失将十分严重。

任务一 氯化工艺安全这样做

【案例引入】

氯乙酸氯化岗位玻璃冷却器爆炸事故

事故基本情况:2007年10月25日上午10时30分,某化工厂氯乙酸工段C1氯化釜系统玻璃冷却器突然发生爆炸。其中C1氯化釜三楼九节玻璃冷却器全部炸坏,炸坏后的碎片造成附近D2、E1、E2等三台氯化釜共七节玻璃冷却器不同程度的损坏。爆炸发生后,当班人员迅速关闭氯化系统相关阀门,氯化岗位做紧急停车处理,氯乙酸其他结晶、离心包装等岗位未受到影响，生产保持正常运行。经维修人员紧急检查、抢修后，氯化岗位部分氯化釜于 11:00 恢复开车（4 主 4 副），下午 18:30 氯化系统开满正常。这次事故由于设备造成的直接经济损失约为 2 万余元，并且爆炸后形成的酸雾向周围弥散，造成极坏的影响。

事故调查情况：

（1）C1 氯化釜停用前后的情况调查：根据查看相关记录，该氯化釜最后一次投料使用时间为 10 月 13 日下午 15:36，到 14 日 21:00 转为主釜，在 15 日 15:00 氯化反应中期发现釜体穿孔后停用。停用后，工段组织人员对通氯阀、进出水阀等进行了关闭，并对釜内料液进行了抽空处理。

（2）化验室人员对氯乙酸氯化系统相关气体及该氯化釜釜内残液（约 500kg）等进行了化验分析，具体结果如下：

① 主釜尾气组成：HCl，64.5%；Cl_2，1.75%；H_2/Cl_2，3.17%。

② 副釜尾气组成：HCl，73%；H_2/Cl_2，3.15%。

③ 氯化釜釜内残液：HAc，34.55%；HCl，2.10%。

另外氯化釜残液内含有大量 Fe^{2+}。

（3）维修人员对该氯化釜分配台通氯胶囊阀、釜上通氯玻璃阀及釜上 DN100 气相大阀进行检查，发现以上氯气和气相阀门关不死，存在内漏现象。

（4）维修人员对氯化釜水洗处理后，打开釜盖后进行了仔细检查，发现氯化釜内穿孔两处，距离釜底圆弧以上 400mm 处（方向分别为西南侧一处，孔径 8mm），同时发现穿孔处上下共约 600mm 宽的釜体出现一周脱瓷。

事故直接原因：

（1）由于该氯化釜几处通氯阀门内漏，造成氯气进入氯化釜系统内。

（2）由于釜换热夹套进水阀内漏，造成釜内料液虽然当时抽净，但反应釜夹套内穿孔部位以下料液无法抽净，而进水阀门由于内漏进水，水与夹套内的料液经穿孔部位进入氯化釜，并形成酸性溶液（500kg），同时酸性溶液与脱瓷部位碳钢材质发生化学反应，产生氢气，而由气相大阀内漏的主釜尾气（气体成分 HCl、Cl_2、H_2）经釜内酸性溶液后，HCl 气体被继续吸收为盐酸溶液，同时 Cl_2、H_2 则积聚在氯化釜玻冷器中。

（3）通氯阀门内漏的氯气与釜体腐蚀产生的氢气混合，达到爆炸极限，形成潜在的爆炸性气体混合物，经日光照射后发生爆炸。

（4）氯化釜停用后，未能拆除连接管道，或者添加盲板进行彻底隔绝，阀门内漏是造成爆炸性气体积聚的直接原因。

事故引起的思考： 氯化工艺生产过程具有怎样的危险性？氯化工艺生产过程的工艺参数该如何控制？

【任务目标】

1. 了解氯化工艺的基本概念和知识。
2. 掌握氯化工艺的危险特点。
3. 理解氯化工艺重点监控的工艺参数。

【知识准备】

一、氯化工艺概述

氯化是化合物的分子中引入氯原子的反应,包含氯化反应的工艺过程为氯化工艺,主要包括取代氯化、加成氯化、氧氯化等。氯化工艺过程中典型的反应主要有以下几种。

1. 取代氯化

取代氯化又分为芳环上的取代氯化、脂肪烃及芳环侧链的取代氯化两类。芳环上的取代氯化反应是典型的亲电取代反应。反应分两步进行,第一步为控制步骤。芳环上的氯化反应属于连串反应。一氯化后,由于产物对亲电取代反应仍具有相当的活泼性,使二氯化反应比较容易进行。即第一个反应物的生成物又是下一步反应的反应物,依次连串进行反应。脂肪链及芳环侧链的取代氯化是自由基反应,自由基取代氯化反应同样是一个连串反应,用于生成直接氯化不可能制得的单一氯化产物。为了制备一氯化物,必须控制氯化深度。如甲苯的链氯化制备氯化苄的生产,工业上是在一个搪瓷釜或玻璃塔式反应器中用日光灯照射进行,控制氯化液出口的密度来控制氯化深度。取代氯化反应主要以下几种反应:

① 氯取代烷烃的氢原子制备氯代烷烃;
② 氯取代苯的氢原子生产六氯化苯;
③ 氯取代萘的氢原子生产多氯化萘;
④ 甲醇与氯反应生产氯甲烷;
⑤ 乙醇和氯反应生产氯乙烷(氯乙醛类);
⑥ 乙酸与氯反应生产氯乙酸;
⑦ 氯取代甲苯的氢原子生产苄基氯。

2. 加成氯化

加成氯化直接将氯离子加成到某化合物上,加成氯化的活化能低,而取代氯化的活化能高,故低温时主要发生加成反应,高温时则主要发生取代反应。加成氯化的主要反应如下:

① 乙烯与氯加成氯化生产1,2-二氯乙烷;
② 乙炔与氯加成氯化生产1,2-二氯乙烯;
③ 乙炔和氯化氢加成生产氯乙烯。

3. 氧氯化

烃的氧氯化是指饱和烃和不饱和烃在氧气和催化剂存在下,以HCl为氯化剂进行的氯化反应。氧氯化的主要反应如下:

① 乙烯氧氯化生产二氯乙烷;
② 丙烯氧氯化生产1,2-二氯丙烷;

③ 甲烷氧氯化生产甲烷氯化物；
④ 丙烷氧氯化生产丙烷氯化物。

4. 其他氯化工艺

氯化工艺还包括一氯化硫、四氯化钛、三氯化磷、五氯化磷的制备，这些反应在工业生产中的应用也比较常见，主要反应如下：
① 硫与氯反应生产一氯化硫；
② 四氯化钛的制备；
③ 黄磷与氯气反应生产三氯化磷、五氯化磷等。

二、氯化工艺危险特点

氯化工艺涉及的反应众多，由于氯化反应是一个放热反应，加之多数原料和介质具有燃爆性，所以发生燃烧爆炸事故的可能性较大。同时部分反应介质具有毒性，也容易造成中毒事故。氯化工艺过程的主要危险特点有以下几种：

① 氯化反应是一个放热过程，尤其在较高温度下进行氯化，反应更为剧烈，速率快，放热量较大。
② 所用的原料大多具有燃爆危险性。
③ 常用的氯化剂氯气本身为剧毒化学品，氧化性强，贮存压力较高，多数氯化工艺采用液氯生产是先汽化再氯化，一旦泄漏，危险性较大。
④ 氯气中的杂质，如水、氢气、氧气、三氯化氮等，在使用中易发生危险，特别是三氯化氮积累后，容易引发爆炸危险。
⑤ 生成的氯化氢气体遇水后腐蚀性强。
⑥ 氯化反应尾气可能形成爆炸性混合物。

三、氯化重点监控工艺参数

氯化反应主要在反应釜内进行，反应釜内各项工艺参数较为复杂，同时涉及的管路、管线危险因素较多，所以重点监控的反应单元相对较多。氯化反应过程重点监控的工艺参数主要有以下几项：

1. 氯化反应釜温度和压力

氯化反应釜是氯化反应的主要场所，反应釜的温度和压力参数控制较为重要，在反应过程中控制反应温度，及时移出反应热，监控反应釜压力参数是否符合工艺指标。

2. 氯化反应釜搅拌速率

在反应釜中通常要进行化学反应，为保证反应能均匀而较快地进行，提高效率，通常在反应釜中装有相应的搅拌装置，于是便带来传动轴的动密封及防止泄漏的问题。所以控制反应釜的搅拌速率极为重要。

3. 反应物料的配比

反应物料的配比（配料比）是生产一种产品需用的各种原材料的配合比例。氯化反应各单元的配料比应按照规程进行控制。尤其是氯气和芳烃的配料比应作为重点监控参数进行监控。

4. 氯化剂进料流量

氯化剂的进料直接影响着反应的进行，其进料流量应严格控制，这样才能保证反应的正常进行，提高生产效率。同时要密切监控进料流量是否符合要求，启动自动联锁装置。

5. 冷却系统中冷却介质的温度、压力、流量

冷却系统是氯化反应单元需重点监控的系统，在冷却系统中必须装有冷却介质出口压力检测仪表（带报警装置）、冷却介质出口温度检测仪表及冷却介质流量检测仪表。通过仪表密切监控冷却介质温度、压力及流量参数。

6. 氯气杂质含量（水、氢气、氧气、三氯化氮等）

由于氯气是氯化反应重要的原料，氯气的纯度要求尤其重要，进料氯气控制中，要密切监控氯气杂质的含量，如水、氢气、氧气、三氯化氮的含量，特别是氢气的含量，若氢气浓度过高，达到爆炸极限后很容易引起爆炸。

7. 氯化反应尾气组成

由于氯化反应较为复杂，生产出的杂质较多，在尾气处理中，一定要监控尾气的组成，防止有毒气体排出以及可燃气体混合。

【任务实践】

1. 试结合所学知识查找与【案例引入】类似的事故案例。
2. 结合所学知识，思考氯化作业安全操作要点有哪些？应采取怎样的控制方式？

任务二　硝化工艺安全这样做

【案例引入】

河北"2·28"重大爆炸事故

事故基本情况：2012年2月28日9时4分，河北省石家庄市某化工公司发生重大爆炸

事故，造成 25 人死亡、4 人失踪、46 人受伤，直接经济损失 4459 万元。爆炸事故现场见图 5-1。

图 5-1　河北"2·28"重大爆炸事故现场

事故发生经过： 一车间共有 8 台反应釜，自北向南单排布置，依次为 1～8 号。事发当日，1～5 号反应釜投用，6～8 号反应釜停用。

2 月 28 日 8 时 40 分左右，1 号反应釜底部保温放料球阀的伴热导热油软管连接处发生泄漏自燃着火，当班工人使用灭火器紧急扑灭火情。其后 20 多分钟内，又发生 3～4 次同样火情，均被当班工人扑灭。9 时 4 分许，1 号反应釜突然爆炸，爆炸所产生的高强度冲击波以及高温、高速飞行的金属碎片瞬间引爆堆放在 1 号反应釜附近的硝酸胍，引起次生爆炸。

事故发生后，一车间被全部炸毁，北侧地面被炸成一东西长 14.70m，南北长 13.50m 的椭圆形爆坑，爆坑中心深度 3.67m。8 台反应釜中，2 台被炸碎，3 台被炸成两截或大片，3 台反应釜完整。一车间西侧的二车间框架主体结构损毁严重，设备、管道严重受损；东侧动力站西墙被摧垮，控制间控制盘损毁严重；北侧围墙被推倒；南侧六车间北侧墙体受损；整个厂区玻璃多被震碎。经计算，事故爆炸当量相当于 6.05t TNT。

事故直接原因： 该公司从业人员不具备化工生产的专业技能，一车间擅自将导热油加热器出口温度设定高限由 215℃ 提高至 255℃，使反应釜内物料温度接近了硝酸胍的爆燃点（270℃）。1 号反应釜底部保温放料球阀的伴热导热油软管连接处发生泄漏着火后，当班人员处置不当，外部火源使反应釜底部温度升高，局部热量积聚，达到硝酸胍的爆燃点，造成釜内反应产物硝酸胍和未反应的硝酸铵急剧分解爆炸。1 号反应釜爆炸产生的高强度冲击波以及高温、高速飞行的金属碎片瞬间引爆堆放在 1 号反应釜附近的硝酸胍，引发次生爆炸，从而引发强烈爆炸。

事故引起的思考： 硝化工艺生产过程具有怎样的危险性？硝化工艺生产过程的工艺参数该如何控制？

【任务目标】

1. 了解硝化工艺的基本概念和知识。
2. 掌握硝化工艺的危险特点。

3. 理解硝化工艺重点监控的工艺参数。

【知识准备】

一、硝化工艺概述

硝化反应是有机化合物分子中引入硝基（—NO_2）的反应，最常见的是取代反应。硝化方法可分成直接硝化法、间接硝化法和亚硝化法，用于生产硝基化合物、硝胺、硝酸酯和亚硝基化合物等。硝化工艺过程中典型的化学反应有以下几种。

1. 直接硝化法

直接硝化法主要包括甘油、硝基苯的制备和硝基烷烃的生产。直接硝化法典型的反应如下：
① 丙三醇与混酸反应制备硝酸甘油；
② 氯苯硝化制备邻硝基氯苯和对硝基氯苯；
③ 苯硝化制备硝基苯；
④ 蒽醌硝化制备 1-硝基蒽醌；
⑤ 甲苯硝化生产三硝基甲苯（TNT）；
⑥ 丙烷等烷烃与硝酸通过气相反应制备硝基烷烃。

2. 间接硝化法

间接硝化法的主要工艺是苯酚采用磺酰基的取代硝化制备苦味酸。主要有两道工序：磺酸化和硝化。苯酚易被氧化，一遇稀硝酸即生成红、黑色产物而报废。故而先使其与浓硫酸作用生成相对稳定的磺酸化合物，再用硝酸与磺酸化合物反应，用硝基取代磺酸基。

3. 亚硝化法

有机化合物分子中的氢被亚硝基（—NO）取代的反应称为亚硝化反应。用亚硝酸作亚硝化试剂，被强共轭给电子基团活化的苯环，例如酚、某些酚醚、萘酚、三级芳胺，在亚硝酸作用下，可发生亲电取代的亚硝化反应。亚硝化的典型反应如下：
① 2-萘酚与亚硝酸盐反应制备 1-亚硝基-2-萘酚。
② 二苯胺与亚硝酸钠和硫酸水溶液反应制备对亚硝基二苯胺。

二、硝化工艺危险特点

硝化反应的反应速率一般都很快，放出的热量较大，同时硝化反应过程中反应物料、反应介质及催化剂多数具有燃爆性，所以发生爆炸事故的可能性较大。同时部分介质具有强腐蚀性，一旦泄漏就有可能发生人员伤害或设备损坏。硝化工艺过程主要危险特点是：
① 反应速率快，放热量大。大多数硝化反应是在非均相中进行的，反应组分的不均匀

分布容易引起局部过热导致危险。尤其在硝化反应开始阶段，停止搅拌或由于搅拌叶片脱落等造成搅拌失效是非常危险的，一旦搅拌再次开动，就会突然引发局部激烈反应，瞬间释放大量的热量，引起爆炸事故。

② 反应物料具有燃爆危险性。

③ 硝化剂具有强腐蚀性、强氧化性，与油脂、有机化合物（尤其是不饱和有机化合物）接触能引起燃烧或爆炸。

④ 硝化产物、副产物具有爆炸危险性。

三、硝化重点监控工艺参数

硝化反应主要监控的工艺单元是硝化反应釜和分离单元。由于反应环境较为复杂，涉及的危险有害因素众多，所以在反应过程中对各项工艺参数指标的监控显得尤为重要。硝化工艺过程中需要重点监控的工艺参数有以下几项。

1. 硝化反应釜内温度、搅拌速率

硝化过程在液相中进行，通常采用釜式反应器。根据硝化剂和介质的不同，可采用搪瓷釜、钢釜、铸铁釜或不锈钢釜。用混酸硝化是为了尽快地移去反应热以保持适宜的反应温度，除利用夹套冷却外，还可在釜内安装冷却蛇管。产量小的硝化过程大多采用间歇操作。产量大的硝化过程可采用连续操作，采用釜式连续硝化反应器或环形连续硝化反应器，实行多台串联完成硝化反应。环形连续硝化反应器的优点是传热面积大，搅拌良好，生产能力大，副产物多，硝基化合物和硝基酚少。控制反应釜内的温度和搅拌速率是生产过程中应密切重视的。

2. 硝化剂流量、冷却水流量、pH值

硝化剂不同的硝化对象，需要采用不同的硝化方法；相同的硝化对象如果采用不同的硝化方法，则常常得到不同的产物组成，因此硝化剂的选择是硝化反应必须考虑的。在反应釜内应密切控制硝化剂的流量、冷却水流量及pH值以保证生产的正常进行。

3. 硝化产物中杂质含量

由于硝化受反应因素的影响，硝化产物中的杂质较多，分离提纯的工艺较为复杂。在杂质中应密切监控可燃、有毒气体的浓度。

4. 精馏分离系统温度

由于硝化反应副产物较多，分离提纯是必不可少的操作单元，精馏分离系统是重要的提纯系统。精馏塔的温度控制格外重要，这样能保证产物的纯度。

5. 塔釜杂质含量

在硝化反应过程中，原料进料进入塔釜后应密切监控杂质含量，因为杂质的含量超标会直接影响反应的进行，严重时会导致设备损坏等事故发生。

【任务实践】

1. 2015年8月31日23时18分，山东某化学有限公司新建年产2万吨改性胶黏新材料联产项目二胺车间混二硝基苯装置，在投料试车过程中发生重大爆炸事故，造成13人死亡，25人受伤，直接经济损失4326万元。试结合所学知识查找资料，分析事故的原因。
2. 结合所学知识，思考硝化作业安全操作要点有哪些？应采取怎样的控制方式？

任务三　裂解（裂化）工艺安全这样做

【案例引入】

烧焦罐蒸汽带油引发裂解炉着火

事故经过：2002年9月22日，某装置裂解炉进行切换操作。准备将BA-102切出系统烧焦，BA-111已烧焦完毕投用。上午8时30分，开始停BA-102，仪表人员摘联锁，室内降温降量，室外主操打开烧焦罐排液，打开阀门10min后见没有液体流出，将导淋阀关闭。上午10时，BA-102停炉，处于烧焦状态，室外人员关闭原料根部阀，开原料吹扫线进行吹扫；同时关急冷油根部阀，急冷油线倒空后，吹扫急冷油线。10时42分，原料、急冷油线吹扫完毕，关闭吹扫线阀门，室外开始将BA-102DS切出系统。11点，BA-102烧焦线阀门打开1/3时，烧焦罐冒出的蒸汽带油，由于风向吹向BA-101炉，立即引起炉外着火，班长、操作人员迅速救火，并联系消防车。室内人员对BA-101、BA-102、BA-103、BA-104按PB停车按钮紧急停车，现场关闭原料、急冷油、燃料气根部阀。现场火势被扑灭后，室外人员及时恢复BA-103、BA-104点火，BA-101炉由于紧急停炉，准备将原料、急冷油线吹扫干净后，切出BA-101烧焦，吹扫过程中发现烟囱冒烟，立即停止吹扫。BA-102及时点火升温，进行烧焦。

事故直接原因：

（1）BA-101、BA-102 14″烧焦阀存在内漏，正常运行期间向烧焦罐系统漏裂解气，冷凝形成部分轻油，虽然烧焦罐在8月份进行了清理，烧焦罐排液线设计不合理，位置比较低，排液线出现堵塞，停炉前操作人员虽然打开阀门进行过排放，但没有将罐内液体排干净。

（2）由于烧焦罐下部没有弹簧吊架，操作人员无法判断排液是否干净，造成切换过程中蒸汽带油引起着火。

（3）BA-101着火后室内按全面停车按钮停车，切断原料、燃料气，风机联锁停车。停车引起对流段最上层原料预热管线受应力拉裂，物料漏出着火，将风机烧坏。紧急停车造成原料预热线拉裂的原因主要有：

① 联锁系统设计不合理,全面联锁后风机也要联锁停车,造成烟气分布不均匀,管线应力拉裂。

② 对流段上部预热段管线支撑架制作达不到要求,管线在热胀冷缩过程中不能平行滑动,造成应力拉裂,从现场情况看,断裂基本发生在支撑架处。

③ 对流段上部预热段管线为不锈钢材质,对氯离子腐蚀较为明显,前一年原料带氯可能已对对流段上部预热段管线造成损伤,致使在本次紧急停炉后,炉管发生断裂。

④ BA-101风机是变频电机,风机入口没有挡板,紧急停车过程中无法将风机与烟气系统隔开以保护风机,致使风机叶轮损坏。

事故引起的思考:裂解工艺生产过程具有怎样的危险性?裂解工艺生产过程的工艺参数该如何控制?

【任务目标】

1. 了解裂解(裂化)工艺的基本概念和知识。
2. 掌握裂解(裂化)工艺的危险特点。
3. 理解裂解(裂化)工艺重点监控的工艺参数。

【知识准备】

一、裂解(裂化)工艺简介

裂解是指石油系的烃类原料在高温条件下,发生碳链断裂或脱氢反应,生成烯烃及其他产物的过程。产品以乙烯、丙烯为主,同时副产丁烯、丁二烯等烯烃和裂解汽油、柴油、燃料油等产品。

烃类原料在裂解炉内进行高温裂解,生产出组成为氢气、低/高碳烃类、芳烃类以及馏分为288℃以上的裂解燃料油的裂解气混合物。经过急冷、压缩、激冷、分馏以及干燥和加氢等方法,分离出目标产品和副产品。

化工生产中用热裂解的方法生产小分子烯烃、炔烃和芳香烃,如乙烯、丙烯、丁二烯、乙炔、苯和甲苯等。裂化可分为热裂化、催化裂化、加氢裂化3种类型。

1. 热裂化

热裂化在加热和加压下进行。根据所用压力的高低,热裂化分高压热裂化和低压热裂化。高压热裂化在较低温度(450~550℃)和较高压力(2~7MPa)下进行,低压热裂化在较高温度(550~770℃)和较低压力(0.1~0.5MPa)下进行。处于高温下的裂解气,要直接喷水急冷,假如因停水和水压不足,或因操作失误,气体压力大于水压而冷却不下来,会烧坏设备从而引起火灾。为了防止此类事故发生,应配备两种电源和水源。操作时,要保证水压大于气压,发现停水或气压大于水压时要紧急放空。

裂解后的产品多数是以液态贮存,有一定的压力,如有不严之处,贮槽中的物料就会散发出来,遇明火发生爆炸。高压容器和管线要求不泄漏,并应安装安全装置和事故放空装置。压缩机厂房应安装固定的蒸汽灭火装置，其开关设在外边人员易接近的地方。机械设备、管线必须安装完备的静电接地和避雷装置。

分离主要是在气相下进行的，所分离的气体均有火灾爆炸危险，假如设备系统不严密或操纵错误泄漏可燃气体，与空气混合形成爆炸性气体混合物，遇火源就会燃烧或爆炸。分离都是在一定压力条件下进行的，原料经压缩机压缩有较高的压力，若设备材质不良，误操作造成负压或超压；或者因压缩机冷却不好，设备因腐蚀、裂缝而泄漏物料，就会造成设备爆炸和油料着火。再者，分离大多在低温下进行，操作温度有的低达－30～－100℃。在这样的低温条件下，假如原料气或设备系统含水，就会发生冻结堵塞，以至引起爆炸起火。

分离的物质在装置系统内活动，尤其在压力下输送，易产生静电火花，引起燃烧，因此应该有完善的消除静电的措施。分离塔设备均应安装安全阀和放空管；低压系统和高压系统之间应有止逆阀；配备固定的氮气装置、蒸汽灭火装置。操纵过程中要严格控制温度和压力。发生事故需要停车时，要停压缩机、关闭阀门，切断与其他系统的通路，并迅速开启系统放空阀，再用氮气或水蒸气、高压水等扑救。放空时应当先放液相后放气相。

2. 催化裂化

催化裂化装置主要由3个系统组成，即反应再生系统、分馏系统以及吸收稳定系统。在生产过程中，这3个系统是紧密相连的整体。反应系统的变化很快地影响到分馏系统和吸收稳定系统，这两个系统的变化又影响到反应部分。在反应器和再生器间，催化剂悬浮在气流中，整个床层温度要保持均匀，避免局部过热，造成事故。

反应器和再生器压差保持稳定，是催化裂化反应中最重要的安全问题，两器压差一定不能超过规定的范围。目的就是要使两器之间的催化剂沿一定方向活动，避免倒流，造成油气与空气混合发生爆炸。当维持不住两器压差时，应迅速启动自动保护系统，封闭两器间的单动滑阀。在两器内存有催化剂的情况下，必须通以流化介质维持活动状态，防止造成死床。正常操纵时，主风量和进料量不能低于流化所需的最低值，否则应通进一定量的事故蒸汽，以保护系统内正常流化温度，保证压差的稳定。当主风量由于某种原因停止时，应当自动切断反应器进料，同时启动主风与原料及增压风自动保护系统，向再生器与反应器、提升管内通进流化介质，而原料则经事故旁通线进回炼罐或分馏塔，切断进料，并应保持系统的热量。催化裂化装置关键设备应当具有两路以上的供电电源，自动切换装置应经常检查，保持灵敏好用，当其中一路停电时，另一路能在几秒内自动合闸送电，保持装置的正常运行。

3. 加氢裂化

加氢裂化是在有催化剂及氢气存在下，使蜡油通过裂化反应转化为质量较好的汽油、煤油和柴油等轻质油。加氢裂化与催化裂化不同的是在进行裂化反应时，同时伴有烃类加氢反应、异构化反应等。

由于反应温度和压力均较高，又接触大量氢气，火灾、爆炸危险性较大。加热炉平稳操作对整个装置安全运行十分重要，要防止设备局部过热，防止加热炉的炉管烧穿或者高温线、反应器漏气。高压下钢与氢气接触易产生氢脆。因此应加强检查，定期更换管道和设备。

二、裂解（裂化）工艺危险特点

裂解（裂化）反应是在高温、高压的环境中进行的，发生物理性爆炸的可能性较大。特别是影响传热设备正常运行的因素较多，一旦传热设备发生故障，裂解气外泄发生爆炸事故的可能性将大增。裂解（裂化）工艺的主要危险特点如下：

① 在高温（高压）下进行反应，装置内的物料温度一般超过其自燃点，若漏出，会立即引起火灾。

② 炉管内壁结焦会使流体阻力增加，影响传热，当焦层达到一定厚度时，因炉管壁温度过高，而不能继续运行下去，必须进行清焦，否则会烧穿炉管，裂解气外泄，引起裂解炉爆炸。

③ 如果由于断电或引风机机械故障而使引风机突然停转，则炉膛内很快变成正压，会从窥视孔或烧嘴等处向外喷火，严重时会引起炉膛爆炸。

④ 如果燃料系统大幅度波动，燃料气压力过低，则可能造成裂解炉烧嘴回火，使烧嘴烧坏，甚至会引起爆炸。

⑤ 有些裂解工艺产生的单体会自聚或爆炸，需要向生产的单体中加阻聚剂或稀释剂。

三、裂解（裂化）重点监控工艺参数

由于裂解（裂化）反应是在高温高压条件下进行的，在生产过程中对各主要热力设备的温度、压力等工艺参数的监控较为重要。主要监控的反应单元有裂解炉、制冷系统、压缩机、引风机、分离单元等。裂解（裂化）重点监控工艺参数有以下几个：

1. 裂解炉进料流量

裂解炉是裂解（裂化）的场所，为提高过程选择性和设备的生产能力，根据烃类热裂解的热力学和动力学分析，缩短停留时间和降低烃分压是提高过程选择性的主要途径。在设计过程中也应充分考虑到进料流量的控制。

2. 裂解炉温度

裂解炉温度是裂解炉的重要控制指标，在反应前期由于原料升温，转化率增长快，需要大量吸热，所以要求对热强度大、管径小的变径管进行控制。在反应后期转化率已较高，增长幅度不大了，对热强度要求不高了，管径大与小对传热的影响不显著。

3. 引风机电流

引风机是依靠输入的机械能，提高气体压力并排送气体的机械，它是一种从动的流体机械。引风机的工作原理与透平压缩机基本相同，只是由于气体流速较低，压力变化不大，一般不需要考虑气体比容的变化，即把气体作为不可压缩流体处理。在操作控制中应控制好引风机的电流，保证引风机的正常运行。

4. 燃料油进料流量

由于裂解过程进料燃料油具有易燃易爆性，很容易发生事故。因此对燃料油流量的控制应十分精确,在系统中应设计原料油进料流量检测仪,密切监视原料油的流量。

5. 稀释蒸汽比及压力

裂解炉结焦,会降低产物产率,增加能耗和缩短炉管寿命。为了抑制结焦,在裂解炉设计和操作方面做了很大的改进,如使用涂覆技术降低炉管结焦,控制稀释蒸汽比(即原料气中 H_2O/CO 的摩尔比)及压力。

6. 燃料油压力

由于裂解过程进料燃料油具有易燃易爆性,很容易发生事故。因此对燃料油压力的控制应十分精确,在系统中应安装原料油压力计,密切监视原料油压力,防止物理爆炸的发生。

7. 滑阀差压超驰控制、主风流量控制、外取热器控制、机组控制、锅炉控制

滑阀差压超驰控制、主风流量控制、外取热器控制、机组控制、锅炉控制是裂解工艺安全控制的重要组成单元,对各系统的监控要求较高,操作中应密切观察各单元的反应参数。

【任务实践】

1. 试结合所学知识查找与【案例引入】类似的事故案例。
2. 结合所学知识,思考裂解(裂化)工艺的主要危险特点有哪些?工艺过程中重点监控参数是什么?

任务四 加氢工艺安全这样做

【案例引入】

江苏某医药化工公司"5·3"闪爆事故

事故基本情况:2018 年 5 月 3 日 13 时 49 分左右,泰州市某医药化工公司加氢车间 1 号氢化釜撤催化剂作业过程中发生釜内闪爆,事故导致 1 人死亡,直接经济损失 144.6 万元。

事故简要过程:2018 年 5 月 2 日,该公司准备全厂停产检修。加氢 1 期 1 号氢化釜在 5 月 3 日 0 时 53 分反应结束,经过静置和压料作业,并进行了两次乙醇洗涤作业。5 时 44 分进自来水(约 200L)并开启搅拌,一直到事故发生。

5 月 3 日下午,加氢车间副主任王某安排 1 号氢化釜撤催化剂作业。13 时 41 分许,1 号氢化釜人孔打开。王某随后三次逐步打开该釜上真空阀,致使大量空气吸入 1 号氢化釜,与釜内乙醇蒸气形成爆炸性混合气体。接着王某走到该釜人孔口,用水冲洗 1 号氢化釜搅拌桨叶及釜壁上的残余催化剂。冲洗过程中,1 号氢化釜闪爆,王某被爆炸冲击波"撞飞"。

事故直接原因：王某违章作业，在1号氢化釜人孔打开的状态下，未充氮气保护，反而打开真空泵，导致大量空气吸入反应釜内，与乙醇蒸气形成爆炸性混合气体，同时催化剂雷尼镍遇空气自燃，引发闪爆。

事故引起的思考：加氢工艺生产过程具有怎样的危险性？加氢工艺生产过程的工艺参数该如何控制？

【任务目标】

1. 了解加氢工艺的基本概念和知识。
2. 掌握加氢工艺的危险特点。
3. 理解加氢工艺重点监控的工艺参数。

【知识准备】

一、加氢工艺简介

加氢是在有机化合物分子中加入氢原子的反应，涉及加氢反应的工艺过程为加氢工艺，主要包括不饱和键加氢、芳环化合物加氢、含氮化合物加氢、含氧化合物加氢、氢解等。加氢精制反应是在设定的反应条件下，通过催化剂的催化作用，使原料油中的硫、氮、氧、氯、金属等和烯烃进行选择性加氢，将其杂质脱除，使原料油得到精制。加氢工艺的典型化学反应如下：

1. 不饱和炔烃、烯烃的三键和双键加氢

不饱和烃加氢饱和较易进行，但这类反应放热量大，约为加氢脱硫反应的5倍。氢耗量也较高。所以在含烯烃多的石脑油加氢精制中必须十分小心。常见的反应有环戊二烯加氢生产环戊烯等。

2. 芳烃加氢

芳烃中的芳香核十分稳定，很难直接断裂开环。在一般条件下，带有烷基侧链的芳烃只是在侧链连接处断裂，而芳香环保持不变。分子的稠环及多环芳烃只有在芳香环加氢饱和后才能开环，并进一步发生裂化反应。由于加氢裂化反应条件比较苛刻，芳烃除侧链断裂外，还会发生芳烃的加氢饱和反应及开环、裂化反应。主要反应如下：

① 苯加氢生成环己烷；
② 苯酚加氢生产环己醇。

3. 含氧化合物加氢

含氧化合物加氢也是一种重要的加氢反应，主要用于制备甲醇、丁醇、辛醇等醇类物质，在工业中的应用比较广泛，主要反应如下：

① 一氧化碳加氢生产甲醇；
② 丁醛加氢生产丁醇；

③ 辛烯醛加氢生产辛醇。

4. 含氮化合物加氢

含氮化合物种类很多，含氮化合物加氢也是一种重要的加氢反应，主要用于制备己二胺、苯胺等胺类物质，在工业中的应用比较广泛，主要反应如下：
① 己二腈加氢生产己二胺；
② 硝基苯催化加氢生产苯胺。

5. 油品加氢

油品加氢反应主要是对原料油进行加氢精制，生产出需要的油品，是常见的石油化工技术，对提炼石油具有很深的工业意义。主要反应如下：
① 馏分油加氢裂化生产石脑油、柴油和尾油；
② 渣油加氢改质；
③ 减压馏分油加氢改质；
④ 催化（异构）脱蜡生产低凝柴油、润滑油基础油等。

二、加氢工艺危险特点

加氢工艺主要原料氢气是易燃易爆气体，具有高燃烧爆炸性，同时加氢反应为强放热反应，发生物理爆炸的可能性较大，一旦爆炸将引起人员伤害和设备损坏。加氢工艺的主要危险特点如下：
① 反应物料具有燃爆危险性，氢气的爆炸极限为4%~75%。
② 加氢反应为强烈的放热反应，氢气在高温高压下与钢材接触，钢材内的碳容易与氢气发生反应生成烃类化合物，使钢制设备强度降低，发生氢脆。
③ 催化剂再生和活化过程中易引发爆炸。
④ 加氢反应尾气中有未完全反应的氢气和其他杂质，在排放时易引发着火或爆炸。

三、加氢重点监控工艺参数

加氢工艺一般分为加氢精制和加氢裂化，生产过程中监控的重点单元是加氢反应釜和氢气压缩机。对于加氢反应釜内各项工艺参数的密切监控，有利于反应的正常进行。对于新氢压缩机运行的参数应重点监控，防止爆炸事故的发生。加氢工艺重点监控的参数主要包括以下几项：

1. 加氢反应釜或催化剂床层温度、压力

加氢反应釜或催化剂床层是加氢工艺装置中的重要组成部分，加氢反应釜和催化剂床层的温度、压力是单元控制的重要参数。在反应过程中控制反应温度，及时移出反应热，监控反应釜压力参数是否符合工艺指标。

2. 加氢反应釜内搅拌速率

在反应釜中通常要进行化学反应，为保证反应能均匀而较快地进行，提高效率，通常在反应釜中装有相应的搅拌装置，于是便带来传动轴的动密封及防止泄漏的问题。所以控制反应釜搅拌速率极为重要。

3. 氢气流量、反应物质的配料比

配料比是生产一种产品需用的各种原材料的配合比例。加氢反应各单元的配料比应按照规程进行控制。氢气是易燃易爆的物质，氢气的流量控制极为重要，需要严格控制氢气和空气混合的浓度。氢气与各反应物料的配料比应作为重点监控参数进行监控。

4. 系统氧含量、冷却水流量

系统的含氧量和冷却水流量在反应中是重要的工艺指标，加氢反应中由于有氢气的存在，要严格控制含氧量以防与氢气混合达到爆炸极限发生爆炸。同时冷却水的含量也是密切监控的对象。

5. 氢气压缩机运行参数、加氢反应尾气组成

压缩机是输送气体和提高气体压力的一种从动的流体机械，是制冷系统的心脏，它从吸气管吸入低温低压的制冷剂气体，通过电机运转带动活塞对其进行压缩后，向排气管排出高温高压的制冷剂气体，为制冷循环提供动力，从而实现压缩→冷凝→膨胀→蒸发（吸热）的制冷循环。压缩机的温度、压力、液位、物料流量及比例等工艺参数是加氢反应生产过程中重点监控的对象。在生产过程中应严格按照设计规程进行操作，保证正常生产。同时加氢反应尾气的组成也应监控，防止尾气混合浓度超标发生爆炸事故。

【任务实践】

1. 试结合所学知识查找与【案例引入】类似的事故案例。
2. 结合所学知识，思考加氢作业安全操作要点有哪些？应采取怎样的控制方式？

任务五　氧化工艺安全这样做

【案例引入】

某化工厂环氧化反应釜爆炸事故

事故基本情况：2013年9月28日上午6时许，浙江省建德市某化工厂1个$20m^3$环氧化反应釜发生爆炸并导致反应釜尾气水封吸收槽处起火燃烧，经及时扑救，火灾被扑灭，事故未造成人员伤亡。

事故过程：2013年9月28日凌晨，操作工将甲苯、蒎烯、过碳酸钠分别计量加入反应

釜，4时左右开始滴加乙酐。之后，反应釜转入自动控制模式，操作工离开现场。约6时许，附近工人听到数次爆炸声，并看到尾气水封吸收槽处起火。车间立即采取应急行动，很快将火扑灭。查看现场，发现环氧化反应釜人孔盖掉在地上，车间顶棚（彩钢板）破损，釜上的电机和减速机飞出落在了其斜上方的操作台上。反应釜人孔口处有积炭，但釜内液体物料并未起火燃烧（后来通过放料计量，发现釜内物料也未减少）。

事故直接原因： 由于釜内物料中含有大量水及铁离子，导致过碳酸钠比正常情况下分解得更多，产生过量的氧气，使釜内气相空间的气体量大大增加，尽管未导致釜内带压，但气体量足够多时，总要从釜内冲出，由于放空管水封有一定高度，气体就从螺栓未完全拧紧的人孔盖缝隙中冲出（因是常压反应，人孔盖螺栓未要求完全拧紧），在从人孔盖缝隙中冲出时，因摩擦产生静电放电，导致了爆炸。

事故引起的思考： 氧化反应生产过程中具有怎样的危险性？该如何控制其工艺参数？

【任务目标】

1. 了解氧化工艺的基本概念和知识。
2. 掌握氧化工艺的危险特点。
3. 理解氧化工艺重点监控的工艺参数。

【知识准备】

一、氧化工艺简介

氧化为有电子转移的化学反应中失电子的过程，即氧化数升高的过程。多数有机化合物的氧化反应表现为反应原料得到氧或失去氢。涉及氧化反应的工艺过程为氧化工艺。常用的氧化剂有：空气、氧气、双氧水、氯酸钾、高锰酸钾、硝酸盐等。氧化工艺涉及的反应众多，典型的化学反应如下：

① 乙烯氧化制环氧乙烷；
② 甲醇氧化制备甲醛；
③ 对二甲苯氧化制备对苯二甲酸；
④ 异丙苯经氧化-酸解联产苯酚和丙酮；
⑤ 环己烷氧化制环己酮；
⑥ 天然气氧化制乙炔；
⑦ 丁烯、丁烷、C_4馏分或苯的氧化制顺丁烯二酸酐；
⑧ 邻二甲苯或萘的氧化制备邻苯二甲酸酐；
⑨ 均四甲苯的氧化制备均苯四甲酸二酐；
⑩ 苊的氧化制1,8-萘二甲酸酐；
⑪ 3-甲基吡啶氧化制3-吡啶甲酸（烟酸）；
⑫ 4-甲基吡啶氧化制4-吡啶甲酸（异烟酸）；
⑬ 2-乙基己醇（异辛醇）氧化制备2-乙基己酸（异辛酸）；

⑭ 对氯甲苯氧化制备对氯苯甲醛和对氯苯甲酸；
⑮ 甲苯氧化制备苯甲醛和苯甲酸；
⑯ 对硝基甲苯氧化制备对硝基苯甲酸；
⑰ 环十二醇/酮混合物的开环氧化制备十二碳二酸；
⑱ 环己酮/醇混合物的氧化制己二酸；
⑲ 乙二醛硝酸氧化法合成乙醛酸；
⑳ 丁醛氧化制丁酸；
㉑ 氨氧化制硝酸。

二、氧化工艺危险特点

氧化工艺存在最主要的危险特点是爆炸危险性，由于反应过程中涉及的反应原料、反应气相组成、氧化剂、氧化物都具有燃爆性，所以发生火灾、爆炸的可能性较大。氧化工艺主要的危险特点如下：

① 反应原料及产品具有燃爆危险性；
② 反应气相组成容易达到爆炸极限，具有闪爆危险；
③ 部分氧化剂具有燃爆危险性，如氯酸钾、高锰酸钾、铬酸酐等都属于氧化剂，如遇高温或受撞击、摩擦以及与有机物、酸类接触，皆能引起火灾爆炸；
④ 产物中易生成过氧化物，化学稳定性差，受高温、摩擦或撞击作用易分解、燃烧或爆炸。

三、氧化重点监控工艺参数

氧化工艺过程最主要的监控单元在氧化反应釜内，反应釜内的各项工艺参数指标较多，反应环境复杂，应重点监控。氧化工艺重点监控的工艺参数主要包括以下几项：

1. 氧化反应釜内温度和压力

氧化反应釜是氧化工艺装置中的重要组成部分，氧化反应釜温度、压力是单元控制的重要参数。在反应过程中应控制反应温度，及时移出反应热，监控反应釜压力参数是否符合工艺指标。

2. 氧化反应釜内搅拌速率

在氧化反应釜中通常进行各种氧化反应，为保证反应能均匀而较快地进行，提高效率，通常在反应釜中装有相应的搅拌装置，于是便带来传动轴的动密封及防止泄漏的问题。所以控制反应釜搅拌速率极为重要。

3. 氧化剂流量

常见的氧化剂是在化学反应中易得电子被还原的物质，是氧化反应能够进行的重要物质。严格控制氧化剂的流量参数对氧化反应正常进行具有重要意义。

4. 反应物料的配料比

反应物质的配料比也是氧化过程中必不可少的监控参数,反应物的配料比控制应重点监控氧化剂和氧化物的配料比是否正常。

5. 气相氧含量

氧气是氧化反应必不可少的组成部分,在生产过程中应严格监控氧含量,特别是要防止与其他可燃气体混合。

6. 过氧化物含量

过氧化物是影响氧化反应的重要因素,在氧化过程中必然会产生过氧化物,在提纯过程中要密切监控过氧化物的各项参数。

【任务实践】

1. 试结合所学知识查找与【案例引入】类似的事故案例。
2. 结合所学知识,思考氧化作业安全操作要点有哪些?应采取怎样的控制方式?

任务六　聚合工艺安全这样做

【案例引入】

聚氯乙烯厂聚合釜爆炸事故

事故经过: 2005年1月18日0时15分,由于外线电路进线发生电压波动,导致北京某化工厂聚氯乙烯分厂8万吨/年聚合装置B聚合釜(B釜)搅拌停止、冷却水停供。8万吨/年聚合装置当班班长聂某、主操作工龚某、副操作工詹某、巡视工徐某4人在控制室,另外一名巡视工康某升温;B釜已反应136min;C釜反应结束等待出料。

龚某首先从集散控制系统(DCS)显示器上发现动力设备停电,报告聂某,并让徐某到47号变配电室值班室找人。聂某打电话通知聚氯乙烯分厂调度王某,汇报停电及装置情况。徐某到变配电室,向电修当班班长赵某申请给聚合釜搅拌及循环水泵送电,然后跑到现场B釜处等待搅拌的启动。

聂某见电仍然没有送上,再次跑到变配电室申请送电,然后和康某一起到现场,将B釜的循环水调节阀手动全开,回到控制室,聂某发现B釜压力仍在迅速上升,通知操作工往B釜加稳抗剂,因断电,稳抗系统未能启动,随后又再次去变配电室要求送电,此时王某正在要求赵某与另一名值班电工许某一起送电。由于操作不当,送电未能成功。

聂某见状随即跑回主控室，此时 B 釜压力已达 1.3MPa（正常反应压力 1.1MPa），决定将 B 釜排气管线阀门打开，向出料槽排气泄压。此时聚氯乙烯分厂值班人员（8 万吨/年聚合车间副主任）黄某也赶到操作室，见正在排气，便到现场确认，并将步话机交与徐某，让其与控制室保持联系。

当 B 釜釜压达到 1.4MPa，龚某、聂某决定往 B 釜加入紧急事故终止剂，聂某通知现场巡视工打开氮气钢瓶阀门，现场人员发现钢瓶氮气压力不足，黄某、徐某、康某 3 人迅速卸下 2 个旧钢瓶，同时跑到 20m 远处搬回 2 个新钢瓶。聂某此时也赶到现场，4 人一起将氮气钢瓶换好。聂某迅速跑回控制室，见此时釜压已升到 1.6MPa，他立即按下了 B 釜紧急事故终止剂加入按钮。同时听到了一声巨响。控制室人员迅速躲在 DCS 操作台下；响声过后，人员跑出控制室，聂某及龚某又返回控制台，按下了 A 釜、C 釜的紧急事故终止剂加入按钮，然后撤离现场。现场人员也迅速撤离了现场。

事故发生后，公司当班调度主任赵某在 18 日 0 时 44 分向 119 报警，并命令新、老氧氯化装置停止单体输出，关闭相关阀门。当班调度及公司办主任孙某用电话分别通知公司领导，1 时 5 分，公司领导相继到达事故现场，进行指挥。全厂所有装置陆续停车。

事故发生后，企业消防队首先到达火场扑救；接警后，先后有 18 个中队、55 辆消防车、270 余人到现场进行扑救、控制火势，消防车于 1 月 18 日 1 时 3 分到达现场，火势于 1 月 18 日 2 时 14 分被控制。为防止二次爆燃和意外事故发生，对残余物料控制燃烧，对现场装置进行不间断喷淋冷却，残留余火于 2005 年 1 月 19 日 6 时 5 分自行熄灭。

事故直接原因：安全防爆膜破裂后放空管倾倒。B 聚合釜安全防爆膜正常破裂后，大量易燃易爆气体通过放空管向大气排放，在喷射反作用力的影响下，放空管急速向后倾倒，喷出的大量易燃易爆气体弥漫在反应釜顶上部空间，由于厂房为半封闭式，影响了气体的扩散。倒下的放空管产生火花，引起空间爆燃，是此次事故的直接原因。

事故引起的思考：聚合工艺生产过程具有怎样的危险性？聚合工艺生产过程的工艺参数该如何控制？

【任务目标】

1. 了解聚合工艺的基本概念和知识。
2. 掌握聚合工艺的危险特点。
3. 理解聚合工艺重点监控的工艺参数。

【知识准备】

一、聚合工艺简介

聚合是一种或几种小分子化合物变成大分子化合物（也称高分子化合物或聚合物，通常分子量为 $1\times10^4 \sim 1\times10^7$）的反应，涉及聚合反应的工艺过程为聚合工艺。聚合工艺的种类很多，按聚合方法可分为本体聚合、悬浮聚合、乳液聚合、溶液聚合等。聚合工艺的典型化学反应如下。

1. 聚烯烃生产

聚烯烃具有相对密度小、耐化学药品性、耐水性好、机械强度好、电绝缘性优良等特点，可用于制作薄膜、管材、板材、各种成型制品、电线电缆等。聚烯烃在农业、包装、电子、电气、汽车、机械、日用杂品等方面有广泛的用途。聚烯烃的生产方法有高压聚合、低压聚合（包括溶液法、浆液法、本体法、气相法），主要有以下几种反应：聚乙烯生产、聚丙烯生产、聚苯乙烯生产。

2. 聚氯乙烯生产

在工业上常用氯乙烯的聚合反应生产聚氯乙烯，氯乙烯是具有双键的有机化合物，在自由基的引发下，很容易发生均聚和共聚反应。共聚反应是氯乙烯自行聚合成聚氯乙烯（PVC）。

3. 合成纤维生产

合成纤维是线型结构的高分子量合成树脂，是经过适当方法纺丝得到的。合成纤维生产主要包括：涤纶生产、锦纶生产、维纶生产、腈纶生产及尼龙生产。

4. 乳液及橡胶生产

橡胶生产属于乳液合成，合成橡胶中产量最大的丁苯橡胶和丁腈橡胶是采用连续乳液法生产的。聚乙酸乙烯酯胶乳、丙烯酸酯类涂料和黏结剂、糊用聚氯乙烯树脂则用间歇乳液法生产。

5. 涂料黏合剂生产

涂料黏合剂生产属于乳液聚合，在工业上应用广泛。合成橡胶中产量最大的丁苯橡胶（SBR）和丁腈橡胶（NBR）采用连续乳液法生产，聚乙酸乙烯酯胶乳、丙烯酸酯类涂料和黏结剂、糊用聚氯乙烯树脂则用间歇法生产。乳液聚合虽然不是苯乙烯、甲基丙烯酸甲酯等单体的主要聚合方法，但也可采用。

6. 氟化物聚合

氟化物的聚合包括四氟乙烯悬浮法、分散法生产聚四氟乙烯，四氟乙烯（TFE）和偏氟乙烯（VDF）聚合生产氟橡胶和偏氟乙烯-全氟丙烯共聚弹性体（俗称26型氟橡胶或氟橡胶-26），是较为常见的有机聚合反应。

二、聚合工艺危险特点

聚合反应是将若干分子结合为一个较大的组成相同而分子量较高的化合物的反应。聚合原料多数具有燃爆危险性，同时反应为放热反应，若控制不当很容易发生燃烧爆炸事故。聚合工艺主要的危险特点如下：

① 聚合原料具有自聚和燃爆危险性。
② 如果反应过程中热量不能及时移出，随物料温度上升，易发生裂解和暴聚，所产生的热量使裂解和暴聚过程进一步加剧，进而引发反应器爆炸。
③ 部分聚合助剂危险性较大。

三、聚合重点监控工艺参数

聚合工艺过程最主要的监控单元在聚合反应釜内和粉体聚合物仓，反应釜内的各项工艺参数指标较多，反应环境复杂，应重点监护。聚合工艺重点监控的工艺参数主要包括以下几项：

1. 聚合反应釜内温度、压力、搅拌速率

聚合反应釜是聚合工艺装置中的重要组成部分，聚合反应釜温度是单元控制的重要参数，在反应过程中控制反应温度，及时移出反应热，监控反应釜压力参数是否符合工艺指标。在聚合反应釜中通常进行各种聚合反应，为保证反应能均匀而较快地进行，提高效率，通常在反应釜中装有相应的搅拌装置，于是便带来传动轴的动密封及防止泄量的问题。所以控制反应釜搅拌速率极为重要。

2. 引发剂流量

聚合反应引发剂主要用于引发烯类、双烯类单体的自由基聚合和共聚合反应，也可用于不饱和聚酯的交联固化和高分子交联反应，是聚合反应能够进行的重要物质。严格控制引发剂的流量对聚合反应正常进行具有重要意义。

3. 冷却水流量

系统的冷却水流量在反应中是重要的工艺指标，冷却水的流量对控制反应过程中的温度有重要的意义，在操作过程中应密切监控。

4. 料仓静电、可燃气体监控

对于料仓来说，存在可燃气体，要密切监控可燃气体的浓度，防止可燃气体达到爆炸极限，同时要监控料仓内是否有静电，防止静电引燃可燃气体发生爆炸。

【任务实践】

1. 查找与【案例引入】中提到的事故所类似的事故案例，并结合所学知识分析其发生原因。
2. 结合所学知识，思考聚合作业安全操作要点有哪些？应采取怎样的控制方式？

知识巩固

一、判断题

1. 氯化反应是吸热反应，所以反应过程不易发生燃爆危险。（   ）
2. 硝化反应的部分反应介质具有强腐蚀性，一旦泄漏就可能造成人员伤害或设备损坏。（   ）
3. 裂解反应是将大分子断裂或脱氢，生成小分子产物的反应。（   ）
4. 加氢反应为吸热反应，之所以容易发生燃爆危险是因为反应物之一是氢气。（   ）
5. 聚合工艺过程最主要的监控单元在聚合反应釜内和粉体聚合物仓。（   ）

二、简答题

1. 列举氯化工艺的典型反应类型。
2. 分析氯化工艺应重点监控的工艺参数。
3. 简述硝化反应的特点,并列举硝化工艺的典型产物。
4. 列举裂解反应的主要反应类型及各自的反应特点。
5. 分析裂解反应的操作条件及在该操作条件下的潜在危险。
6. 简述催化裂化装置的主要组成部分,并分析各部分的主要作用。
7. 简述加氢反应的特点及其潜在危险。
8. 列举氧化反应中常用的氧化剂。

项目六

探索化工承压设备的安全技术

在化工生产过程中常常需要贮存、处理和输送大量的物料,这就用到了承压设备。由于物料的状态、物理性质、化学性质以及采用的工艺方法不同,所用的承压设备也是多种多样。在化工生产过程中使用的承压设备数量多,工作条件复杂,危险性大,承压设备对保障化工安全的生产至关重要。因此应重视对承压设备的安全管理。

任务一　压力容器安全这样做

【案例引入】

内蒙古"6·28"压力容器爆炸事故

事故基本情况:2015年6月28日10时04分,鄂尔多斯市某化工公司发生一起压力容器爆炸较大生产安全事故,造成3人死亡、6人受伤,直接经济损失812.4万元。爆炸损坏现场见图6-1。

事故简要过程:2015年6月28日7时45分许,早交接班过程中,净化班班长杨某向一分厂净化工段长刘某报告,脱硫脱碳工序三气换热器发生泄漏,刘某将上述情况报告给一分厂副厂长郝某后到现场查看。期间,一分厂厂长助理李某在控制室听操作工贾某报告三气换热器有泄漏,也到现场查看泄漏情况。8时30分左右,李某遇到刘某,二人爬上换热器平台查看,发现三气换热器脱硫器进口右侧同一条焊缝有两个漏点,相隔约4~5cm。刘某用手感觉漏点泄漏情况,发现有气体吹动发凉,随后对漏点进行标记并用手机进行拍照,拉起警戒线后离开。

查看后,8时56分左右,李某也向一分厂副厂长郝某报告了泄漏情况,并嘱咐巡检工远离泄漏现场。郝某接到报告后,到分管生产安全的副总经理翟某办公室进行了报告,同时

图 6-1　内蒙古"6·28"压力容器爆炸损坏现场

翟某通知生产管理中心主任白某，三人在翟某办公室商议后，翟某决定停车，但未明确采取紧急停车。郝某按正常停车程序，分别电话通知净化工段长刘某对净化系统进行降压、气化工段长薛某做好停车准备。9时左右，郝某离开翟某办公室，在路上碰见合成工段长王某，告诉他准备停车；之后又去了泄漏现场和刘某查看泄漏情况；随后与刘某一起到了变换工段安排变换工段停车，同时提醒该工段做气气换热器保温的外来施工人员苏某、黄某、田某、马某等人注意安全；最后去了气化工段和氨库进行巡检。此时，净化工段北面的空分工段也有外来施工人员郭某正在进行施工作业。

在此之前，生产管理中心主任白某于8点50分签发检维修作业票证，同意在三气换热器南侧约7m处高压脱硫泵房对高压脱硫贫液泵A泵进行检修作业。约9时左右，张某、胡某2名检维修作业人员在办理了检维修作业票证后，进入高压脱硫泵房进行维修作业。随后，检修副班长周某电话通知常某、王某、梁某、赵某、贺某5人去高压脱硫泵房帮忙。

10时04分56秒，三气换热器发生第一次爆炸燃烧，听到爆炸声响后，张某、王某、梁某、贺某4名检维修作业人员立即从高压脱硫泵房跑出。由于三气换热器炸口朝向脱硫泵房，泄出的脱硫气在泵房内聚集，在第一次爆炸明火的作用下，约7秒钟后高压脱硫泵房发生第二次爆炸，造成脱硫高压泵房内常某、胡某、赵某3名检维修作业人员死亡，其中1人死于巡检房内，另外2人死于巡检房西侧；张某、王某、梁某、贺某4名检维修作业人员在逃出时受伤。由于第一次爆炸产生碎片的撞击，以及富含氢气明火的灼烤，三气换热器南侧上方的一段脱硫富液压力管道发生塑性爆裂，引发第三次爆炸。爆炸冲击波震碎空分工段外墙玻璃，造成外来施工人员郭某受伤。爆炸发生后，变换工段外来施工人员苏某慌忙逃生，从施工高处跳落受伤。

事故直接原因：该三气换热器从投入运行到爆炸前，脱硫气入口联箱两侧人字焊缝处四次出现裂纹泄漏，设备存在明显质量问题。此次爆炸是由于在前四次未修焊过的脱硫气进口封头角接焊缝处存在贯通的陈旧型裂纹，引发低应力脆断导致脱硫气瞬间爆出。因脱硫气中氢气含量较高，爆出瞬间引起氢气爆炸着火。由于炸口朝向脱硫泵房，泄出的脱硫气流量很大，在泵房内瞬时聚集达到爆炸极限，引起连环爆炸，致使伤亡事故发生。

事故引起的思考：如何防止压力容器爆炸？

【任务目标】

1. 掌握压力容器的分类及安全附件的基本知识。
2. 了解压力容器检验的基本知识。
3. 熟悉导致压力容器安全事故的因素及其预防措施。

【知识准备】

一、概述

一般情况下,压力容器是指具备下列条件的容器:
① 最高工作压力大于或等于 0.1MPa(不含液体静压力,下同);
② 内直径(非圆形截面指断面最大尺寸)大于或等于 0.15m,且容积(V)大于或等于 0.025m³;
③ 介质为气体、液化气体或最高工作温度高于或等于标准沸点的液体。

二、分类

压力容器的分类方法很多,常用的分类方法如下。

(一)按工作压力分类

压力容器按设计压力分为低压、中压、高压及超高压 4 个等级,见表 6-1。

表 6-1 压力容器分类表

压力容器类型	压力
低压(代号 L)	$0.1\text{MPa} \leqslant p < 1.6\text{MPa}$
中压(代号 M)	$1.6\text{MPa} \leqslant p < 10\text{MPa}$
高压(代号 H)	$10\text{MPa} \leqslant p < 100\text{MPa}$
超高压(代号 U)	$100\text{MPa} \leqslant p \leqslant 1000\text{MPa}$

(二)按用途分类

1. 反应容器(代号 R)

反应容器是主要用于完成介质的物理、化学反应的压力容器,如反应器、反应釜、分解塔、分解锅、聚合釜、高压釜、超高压釜、合成塔、铜洗塔、变换炉、蒸煮锅、蒸球、蒸压釜、煤气发生炉等。

2. 换热容器(代号 E)

换热容器是主要用于完成介质的热量交换的压力容器,如管壳式废热锅炉、热交换器、冷却器、冷凝器、蒸发器、加热器、消毒锅、染色器、蒸炒锅、预热锅、蒸锅、蒸脱机、电热蒸气发生器、煤气发生炉水夹套等。

3. 分离容器（代号 S）

分离容器是主要用于完成介质的流体压力平衡和气体净化分离等的压力容器，如分离器、过滤器、集油器、缓冲器、洗涤器、吸收塔、干燥塔、汽提塔、分汽缸、除氧器等。

4. 贮存容器（代号 C，其中球罐代号 B）

贮存容器主要是盛装生产用的原料气体、液体、液化气体等的压力容器，如各种类型的贮罐。在一种压力容器中，如果同时具备两个以上的工艺作用原理时，按工艺过程中的主要作用来划分。

（三）按危险性和危害性分类

1. 一类压力容器

一类压力容器指非易燃或无毒介质的低压容器，易燃或有毒介质的低压分离容器和换热容器。

2. 二类压力容器

二类压力容器包括任何介质的中压容器，易燃介质或毒性程度为中度危害介质的低压反应容器和贮存容器，毒性程度为极度和高度危害介质的低压容器，低压管壳式余热锅炉，低压搪玻璃压力容器。

3. 三类压力容器

三类压力容器包括毒性程度为极度和高度危害介质的中压容器和 pV（设计压力×容积）$\geqslant 0.2\mathrm{MPa \cdot m^3}$ 的低压容器，易燃或毒性程度为中度危害介质且 $pV \geqslant 0.5\mathrm{MPa \cdot m^3}$ 的中压反应容器，$pV \geqslant 10\mathrm{MPa \cdot m^3}$ 的中压贮存容器，高压、中压管壳式余热锅炉，中压搪玻璃压力容器，容积 $V \geqslant 50\mathrm{m^3}$ 的球形贮罐，容积 $V > 50\mathrm{m^3}$ 的低温绝热压力容器，高压容器。

三、安全附件

（一）安全泄压装置

压力容器在运行过程中压力可能会超过它的最高许用压力（一般为设计压力），为了防止超压，确保压力容器安全运行，一般都装有安全泄压装置，通过自动、迅速地排出容器内的介质，使容器内压力不超过它的最高许用压力。安全阀和爆破片是压力容器中常见的安全泄压装置。

1. 安全阀

压力容器在正常工作压力下运行时，安全阀（图 6-2）保持严密不漏。当压力超过设定值时，安全阀在压力作用下自行开启，使容器泄压，以防止容器或管线的破坏。当容器压力泄至正常值时，它又能自行关闭，停止泄放。

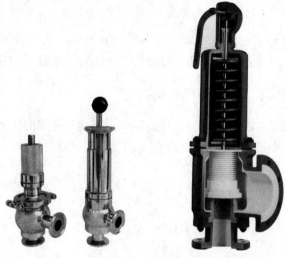

图 6-2　安全阀实物图

（1）安全阀的种类　安全阀按其整体结构及加载机构形式来分，常用的有杠杆式和弹簧式两种。它们是利用杠杆与重锤或弹簧弹力的作用，压住容器内的介质，当介质压力超过杠杆与重锤或弹簧弹力所能维持的压力时，阀芯被顶起，介质向外排放，容器内压力迅速降低。当容器内压力小于杠杆与重锤或弹簧弹力后，阀芯再次与阀座闭合。

弹簧式安全阀的加载装置是一个弹簧，通过调节螺母，可以改变弹簧的压缩量，调整阀瓣对阀座的压紧力，从而确定其开启压力的大小。弹簧式安全阀结构紧凑，体积小，动作灵敏，对震动不太敏感，可以装在移动式容器上，缺点是阀内弹簧受高温影响时，弹性有所降低。

杠杆式安全阀靠移动重锤的位置或改变重锤的质量来调节安全阀的开启压力。它具有结构简单、调整方便、比较准确以及适用较高温度的优点。但杠杆式安全阀结构比较笨重，难以用在高压容器上。

（2）安全阀的选用　安全阀的选用应根据容器的工艺条件及工作介质的特性从安全阀的安全泄放量、加载机构、封闭机构、气体排放方式、工作压力范围等方面考虑。

安全阀的排放量是选用安全阀的关键因素，安全阀的排放量必须不小于容器的安全泄放量。

从气体排放方式来看，对盛装有毒、易燃或污染环境的介质容器应选用封闭式安全阀。选用安全阀时，要注意它的工作压力范围，要与压力容器的工作压力范围相匹配。

（3）安全阀的安装　安全阀应垂直向上安装在压力容器本体的液面以上气相空间部位，或与连接在压力容器气相空间上的管道相连接。安全阀确实不便装在容器本体上，而用短管与容器连接时，则接管的直径必须大于安全阀的进口直径，接管上一般禁止装设阀门或其他引出管。压力容器一个连接口上装设数个安全阀时，则该连接口入口的面积，至少应等于数个安全阀的面积总和。压力容器与安全阀之间，一般不宜装设中间截止阀门，对于盛装易燃而毒性程度为极度、高度、中高度危害或黏性介质的容器，为便于安全阀更换、清洗，可装截止阀，但截止阀的流通面积不得小于安全阀的最小流通面积，并且要有可靠的措施和严格的制度，以保证在运行中截止阀保持全开状态并加铅封。

选择安装位置时，应考虑到安全阀的日常检查、维护和检修的方便。安装在室外露天的安全阀要有防止冬季阀内水分冻结的可靠措施。装有排气管的安全阀排气管的最小截面积应大于安全阀内的出口截面积，排气管应尽可能短而直，并且不得装阀。安装杠杆式安全阀时，必须使它的阀杆保持在铅垂的位置。所有进气管、排气管连接法兰的螺栓必须均匀上紧，以免阀体产生附加力，破坏阀体的同心度，影响安全阀的正常动作。

（4）安全阀的维护和检验　安全阀在安装前应由专业人员进行水压试验和气密性试验，经试验合格后进行调整校正。安全阀的开启压力不得超过容器的设计压力。校正调整后的安全阀应进行铅封。

要使安全阀动作灵敏可靠和密封性能良好，必须加强日常维护检查。安全阀应经常保持清洁，防止阀体弹簧等被油垢脏物所黏住或被腐蚀。还应经常检查安全阀的铅封是否完好。气温过低时，考虑有无冻结的可能性，检查安全阀是否有泄漏。杠杆式安全阀，要检查其重锤是否松动或被移动等。如发现缺陷，要及时校正或更换。

安全阀要定期检验，每年至少校验一次。

2. 爆破片

爆破片（图6-3）又称防爆片、防爆膜、防爆板，是一种断裂型的安全泄压装置。爆破片具有密封性能好、反应动作快以及不易受介质中黏污物的影响等优点。但它是通过膜片的断裂来卸压的，所以卸压后不能继续使用，容器也被迫停止运行，因此它只是在不宜安装安全阀的压力容器上使用。例如，在以下几种情况使用爆破片：存在爆燃或异常反应而压力倍增、安全阀由于惯性来不及动作；介质昂贵、有剧毒，不允许任何泄漏；运行中会产生大量沉淀或粉状黏附物，妨碍安全阀动作。

图6-3　爆破片实物图

爆破片的结构比较简单。它的主零件是一块很薄的金属板，用一副特殊的管法兰夹持着装入容器引出的短管中，也有把膜片直接与密封垫片一起放入接管法兰的。容器在正常运行时，爆破片虽可能有较大的变形，但它能保持严密不漏。当容器超压时，膜片即断裂排泄介质，避免容器因超压而发生爆炸。

爆破片的设计压力一般为工作压力的1.25倍，对压力波动幅度较大的容器，其设计破裂压力还要相应大一些。但在任何情况下，爆破片的爆破压力都不得大于容器设计压力。一般爆破片材料的选择、膜片的厚度以及采用的结构形式，均是经过专门的理论计算和试验测试而定的。

运行中应经常检查爆破片法兰连接处有无泄漏，爆破片有无变形。通常情况下，爆破片应每年更换一次，发生超压而未爆破的爆破片应该立即更换。

（二）压力表

压力表是测量压力容器中介质压力的一种计量仪表。压力表的种类较多，按它的作用原理和结构，可分为液柱式、弹性元件式、活塞式和电量式四大类。压力容器大多使用弹性元件式的单弹簧管压力表。

1. 压力表的选用

压力表应根据被测压力的大小、安装位置的高低、介质的性质（如温度、腐蚀性等）来选择精度等级、最大量程、表盘大小以及隔离装置。

装在压力容器上的压力表，其表盘刻度极限值应为容器最高工作压力的1.5～3倍，最好为2倍。压力表量程越大，允许误差的绝对值也越大，视觉误差也越大。按容器的压力等级要求，低压容器一般不低于2.5级，中压及高压容器不应低于1.5级。为便于操作人员能清楚准确地看出压力指示，压力表盘直径不能太小。在一般情况下，表盘直径不应小于100mm。如果压力表距离观察地点远，表盘直径增大，距离超过2m时，表盘直径最好不小于150mm；距离超过5m时，不要小于250mm。超高压容器压力表的表盘直径应不小于150mm。

2. 压力表的安装

安装压力表时，为便于操作人员观察，应将压力表安装在最醒目的地方，并要有充足的照明，同时要注意避免受辐射热、低温及震动的影响。装在高处的压力表应稍微向前倾斜，但倾斜角不要超过30°。压力表接管应直接与容器本体相接。为了便于卸换和校验，压力表与容器之间应装设三通旋塞。旋塞应装在垂直的管段上，并要有开启标志，以便核对与更换。蒸汽容器在压力表与容器之间应装有存水弯管。盛装高温、强腐蚀性及凝结性介质的容器，在压力表与容器连接管路上应装有隔离缓冲装置，使高温或腐蚀性介质不和弹簧弯管直接接触，依据液体的腐蚀性选择隔离液。

3. 压力表的使用

使用中的压力表应根据设备的最高工作压力，在它的刻度盘上划明警戒红线，但注意不要涂画在表盘玻璃上，一是会产生很大的视差，二是玻璃转动导致红线位置发生变化易使操作人员产生错觉，造成事故。

压力表应保持洁净，表盘上玻璃要明亮透明，使表内指针指示的压力值清楚易见。压力表的接管要定期吹洗。在容器运行期间，如发现压力表指示失灵、刻度不清、表盘玻璃破裂、泄压后指针不回零位、铅封损坏等情况，应立即校正或更换。

压力表的维护和校验应符合国家计量部门的有关规定。压力表安装前应当进行校验，在用压力表一般每6个月校验一次。通常压力表上应有校验标记，注明下次校验日期或校验有效期。校验后的压力表应加铅封。未经检验合格和无铅封的压力表均不准安装使用。

（三）液面计

液面计是压力容器的安全附件。一般压力容器的液面显示多用玻璃板液面计，石油化工装置的压力容器，如各类液化石油气体的贮存压力容器，选用各种不同作用原理、构造和性能的液位指示仪表。介质为粉体物料的压力容器，多数选用放射性同位素料位仪表，指示粉体的料位高度。

不论选用何种类型的液面计或仪表，均应符合《固定式压力容器安全技术监察规程》(TSG 21—2016) 规定的安全要求，主要有以下几个方面。

① 应根据压力容器的介质、最高工作压力和温度正确选用。

② 在安装使用前，低、中压容器液面计，应进行 1.5 倍液面计公称压力的水压试验；高压容器液面计，应进行 1.25 倍液面计公称压力的水压试验。

③ 盛装 0℃ 以下介质的压力容器，应选用防霜液面计。

④ 寒冷地区室外使用的液面计，应选用夹套型或保温型结构的液面计。

⑤ 易燃且毒性程度为极度、高度危害介质的液化气体压力容器，应采用板式液面计或自动液面计，并应有防止泄漏的保护装置。

⑥ 要求液面指示平稳的，不应采用浮子（标）式液面计。

⑦ 液面计应安装在便于观察的位置。如液面计的安装位置不便于观察，则应增加其他辅助设施。大型压力容器还应有集中控制的设施和警报装置。液面计的最高和最低安全液位，应做出明显的标记。

⑧ 压力容器操作人员，应加强液面计的维护管理，保持完好和清晰。应对液面计实行定期检修制度，使用单位可根据运行实际情况，在管理制度中具体规定。

⑨ 液面计有下列情况之一的，应停止使用：超过检验周期；玻璃板（管）有裂纹、破碎；阀件固死；经常出现假液位。

⑩ 使用放射性同位素料位检测仪表，应严格执行国务院发布的《放射性同位素与射线装置放射防护条例》的规定，采取有效保护措施，防止使用现场有放射危害。

另外，化工生产过程中，有些反应压力容器和贮存压力容器还装有液位检测报警、温度检测报警、压力检测报警及联锁等，既是生产监控仪表，也是压力容器的安全附件，都应该按有关规定的要求，加强管理。

四、定期检验

压力容器的定期检验是指在压力容器使用的过程中，每隔一定期限采用各种适当而有效的方法，对容器的各个承压部件和安全装置进行检查和必要的试验。通过检验，发现容器存在的缺陷，使它们在还没有危及容器安全之前即被消除或采取适当措施进行特殊监护，以防压力容器在运行中发生事故。压力容器在生产中不仅长期承受压力，而且还受到介质的腐蚀或高温流体的冲刷磨损，以及操作压力、温度波动的影响。因此，在使用过程中会产生缺陷。有些压力容器在设计、制造和安装过程中存在着一些原有缺陷，这些缺陷将会在使用中进一步扩展。

显然，无论是原有缺陷，还是在使用过程中产生的缺陷，如果不能及早发现或消除，任其发展扩大，势必在使用过程中导致严重爆炸事故。压力容器实行定期检验，是及时发现缺陷，消除隐患，保证压力容器安全运行的重要的必不可少的措施。

(一) 定期检验的要求

压力容器的使用单位，必须认真安排压力容器的定期检验工作，按照《在用压力容器检验规程》(GB/T 36669—2018) 的规定，由取得检验资格的单位和人员进行检验，并将年检计划报主管部门和当地的锅炉压力容器安全监察机构，锅炉压力容器安全监察机构负责监督检查。

(二) 定期检验的内容

1. 外部检查

外部检查指专业人员在压力容器运行中定期进行的在线检查。检查的主要内容是：压力容器及其管道的保温层、防腐层、设备铭牌是否完好；外表面有无裂纹、变形、腐蚀和局部鼓包；所有焊缝、承压元件及连接部位有无泄漏；安全附件是否齐全、可靠、灵活好用；承压设备的基础有无下沉、倾斜，地脚螺钉、螺母是否齐全完好；有无震动和摩擦；运行参数是否符合安全技术操作规程；运行日志与检修记录是否保存完整。

2. 内外部检验

内外部检验指专业检验人员在压力容器停机时的检验。检验内容除外部检验的全部内容外，还包括腐蚀、磨损、裂纹、衬里情况的检验，及壁厚测量、金相检验、化学成分分析和硬度测定。

3. 全面检验

全面检验除内、外部检验的全部内容外，还包括焊缝无损探伤和耐压试验。焊缝无损探伤长度一般为容器焊缝总长的 20%。耐压试验是承压设备定期检验的主要项目之一，目的是检验设备的整体强度和致密性。绝大多数承压设备进行耐压试验时用水作为介质，故常常把耐压试验称为水压试验。

外部检查和内外部检验内容及安全状况等级（共分 5 级）的评定，见《压力容器定期检验规则》(TSG R7001—2013)。

(三) 定期检验的周期

压力容器的检验周期应根据容器的制造和安装质量、使用条件、维护保养等情况，由企业依据《压力容器定期检验规则》(TSG R7001—2013) 自行确定。

一般情况下，使用单位应按规定至少对在用压力容器进行一次年度检查。

压力容器一般应当于投用后 3 年内进行首次定期检验。下次的检验周期，由检验机构根据压力容器的安全状况等级，按照以下要求确定：

① 安全状况等级为 1、2 级的，一般每 6 年检验一次；

② 安全状况等级为 3 级的，一般 3~6 年检验一次；

③ 安全状况等级为 4 级的，应当监控使用，其检验周期由检验机构确定，累计监控使用时间不得超过 3 年，在监控使用期间，使用单位应当制订有效的监控措施；

④ 安全状况等级为5级的,应当对缺陷进行处理,否则不得继续使用;
⑤ 应用基于风险检验(RBI)技术的压力容器,按照《固定式压力容器安全技术监察规程》(TSG 21—2016)7.8.3的要求确定检验周期。

有以下情况之一的压力容器,定期检验周期可以适当缩短:
① 介质对压力容器材料的腐蚀情况不明或者介质对材料的腐蚀情况异常的;
② 材料表面质量差或者内部有缺陷的;
③ 使用条件恶劣或者使用中发现应力腐蚀现象的;
④ 改变使用介质并且可能造成腐蚀现象恶化的;
⑤ 介质为液化石油气并且有应力腐蚀现象的;
⑥ 使用单位没有按规定进行年度检查的;
⑦ 检验中对其他影响安全的因素有怀疑的。

使用标准抗拉强度下限值≥540MPa低合金钢制造的球形贮罐,投用一年后应当开罐检验。

安全状况等级为1、2级的压力容器,符合以下条件之一的,定期检验周期可以适当延长:
① 聚四氟乙烯衬里层完好,其检验周期最长可以延长至9年;
② 介质对材料腐蚀速率每年低于0.1mm(实测数据)、有可靠的耐腐蚀金属衬里(复合钢板)或者热喷涂金属(铝粉或者不锈钢粉)涂层,通过1~2次定期检验确认腐蚀轻微或者衬里完好的,其检验周期最长可以延长至12年。

装有催化剂的反应容器以及装有充填物的大型压力容器,其检验周期根据设计文件和实际使用情况由使用单位、设计单位和检验机构协商确定,报使用登记机关备案。

对无法进行定期检验或者不能按期进行定期检验的压力容器,按如下规定进行处理:
① 设计文件已经注明无法进行定期检验的压力容器,由使用单位提出书面说明,报使用登记机关备案;
② 因情况特殊不能按期进行定期检验的压力容器,由使用单位提出申请并且经过使用单位主要负责人批准,征得原检验机构同意,向使用登记机关备案后,可延期检验,或者由使用单位提出申请,按照《固定式压力容器安全技术监察规程》(TSG 21—2016)第7.8条的规定办理。

对无法进行定期检验或者不能按期进行定期检验的压力容器,使用单位均应当制订可靠的安全保障措施。

五、安全管理和使用

(一)安全管理

为了确保压力容器的安全运行,必须加强对压力容器进行安全管理,及时消除隐患,不断提高其安全可靠性。根据《特种设备安全监察条例》(国务院令第549号)和《固定式压力容器安全技术监察规程》(TSG 21—2016)的规定,压力容器的安全管理主要包括以下几个方面。

1. 做好压力容器的安全技术管理

要做好压力容器的安全技术管理工作，首先要从组织上保证。这就要求企业要有专门的机构，并配备专业人员即具有压力容器专业知识的工程技术人员负责压力容器的技术管理及安全监察工作。

压力容器的安全技术管理工作内容主要有：贯彻执行有关压力容器的安全技术规程；编制压力容器的安全管理规章制度，依据生产工艺要求和容器的技术性能制订容器的安全操作规程；参与压力容器的入厂检验、竣工验收及试车；检查压力容器的运行、维修和压力附件校验情况；压力容器的校验、修理、改造和报废等技术审查；编制压力容器的年度定期检修计划，并负责组织实施；向主管部门和当地劳动部门报送当年的压力容器的数量和变动情况统计报表、压力容器定期检验的实施情况及存在的主要问题；压力容器的事故调查分析和报告，检验、焊接和操作人员的安全技术培训管理和压力容器使用登记及技术资料管理。

2. 建立压力容器的安全技术档案

压力容器的安全技术档案是正确使用压力容器的主要依据，它可以使我们全面掌握压力容器的情况，摸清压力容器的使用规律，防止发生事故。压力容器调入或调出时，其技术档案必须一起调入或调出。对技术资料不齐全的压力容器，使用单位应对其所缺项目进行补充。

压力容器的安全技术档案应包括：压力容器的产品合格证，质量证明书，登记卡片，设计、制造、安装技术等原始的技术文件和资料，检查鉴定记录，验收单，检修方案及实际检修情况记录，运行累计时间表，年运行记录，理化检验报告，竣工图以及中高压反应容器和贮运容器的主要受压元件强度计算书等。

3. 对压力容器使用单位及人员的要求

压力容器的使用单位，在压力容器投入使用前，应按《特种设备安全监察条例》的要求，向地、市特种设备安全监察机构申报和办理使用登记手续。压力容器使用单位，应在工艺操作规程中明确提出压力容器安全操作要求。其内容至少应当包括：

① 压力容器的操作工艺指标（含最高工作压力、最高或最低工作温度）；

② 压力容器的岗位操作法（含开、停车的操作程序和注意事项）；

③ 压力容器运行中应当重点检查的项目和部位，运行中可能出现的异常现象和防止措施，以及紧急情况的处置和报告程序。

压力容器使用单位应当对压力容器及其安全附件、安全保护装置、测量调控装置、附属仪器仪表进行经常性维护保养，对发现的异常情况，应当及时处理并且记录。压力容器使用单位要认真组织好压力容器的年度检查工作。年度检查至少包括压力容器安全管理情况检查、压力容器本体及运行状况检查和压力容器安全附件检查等。对年度检查中发现的安全隐患要及时消除。年度检查工作可以由压力容器使用单位的专业人员进行，也可以委托有资格的特种设备检验机构进行。压力容器使用单位应当对出现故障或者发生异常情况的压力容器及时进行全面检查，消除事故隐患；对存在严重事故隐患，无改造、维修价值的压力容器，应当及时予以报废，并办理注销手续。

对于已经达到设计寿命的压力容器，如果要继续使用，使用单位应当委托有资格的特种设备检验机构对其进行全面检验（必要时进行安全评估），经使用单位主要负责人批准后方可继续使用。

压力容器内部有压力时，不得进行任何维修。对于特殊的生产工艺过程，需要带温带压紧固螺栓时，或出现紧急泄漏需进行带压堵漏时，使用单位应当按设计规定制订有效的操作要求和防护措施，作业人员应当经过专业培训并且持证操作，且需经过使用单位技术负责人批准。在实际操作时，使用单位安全生产管理部门应当派人进行现场监督。

以水为介质产生蒸汽的压力容器，必须做好水质管理和监测，没有可靠的水处理措施，不应投入运行。运行中的压力容器，还应保持容器的防腐、保温、绝热、静电接地等措施完好。

在压力容器检验时，维修人员在进入压力容器内部进行工作前，使用单位应当按《压力容器定期检验规则》的要求，做好准备和清理工作。达不到要求时，严禁人员进入。压力容器使用单位应当对压力容器作业人员定期进行安全教育与专业培训，并做好记录，保证作业人员具备必要的压力容器安全作业知识、作业技能，及时进行知识更新，确保作业人员掌握操作规程及事故应急措施，按章作业。压力容器的作业人员应当持证上岗。

压力容器发生下列异常现象之一时，操作人员应立即采取紧急措施，并且按规定的报告程序及时向有关部门报告。

① 压力容器工作压力、介质温度或壁温超过规定值，采取措施仍不能得到有效控制。
② 压力容器主要受压元件发生裂缝、鼓包、变形、泄漏等危及安全的现象。
③ 安全附件失灵。
④ 接管、紧固件损坏，难以保证安全运行。
⑤ 发生火灾等直接威胁到压力容器安全运行。
⑥ 过量充装。
⑦ 压力容器液位异常，采取措施仍不能得到有效控制。
⑧ 压力容器与管道发生严重震动，危及运行安全。
⑨ 低温绝热压力容器外壁局部存在严重结冰，介质压力和温度明显上升。
⑩ 其他异常情况。

（二）安全使用

严格按照岗位安全操作规程的规定，精心操作和正确使用压力容器，科学而精心的维护保养是保证压力容器安全运行的重要措施，即使压力容器的设计尽善尽美、科学合理，制造和安装质量优良，如果操作不当同样会发生重大事故。

1. 压力容器的安全操作

操作压力容器时要集中精力，勤于检查和调节。操作动作应平稳，应缓慢操作，避免温度、压力的骤升骤降，防止压力容器的疲劳破坏。阀门的开启要谨慎，开停车时各阀门的开关状态以及开关的顺序不能搞错。要防止憋压闷烧、防止高压蹿入低压系统，防止性质相抵触的物料相混以及防止液体和高温物料相遇。

操作时，操作人员应严格控制各种工艺指数，严禁超压、超温、超负荷运行，严禁冒险性、试探性试验。并且要在压力容器运行过程中定时、定点、定线地进行巡回检查，认真、准时、准确地记录原始数据。主要检查操作温度、压力、流量、液位等工艺指标是否正常；

着重检查容器法兰等部位有无泄漏，容器防腐层是否完好，有无变形、鼓包、腐蚀等缺陷和可疑迹象，容器及连接管道有无震动、磨损；检查安全阀、爆破片、压力表、液位计、紧急切断阀以及安全联锁、报警装置等安全附件是否齐全、完好、灵敏、可靠。

若容器在运行中发生故障，出现下列情况之一，操作人员应立即采取措施停止运行，并尽快向有关领导汇报。

① 容器的压力或壁温超过操作规程规定的最高允许值，采取措施后仍不能使压力或壁温降下来，并有继续恶化的趋势。

② 容器的主要承压元件产生裂纹、鼓包或泄漏等缺陷，危及容器安全。

③ 安全附件失灵、接管断裂、紧固件损坏，难以保证容器安全运行。

④ 发生火灾，直接影响容器的安全操作。

停止容器运行的操作，一般应切断进料，卸放容器内介质，使压力降下来。对于连续生产的容器，紧急停止运行前必须与前后有关工段做好联系工作。

2. 压力容器的维护保养

压力容器的维护保养工作一般包括防止腐蚀，消除"跑、冒、滴、漏"和做好停运期间的保养。

化工压力容器内部受工作介质的腐蚀，外部受大气、水或土壤的腐蚀。目前大多数容器采用防腐层来防止腐蚀，如金属涂层、无机涂层、有机涂层、金属内衬和搪玻璃等。检查和维护防腐层的完好，是防止容器腐蚀的关键。如果容器的防腐层自行脱落或受碰撞而损坏，腐蚀介质和材料直接接触，则很快会发生腐蚀。因此，在巡检时应及时清除积附在容器、管道及阀门上面的灰尘、油污和有腐蚀性的物质等，经常保持容器外表面的洁净和干燥。

生产设备的"跑、冒、滴、漏"不仅浪费化工原料和能源，污染环境，而且往往造成容器、管道、阀门和安全附件的腐蚀。因此要做好日常的维护保养和检修工作，正确选用连接方式、垫片材料、填料等，及时消除"跑、冒、滴、漏"现象，消除震动和摩擦，维护保养好压力容器及其安全附件。

另外，还要注意压力容器在停运期间的保养。容器停用时，要将内部的介质排空放净，尤其是腐蚀性介质，要经排放、置换或中和、清洗等技术处理。根据停运时间的长短以及设备和环境的具体情况，有的在容器内、外表面涂刷油漆等保护层；有的在容器内用专用器皿盛放吸潮剂。对停运容器要定期检查，及时更换失效的吸潮剂。发现油漆等保护层脱落时，应及时补上，使保护层保持完好无损。

六、破坏形式

1. 韧性破坏

韧性破坏是容器在压力作用下，器壁上产生的应力达到材料的强度极限而发生断裂的一种破坏形式。韧性破坏的主要特征是破裂容器具有明显的形状改变和较大的塑性变形。如最大圆周伸长率常达10%以上，容积增大率也往往高于10%，有的甚至达20%，断口呈暗灰色纤维状，无闪烁金属光泽，断口不平齐，呈撕裂状，而与主应力方向成45°角。这种破裂一般没有碎片或有少量碎片，容器的实际爆破压力接近计算爆破压力。

2. 脆性破坏

容器没有明显变形而突然发生破裂，根据破裂时的压力计算，器壁的应力也远远没有达到材料的强度极限，有的甚至还低于屈服极限，这种破裂现象和脆性材料的破坏很相似，称为脆性破坏。又因它是在较低的应力状态下发生的，故又叫低应力破坏。

脆性破坏的主要特征是破裂容器一般没有明显的伸长变形，而且大多裂成较多的碎片，常有碎片飞出。如将碎片组拼起来测量，其周长、容积和壁厚与爆炸前相比没有变化或变化很小。脆性破坏大多数在使用温度较低的情况下发生，而且往往在瞬间发生。其断口齐平并与主应力方向垂直，呈闪烁金属光泽的结晶状。

3. 疲劳破坏

容器在反复的加压过程中，壳体的材料长期受到交变载荷的作用，因此出现金属疲劳而产生的破坏形式称为疲劳破坏。

疲劳破坏的主要特征是破裂容器本体没有产生明显的整体塑性变形，但它又不像脆性破裂那样使整个容器脆断成许多碎片，而只是一般的开裂，使容器泄漏而失效。容器的疲劳破坏必须是在多次反复载荷以后，所以只有那些较频繁的间歇操作或操作压力大幅度波动的容器才有条件产生。

4. 腐蚀破坏

腐蚀破坏是指容器壳体由于受到介质的腐蚀而产生的一种破坏形式。钢的腐蚀破坏形式从它的破坏现象，可分为均匀腐蚀、点腐蚀、晶间腐蚀、应力腐蚀和疲劳腐蚀等。

（1）均匀腐蚀　均匀腐蚀会使容器壁厚逐渐减薄，易导致强度不足而发生破坏。化学腐蚀、电化学腐蚀和冲刷腐蚀是造成设备大面积均匀腐蚀的主要原因。

（2）点腐蚀　点腐蚀会使容器产生穿透孔而造成破坏；也会造成腐蚀处应力集中，在反复交变载荷作用下，成为疲劳破裂的始裂点，如果材料的塑性较差，或处在低温使用的情况下，可能产生脆性破坏。

（3）晶间腐蚀　晶间腐蚀是一种局部的、选择性的腐蚀破坏。这种腐蚀破坏沿金属晶粒的边缘进行，金属晶粒之间的结合力因腐蚀受到破坏，材料的强度及塑性几乎完全丧失，在很小的外力作用下即会损坏。这是一种危险性比较大的腐蚀破坏形式。因为它不在器壁表面留下腐蚀的宏观迹象，也不减小厚度尺寸，只是沿着金属的晶粒边缘进行腐蚀，使其强度及塑性大为降低，因而容易造成容器在使用过程中损坏。

（4）应力腐蚀　应力腐蚀又称腐蚀裂开，是金属在腐蚀性介质和拉伸应力的共同作用下而产生的一种破坏形式。

（5）疲劳腐蚀　疲劳腐蚀也称腐蚀疲劳，它是金属材料在腐蚀和应力的共同作用下引起的一种破坏形式，导致金属断裂而被破坏。与应力腐蚀不同的是，它是由交变的拉伸应力和介质对金属的腐蚀作用所引起的。

化工压力容器常见的介质对金属的腐蚀如下：

① 液氨对碳钢及低合金钢容器的应力腐蚀；

② 硫化氢对钢制压力容器的腐蚀；

③ 热碱液对钢制压力容器的腐蚀（俗称苛性脆化或碱脆）；

④ 一氧化碳对瓶的腐蚀；
⑤ 高温高压氢气对钢压力容器的腐蚀（俗称氢脆）；
⑥ 氯离子引起的不锈钢容器的应力腐蚀。

5. 蠕变破坏

蠕变破坏是指设计选材不当或运行中超温、局部过热而导致压力容器发生蠕变的一种破坏形式。

蠕变破坏的主要特征是具有明显的塑性变形，破坏总是发生在高温下，经历较长的时间，破坏时的应力一般低于材料在使用温度下的强度极限。此外，蠕变破坏后进行检验可以发现材料有晶粒长大，钢中碳化物分解为石墨，氮化物或合金组织球化等明显的金相组织变化。

【任务实践】

1. 试结合所学知识，对【案例引入】中事故的原因做详细分析。
2. 思考为避免压力容器发生爆炸，应该采取哪些措施？

任务二　气瓶安全这样做

【案例引入】

氧气瓶爆炸事故

事故基本情况：2017 年 9 月 29 日 15 时 30 分，江西省新余市某公司进行卸瓶作业时发生一起氧气瓶爆炸事故，造成 2 人当场死亡，1 人轻伤，直接经济损失约 230 万元。氧气瓶爆炸后照片见图 6-4。

图 6-4　氧气瓶爆炸后照片

事故简要过程：2017 年 9 月 29 日下午，驾驶员兼卸瓶员郭某华、押运员兼卸瓶员郭某建驾驶普通货物运输车辆，装载 60 瓶氧气送往该公司的拆迁工地。到达公司南大门后，由气瓶管理员王某骑着电动车领路,约15时30分,到达还原车间东大门卸瓶,突然气瓶发生爆炸。爆炸造成郭某华、郭某建当场死亡,王某受轻伤,小货车后门、侧门损坏严重,距离小货车10m远的还原车间东面墙上玻璃被震碎。

事故直接原因:该公司向一只瓶内沾有油脂的气瓶充装了氧气,郭某华和郭某建采取滚、滑方式卸瓶且未采取加垫橡胶垫等防撞击措施,气瓶产生撞击,发生爆炸。这是本起事故的直接原因和主要原因。

事故引起的思考:如何安全运输气瓶?

【任务目标】

1. 掌握气瓶的分类、颜色及安全附件的基本知识。
2. 了解气瓶检验的基本知识。
3. 熟悉导致气瓶安全事故的因素及其防止措施。

【知识准备】

一、分类

(一) 按瓶装介质分类

1. 压缩气体

压缩气体是指在-50℃时加压后完全是气态的气体,包括临界温度(T_c)低于或者等于-50℃的气体,也称永久气体,如氢、氧、氮、空气、天然气及氩、氦、氖、氪等。

2. 高(低)压液化气体

高(低)压液化气体是指在温度高于-50℃时加压后部分是液态的气体,包括临界温度在-50~65℃的气体的高压液化气体和临界温度高于65℃的低压液化气体。

高压液化气体有氙、乙烯、乙烷、二氧化碳、氧化亚氮、六氟化硫、氯化氢、三氟甲烷(R-23)、六氟乙烷(R-116)、氟乙烯等。低压液化气体有溴化氢、硫化氢、氨、丙烷、丙烯、异丁烯、1,3-丁二烯、环氧乙烷、液化石油气等。

3. 低温液化气体

低温液化气体是指在运输过程中由于深冷低温而部分呈液态的气体,临界温度一般低于或者等于-50℃,也称为深冷液化或冷冻液化气体。

4. 溶解气体

溶解气体是指在压力下溶解于溶剂中的气体,如乙炔。由于乙炔气体极不稳定,故必须把它溶解在溶剂(常见的为丙酮)中。气瓶内装满多孔性材料,以吸收溶剂。

5. 吸附气体

吸附气体是指在压力下吸附于吸附剂中的气体。

(二) 按制造方法分类

1. 钢制无缝气瓶

钢制无缝气瓶是以钢坯为原料，经冲压拉伸制造，或以无缝钢管为材料，经热旋压收口收底制造的钢瓶。瓶体材料为采用碱性平炉、电炉或吹氧碱性转炉冶炼的镇静钢，如优质碳钢、锰钢、铬钼钢或其他合金钢。这类气瓶用于盛装压缩气体和高压液化气体。

2. 钢制焊接气瓶

钢制焊接气瓶是以钢板为原料，经冲压卷焊制造的钢瓶。瓶体及受压元件材料为采用平炉、电炉或氧化转炉冶炼的镇静钢，要求有良好的冲压和焊接性能，这类气瓶用于盛装低压液化气体。

3. 缠绕玻璃纤维气瓶

缠绕玻璃纤维气瓶是以玻璃纤维加黏结剂缠绕或碳纤维制造的气瓶，一般有一个铝制内筒，其作用是保证气瓶的气密性，承压强度则依靠玻璃纤维缠绕的外筒。这类气瓶由于绝热性能好、重量轻，多用于盛装呼吸用压缩空气，供消防、毒区或缺氧区域作业人员随身背挎并配以面罩使用。一般容积较小（1～10L），充气压力多为15～30MPa。

(三) 按公称工作压力分类

高压气瓶是指公称工作压力大于或者等于10MPa的气瓶。低压气瓶是指公称工作压力小于10MPa的气瓶。

(四) 按公称容积分类

气瓶按照公称容积分为小容积、中容积和大容积气瓶。小容积气瓶是指公称容积小于或者等于12L的气瓶。中容积气瓶是指公称容积大于12L并且小于或者等于150L的气瓶。大容积气瓶是指公称容积大于150L的气瓶。

钢瓶公称容积和公积直径见表6-2。

表6-2 钢瓶公称容积和公称直径

公称容积 V_G/L	10	16	25	40	50	60	80	100	150	120	400	600	800	100
公称直径 DN/mm		200		250		300			400		600		800	

二、颜色

国家标准《气瓶颜色标志》（GB/T 7144—2016）对气瓶的颜色、字样和色环做了严格的规定。常见的颜色见表6-3。气瓶实物图见图6-5。

表 6-3 常见气瓶颜色标志

序号	气瓶名称	化学式	外表面颜色	字样	字样颜色	色环
1	氢	H_2	淡绿	氢	大红	$p=20MPa$，大红单环 $p \geqslant 30MPa$，大红双环
2	氧	O_2	淡蓝	氧	黑	$p=20MPa$，白色单环 $p \geqslant 30MPa$，白色双环
3	氨	NH_3	淡黄	液氨	黑	
4	氯	Cl_2	深绿	液氯	白	
5	空气	—	黑	空气	白	$p=20MPa$，白色单环 $p \geqslant 30MPa$，白色双环
6	氮	N_2	黑	液氮	白	
7	二氧化碳	CO_2	铝白	液化二氧化碳	黑	$p=20MPa$，黑色单环
8	乙烯	C_2H_4	棕	液化乙烯	淡黄	$p=15MPa$，白色单环 $p=20MPa$，白色双环
9	乙炔	C_2H_2	白	乙炔 不可近火	大红	

图 6-5 气瓶实物图

三、安全附件

(一) 安全泄压装置

气瓶的安全泄压装置，是为了防止气瓶在遇到火灾等高温环境时，瓶内气体受热膨胀而发生破裂爆炸。

气瓶常见的泄压附件有爆破片和易熔塞。

爆破片装在瓶阀上，其爆破压力略高于瓶内气体的最高温升压力。爆破片多用于高压气瓶，有的气瓶不装爆破片。《气瓶安全技术规程》（TSG 23—2021）对是否必须装设爆破片未做明确规定。气瓶装设爆破片有利有弊，一些国家的气瓶不采用爆破片这种安全泄压装置。

易熔塞（图 6-6）一般装在低压气瓶的瓶肩上，当周围环境温度超过气瓶的最高使用温度时，易熔塞的易熔合金熔化，瓶内气体排出，避免气瓶爆炸。

图 6-6 易熔塞实物图

(二) 其他附件（防震圈、瓶帽、瓶阀）

气瓶装有两个防震圈，是气瓶瓶体的保护装置。气瓶在充装、使用、搬运过程中，常常会因滚动、震动、碰撞而损伤瓶壁，以致发生脆性破坏。这是气瓶发生爆炸事故常见的一种直接原因。

瓶帽是瓶阀的防护装置，它可避免气瓶在搬运过程中因碰撞而损坏瓶阀，保护出气口螺纹不被损坏，防止灰尘、水分或油脂等杂物落入阀内。气瓶瓶帽实物图见图6-7。

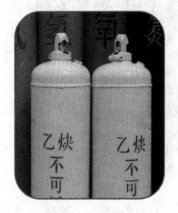

(a) 乙炔瓶帽

(b) 丙烷瓶帽

图 6-7 气瓶瓶帽实物图

瓶阀是控制气体出入的装置，一般是用黄铜或钢制造。充装可燃气体的钢瓶的瓶阀，其出气口螺纹为左旋；盛装助燃气体的气瓶的瓶阀，其出气口螺纹为右旋。瓶阀的这种结构可有效地防止可燃气体与非可燃气体的错装。气瓶瓶阀实物图见图 6-8。

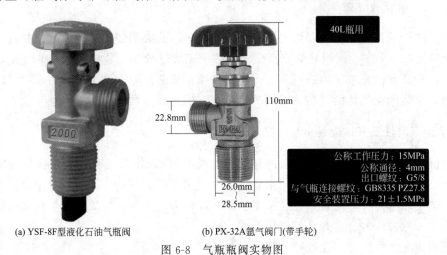

(a) YSF-8F型液化石油气瓶阀　　(b) PX-32A氩气阀门(带手轮)

图 6-8　气瓶瓶阀实物图

四、检验

气瓶的定期检验，应由取得检验资格的专门单位负责进行。未取得资格的单位和个人，不得从事气瓶的定期检验相关工作。

各类气瓶的检验周期，不得超过下列规定：

① 盛装腐蚀性气体的气瓶、潜水气瓶以及常与海水接触的气瓶，每 2 年检验一次；

② 盛装一般性气体的气瓶，每 3 年检验一次；

③ 盛装惰性气体的气瓶，每 5 年检验一次；

④ 液化石油气钢瓶，对在用的 YSP118 和 YSP118-Ⅱ型钢瓶，自钢瓶钢印所示的制造日期起，每 3 年检验一次；其余型号的钢瓶自制造日期起至第 3 次检验的检验周期均为 4 年，第 3 次检验的有效期为 3 年；

⑤ 低温绝热气瓶，每 3 年检验一次；

⑥ 车用液化石油气钢瓶每 5 年检验一次，车用压缩天然气钢瓶，每 3 年检验一次。

气瓶在使用过程中，发现有严重腐蚀、损伤或对其安全可靠性有怀疑时，应提前进行检验。库存和使用时间超过一个检验周期的气瓶，启用前应进行检验。

气瓶检验单位，对要检验的气瓶，逐只进行检验，并按规定出具检验报告。未经检验和检验不合格的气瓶不得使用。

五、管理

（一）充装安全

为了保证气瓶在使用或充装过程中不因环境温度升高而处于超压状态，必须对气瓶的充装量严格控制。确定压缩气体及高压液化气体气瓶的充装量时，要求瓶内气体在最高使用温度（60℃）下的压力，不超过气瓶的最高许用压力。对低压液化气体气瓶，则要求瓶内液体在最高使用温度下，不会膨胀至瓶内满液，即要求瓶内始终保留有一定气相空间。

1. 防止气瓶充装过量

气瓶充装过量是气瓶破裂爆炸的常见原因之一。因此必须加强管理，严格执行《气瓶安全技术规程》（TSG 23—2021）的安全要求，防止充装过量。充装压缩气体的气瓶，要按不同温度下的最高允许充装压力进行充装，防止气瓶在最高使用温度下的压力超过气瓶的最高许用压力。充装液化气体的气瓶，必须严格按规定的充装系数充装，不得超量。

2. 防止不同性质气体混装

气体混装是指在同一气瓶内灌装两种气体（或液体）。如果这两种介质在瓶内发生化学反应，将会造成气瓶爆炸事故。如原来装过可燃气体（如氢气等）的气瓶，未经置换、清洗等处理，甚至瓶内还有一定量余气，又灌装氧气，结果瓶内氢气与氧气发生化学反应，产生大量反应热，瓶内压力急剧升高，气瓶爆炸，酿成严重事故。

属下列情况之一的，应先进行处理，否则严禁充装。

① 钢印标记、颜色标记不符合规定及无法判定瓶内气体的；
② 附件不全、损坏或不符合规定的；
③ 瓶内无剩余压力的；
④ 超过检验期的；
⑤ 外观检查存在明显损伤，需进一步进行检查的；
⑥ 氧化或强氧化性气体气瓶沾有油脂的；
⑦ 易燃气体气瓶的首次充装，事先未经置换和抽空的。

（二）贮存安全

贮存气瓶时，应遵守下列《气瓶安全技术规程》（TSG 23—2021）规定的安全要求：

① 应置于专用仓库贮存，气瓶仓库应符合《建筑设计防火规范（2018 版）》（GB 50016—2014）的有关规定。
② 仓库内不得有地沟、暗道，严禁明火和其他热源，仓库内应通风、干燥、避免阳光直射。
③ 盛装易发生聚合反应或分解反应气体的气瓶，必须根据气体的性质控制仓库内的最高温度、规定贮存期限，并应避开放射线源。
④ 空瓶与实瓶应分开放置，并有明显标志。装有毒性气体的气瓶应分室存放，瓶内气体相互接触能引起燃烧、爆炸或能产生毒物的气瓶也应分室存放，并在附近设置防毒用具或灭火器材。
⑤ 气瓶放置应整齐，配好瓶帽。立放时，要妥善固定；横放时，头部朝同一方向。

此外，还应注意以下问题：

① 气瓶的贮存应由专人负责管理。管理人员、操作人员、消防人员应经安全技术培训，了解气瓶、气体的安全知识。
② 氧气瓶与液化石油气瓶，乙炔瓶与氧气瓶、氢气瓶不能同储一室。
③ 气瓶专用仓库（贮存间）应符合《建筑设计防火规范（2018 版）》（GB 50016—2014）的要求，应采用二级以上防火建筑。与明火或其他建筑物应有符合规定的安全距离。易燃、易爆、有毒、腐蚀性气体气瓶库的安全距离不得小于 15m。
④ 气瓶专用仓库要有便于装卸、运输的设施。库内不得有暖气、水、燃气等管道通过，

也不准有地下管道。照明灯具等电气设备应是防爆的。

⑤ 地下室或半地下室不能贮存气瓶。

⑥ 瓶库有明显的"禁止烟火""当心爆炸"等各类必要的安全标志。

⑦ 瓶库应有运输和消防通道,设置消防栓和消防水池。在固定地点备有专用灭火器、灭火工具和防毒用具。

⑧ 贮存的气瓶要固定牢靠,要留有通道。贮存数量、号位的标志要明显。

⑨ 实瓶一般应立放贮存。卧放时,应防止滚动。

⑩ 实瓶的贮存数量应有限制,在满足当天使用量和周转量的情况下,应尽量减少贮存量。

⑪ 瓶库账目清楚,数量准确,按时盘点,账物相符。

⑫ 建立并执行气瓶进出库制度。

(三) 使用安全

使用气瓶应遵守下列《气瓶安全技术规程》(TSG 23—2021) 的规定:

① 采购和使用有制造许可证的企业的合格产品,不使用超期未检的气瓶。

② 使用者必须到已办理充装注册的单位或经销注册的单位购气。

③ 气瓶使用前应进行安全状况检查,对盛装气体进行确认,不符合安全技术要求的气瓶严禁入库和使用;使用时必须严格按照使用说明书的要求使用气瓶。

④ 气瓶的放置地点,不得靠近热源和明火,应保证气瓶瓶体干燥。盛装易发生聚合反应或分解反应的气体的气瓶,应避开放射源。

⑤ 气瓶立放时,应采取防止倾倒的措施。

⑥ 夏季应防止暴晒。

⑦ 严禁敲击、碰撞。

⑧ 严禁在气瓶上进行电焊引弧。

⑨ 严禁用温度超过 40℃ 的热源对气瓶加热。

⑩ 瓶内气体不得用尽,必须留有剩余压力或重量,永久气体气瓶的剩余压力应不小于 0.05MPa;液化气体气瓶应留有不少于 0.5%～1.0% 规定充装量的剩余气体。

⑪ 在可能造成回流的使用场合,使用设备上必须配置防止倒灌的装置,如单向阀、止回阀、缓冲罐等。

⑫ 液化石油气瓶用户及经销者,严禁将气瓶内的气体向其他气瓶倒装,严禁自行处理气瓶内的残液。

⑬ 气瓶投入使用后,不得对瓶体进行挖补、焊接修理。

⑭ 严禁擅自更改气瓶的钢印和颜色标识。

使用过程中,还应注意以下问题:

① 使用气瓶者应学习气体与气瓶的安全技术知识,在技术熟练人员的指导监督下进行操作练习,合格后才能独立使用。

② 使用前应对气瓶进行检查,如发现气瓶颜色、钢印等辨别不清,检验超期,气瓶损伤(变形、划伤、腐蚀),气体质量与标准规定不符等现象,应拒绝使用并做妥善处理。

③ 按照规定,正确、可靠地连接调压器、回火防止器、输气设备、橡胶软管、缓冲器、汽化器、焊割炬等,检查、确认没有漏气现象。连接上述器具前,应微开瓶阀吹出瓶阀出口的灰尘、杂物。

④ 气瓶使用时，一般应立放（乙炔瓶严禁卧放使用），不得靠近热源。与明火、装有可燃气体和助燃气体气瓶之间的距离不得小于 10m。

⑤ 使用易发生聚合反应的气体的气瓶，应远离射线、电磁波、振动源。

⑥ 防止日光暴晒、雨淋、水浸。

⑦ 移动气瓶应手搬瓶肩转动瓶底，移动距离较远时可用轻便小车运送，严禁抛、滚、滑、翻和肩扛、脚踹。

⑧ 禁止用气瓶作支架和铁砧。

⑨ 注意操作顺序。开启瓶阀应轻缓，操作者应站在阀出口的侧后方；关闭瓶阀应轻而严，不能用力过大，避免关得太紧、太死。

⑩ 瓶阀冻结时，不准用火烤。可把瓶移入室内或温度较高的地方，也可用 40℃ 以下的温水浇淋解冻。

⑪ 注意保持气瓶及附件清洁、干燥，禁止沾染油脂、腐蚀性介质、灰尘等。

⑫ 保护瓶外油漆防护层，既可防止瓶体腐蚀，也可便于识别标记，可以防止误用和混装。瓶帽、防震圈、瓶阀等附件都要妥善维护、合理使用。

⑬ 气瓶使用完毕，要送回瓶库或妥善保管。

【任务实践】

1. 试结合所学知识，对【案例引入】中事故的原因做详细分析。
2. 思考为避免气瓶发生爆炸，应该采取哪些措施？

任务三　压力管道安全这样做

【案例引入】

"10·21" 较大压力管道泄漏火灾事故

事故基本情况：2013 年 10 月 21 日 8 时 40 分左右，山东省东营市某公司公用工程管廊发生压力管道导热油泄漏火灾事故，造成 4 人死亡、1 人受伤，直接经济损失 408 万元。

事故简要过程：2013 年 10 月 21 日 8 时 40 分许，该公司安全部姜某在安全生产巡查时，发现 19 车间西侧公用工程管廊处有大量类似水蒸气的白色气体散发，边报告边赶赴现场查看，发现事故导热油压力管道支线破裂，高温导热油泄漏。8 时 40 分许，在 19 车间厂房内，有 3 人在工作岗位。其中：带班班长杨某例行安全巡查至装置二层平台，李某、赵某在三层平台从事刷漆作业；四层平台上有施工队长黄某等共 5 名施工人员正从事热风管保温作业。带班班长杨某在巡查到二层平台时，发现大量类似水蒸气的白色气体，由车间西墙的窗户进入车间，杨某立即在二层平台的扶梯口（车间局部高处）大声通知在本车间三层平台刷漆的李某、赵某 2 人及在四层平台（车间局部最高处）上的黄某等 5 名施工人员疏散。8 时 42 分，该公司董事长助理王某（分管生产）及安全部部长奚某接到报告后赶到现场组织人员疏散、处置。泄漏的高温导热油喷到 19 车间厂房西墙窗户玻璃，窗户玻璃破碎，高温导热油喷进厂房内包装箱暂存间、包装工段；在厂房外，高温导热油已经漫及管廊及管廊西侧的公路、地沟。8 时 43 分，王某通知锅炉主管邵某按照紧急停炉预案进行处置，邵某及操作工康某、陈某、张某等人按照规定要求停炉、关闭导热油压力管道阀门，停止向事故管道供油。8 时 45 分，泄漏的高温导热油引燃地面瓦楞纸箱等可燃物，导热油、瓦楞纸箱、维生素 B_2 成品料等可燃物品剧烈燃烧，产生大量高温烟雾，顺厂房局部高处形成烟囱效应，迅速扩散。杨某、李某、赵某等 3 人于起火前疏散至厂房外，某防腐保温工程有限公司的黄某等 5 人被困在四层平台，现场人员边灭火边组织人员调动吊车等设备，多方式进行救援。9 时 20 分，火灾被成功扑灭，当场造成施工队长黄某等 3 人死亡、2 名施工队员受伤；2 名受伤人员中 1 人经医治无效于次日死亡。

事故直接原因： 事故企业违规违法扩建、使用压力管道，事故管道接头处存有严重的未焊透缺陷，停工时违章未关闭入口阀门导致管线破裂，致使高温导热油泄漏，炸裂 19 车间西墙玻璃窗，导热油由窗口进入室内，引燃地面瓦楞纸箱等可燃物引发火灾。

事故引起的思考： 如何防止压力管道爆炸？

【任务目标】

1. 掌握压力管道的分类及安全装置的基本知识。
2. 熟悉导致压力管道安全事故的因素及其防止措施。

【知识准备】

一、分类

根据《压力管道安全技术监察规程》规定，压力管道分为：GA 类（长输管道）、GB 类（公用管道）、GC 类（工业管道）、GD 类（动力管道）。

（一）GA 类（长输管道）

长输（油气）管道是指产地、贮存库、使用单位之间的用于输送商品介质的管道，划分为 GA1 级和 GA2 级。

符合下列条件之一的长输管道为 GA1 级：

① 输送有毒、可燃、易爆气体介质，最高工作压力 $p \geq 4.0\text{MPa}$ 的长输管道；

② 输送有毒、可燃、易爆液体介质，最高工作压力 $p \geq 6.4\text{MPa}$，并且输送距离（指产地、贮存地、用户间的用于输送商品介质管道的长度）$\geq 200\text{km}$ 的长输管道。

GA1 级以外的长输（油气）管道为 GA2 级。

（二）GB 类（公用管道）

公用管道是指城市或乡镇范围内的用于公用事业或民用的燃气管道和热力管道，划分为

GB1级和GB2级。

① GB1级：城镇燃气管道。

② GB2级：城镇热力管道。

（三）GC类（工业管道）

工业管道是指企业、事业单位所属的用于输送工艺管道、公用工程管道及其他辅助管道，划分为GC1级、GC2级、GC3级。

符合下列条件之一的工业管道为GC1级：

① 输送《职业性接触毒物危害程度分级》（GBZ 230—2010）中规定的毒性程度为极度危害介质、高度危害气体介质和工作温度高于标准沸点的高度危害液体介质的管道。

② 输送《石油化工企业设计防火规范(2018版)》及《建筑设计防火规范（2018版）》中规定的火灾危险性为甲、乙类可燃气体或甲类可燃液体（包括液化烃），并且设计压力 $p \geqslant 4.0$MPa 的管道。

③ 输送流体介质并且设计压力 $p \geqslant 10.0$MPa，或者设计压力 $p \geqslant 4.0$MPa，并且设计温度 $\geqslant 400$℃的管道。

除以下规定的GC3级管道和介质毒性危害程度、火灾危险性（可燃性）、设计压力和设计温度小于以上GC1级规定外的其他管道为GC2级。

输送无毒、非可燃流体介质，设计压力 $p \leqslant 1.0$MPa，并且设计温度 > -20℃但是 <185℃的管道为GC3级。

（四）GD类（动力管道）

火力发电厂用于输送蒸汽、汽水两相介质的管道，划分为GD1级、GD2级。

GD1级为设计压力 $p \geqslant 6.3$MPa，或者设计温度 $\geqslant 400$℃的管道。GD2级为设计压力 $p < 6.3$MPa，或者设计温度 <400℃的管道。

二、安全装置

在生产过程中，为避免管道内介质的压力超过允许的操作压力而造成灾害性事故的发生，一般利用泄压装置来及时排放管道内的介质，使管道内介质的压力迅速下降。管道中采用的安全泄压装置主要有安全阀、爆破片、视镜、阻火器，或在管道上加安全水封和安全放空管。

1. 安全阀

安全阀作为超压保护装置，其功能是：当管道压力升高至超过允许值时，阀门开启全量排放，以防止管道压力继续升高，当压力降低到规定值时，阀门及时关闭，以保护设备和管路的安全运行。

压力管道中常用的安全阀有弹簧式安全阀和隔离式安全阀。弹簧式安全阀可分为封闭式弹簧安全阀、非封闭式弹簧安全阀、带扳手的弹簧式安全阀。隔离式安全阀是在安全阀入口串联爆破片的装置。在采用隔离式安全阀时，对爆破片有一定的要求，首先要求爆破过程不得产生任何碎片，以免损伤安全阀，或影响安全阀的开启与回座的性能；其次是要求爆破片抗疲劳和承受背压的能力强等。

2. 爆破片

爆破片的功能是当压力管道中的介质压力大于爆破片的设计承受压力时,爆破片破裂,介质释放,压力迅速下降,从而起到保护主体设备和压力管道的作用。

爆破片的品种规格很多,有反拱带槽型、反拱带刀型、反拱脱落型、正拱开缝型、普通正拱形,应根据操作要求允许的介质压力、介质的相态、管径的大小等来选择合适的爆破片。有的爆破片最好与安全阀串联,如反拱带刀型爆破片;有的爆破片不能与安全阀串联,如普通正拱形爆破片。从爆破片的发展趋势看,带槽型爆破片的性能在各方面均优于其他类型,尤其是反拱带槽型爆破片,具有抗疲劳能力强、耐背压、允许工作压力高和动作响应时间短等优点。

3. 视镜

视镜多用在排液或受槽前的回流水、冷却水等液体管路上,以观察液体流动情况。常用的视镜有钢制视镜、不锈钢视镜、铝制视镜、硬聚氯乙烯视镜、耐酸酚醛塑料视镜、玻璃管视镜等。

视镜是根据输送介质的化学性质、物理状态及工艺对视镜功能的要求来选用的。视镜的材料基本上和管材料相同。如碳钢管采用钢制视镜,不锈钢管采用不锈钢视镜,硬聚氯乙烯管采用硬聚氯乙烯视镜,需要变径的可采用异径视镜,需要多面窥视的可采用双面视镜,需要它代替三通功能的可选用三通视镜。一般视镜的操作压力≤ 0.25MPa。钢制视镜,操作压力≤ 0.6MPa。

4. 阻火器

阻火器是一种防止火焰蔓延的安全装置,通常安装在易燃易爆气体管路上。当某一段管道发生事故时,不至于影响另一段的管道和设备。某些易燃易爆的气体如乙炔气,充灌瓶与压缩机之间的管道,要求设3个阻火器。

阻火器的种类较多,主要有碳素钢壳体镀锌铁丝网阻火器、不锈钢壳体不锈钢丝网阻火器、钢制砾石阻火器、碳钢壳体铜丝网阻火器、波形散热片式阻火器、铸铝壳体铜丝网阻火器等。

阻火器的选用应满足以下要求:
① 阻火器的壳体要能承受介质的压力和允许的温度,还要能耐介质的腐蚀;
② 填料要有一定强度,且不能和介质起化学反应;
③ 根据介质的化学性质、温度、压力来选用合适的阻火器。

一般介质,使用压力≤ 1.0MPa,温度$< 80℃$时均采用碳钢镀锌铁丝网阻火器。特殊的介质如乙炔气管道,要采用特殊的阻火器。

5. 其他安全装置

压力管道的安全装置还有压力表、安全水封及安全放空管等。压力表的作用主要是显示压力管道内的压力大小。安全水封既能起到安全微压的作用,还能在发生火灾事故时阻止火势蔓延。放空管主要起到安全泄压的作用。

三、管理

压力管道使用单位负责本单位的压力管道安全管理工作,并应履行以下职责:

① 贯彻执行有关安全法律、法规和压力管道的技术规程、标准,建立、健全本单位的压力管道安全管理制度。

② 配备专职或兼职专业技术人员负责压力管道安全管理工作。

③ 确保压力管道及其安全设施符合国家的有关规定;对于新建、改建、扩建的压力管道及其安全设施不符合国家有关规定时,应拒绝验收。

④ 建立压力管道技术档案,并到企业所在地的主管部门办理登记手续。

⑤ 对压力管道操作人员和压力管道检查维护人员进行安全技术培训;经考试合格后,才能上岗。

⑥ 制订并实施压力管道定期检验计划,安排附属仪器仪表、安全保护装置、测量调控装置的定期校验和检修工作。

⑦ 对事故隐患及时采取措施进行整改,重大事故隐患应以书面形式报告省级以上安全主管部门和省级以上行政主管部门。

⑧ 对输送可燃、易爆或有毒介质的压力管道建立巡线检查制度,制订应急措施和救援方案,根据需要建立抢险队伍,并定期演练。

⑨ 按有关规定及时如实向主管部门和当地劳动行政部门报告压力管道事故,并协助做好事故调查和善后处理,认真总结经验教训,防止事故的发生。

⑩ 压力管道管理人员、检查人员和操作人员应严格遵守有关安全法律、法规、技术规程、标准和企业的安全生产制度。

在压力管道的日常安全管理过程中,加强对压力管道的维护保养至关重要。主要内容包括:

① 经常检查压力管道的防腐措施,保证其完好无损,保持管道表面的光洁,从而减少各种腐蚀;

② 阀门的操作机构要经常除锈上油,并配置保护塑料套管,定期进行活动,确保其开关灵活;

③ 安全阀、压力表要经常擦拭,确保其灵活、准确,并按时进行检查和校验;

④ 定期检查紧固螺栓完好状况,做到齐全、不锈蚀、丝扣完整、连接可靠;

⑤ 压力管道因外界因素产生较大震动时,应采取隔断震源、加强支撑等减震措施;

⑥ 静电跨接、接地装置要保持良好完整,及时消除缺陷;

⑦ 停用的压力管道应排出内部的腐蚀性介质,并进行置换、清洗和干燥,必要时做惰性气体保护,外表面应涂刷防腐油漆,防止环境因素腐蚀;

⑧ 禁止将管道及支架作为电焊的零线和起重作业的支点;

⑨ 及时消除"跑、冒、滴、漏"现象;

⑩ 管道的底部和弯曲处是系统的薄弱环节,这些地方最易发生腐蚀和磨损,因此必须经常对这些部位进行检查,以便及时发现问题、及时进行修理或更换。

【任务实践】

1. 试结合所学知识，对【案例引入】中压力管道火灾的原因做详细分析。
2. 思考为避免压力管道发生安全事故，应该采取哪些措施？

―――――――― 知识巩固 ――――――――

一、不定项选择题

1. 反应容器的代号是（　　）。
   A. R　　　　B. E　　　　C. S　　　　D. C
2. 下列属于压力容器破坏形式的有（　　）。
   A. 韧性破坏　B. 脆性破坏　C. 疲劳破坏　D. 腐蚀破坏　E. 蠕变破坏
3. 氧气气瓶的颜色是（　　）。
   A. 淡绿色　　B. 淡蓝色　　C. 黑色　　　D. 白色
4. 下列属于压力管道事故主要原因的有（　　）。
   A. 设计原因　B. 制造原因　C. 安装原因　D. 管理不善　E. 管道腐蚀
5. 管道中采用的安全泄压装置主要有（　　）。
   A. 安全阀　　B. 爆破片　　C. 视镜　　　D. 阻火器

二、判断题

1. 不同性质的气体可以混装在一个气瓶里。（　　）
2. 气瓶充装过量是气瓶破裂爆炸的常见原因之一。（　　）
3. 盛装有腐蚀性气体的钢瓶，每5年检验一次。（　　）
4. 在采用隔离式安全阀时，对爆破片没有要求。（　　）
5. 设计压力在 $0.1\text{MPa} \leqslant p < 1.6\text{MPa}$ 的容器属于中压压力容器。（　　）

三、简答题

1. 压力容器如何分类？
2. 压力容器的安全附件有哪些？它们的作用是什么？
3. 气瓶应该如何正确使用？
4. 压力管道的安全附件有哪些？它们的作用是什么？
5. 一旦发生压力管道事故，应采取哪些措施？

项目七

探索电气安全与静电防护技术

任务一 探寻电气安全技术措施

【案例引入】

天津某公司"4·19"触电事故

事故基本情况: 2017年4月19日,天津某公司110kV变电站例行检修工作结束后,变电站值班人员恢复送电倒闸操作过程中,发生一起触电事故,造成1人死亡。

事故简要过程: 4月19日,该公司所属检修分公司负责对新世纪110kV变电站的1号站用变、2013开关和3015开关进行检修。正值班员张某华、副值班员张某某按照当天检修计划检修完成1号站用变和3013开关后,进行3015开关检修。

10:44,完成3015开关检修工作,办理完工作终结手续后,检修人员离开检修现场。

10:54,值班员张某华接到电力调度命令进行"新中联线3015开关由检修转运行"操作。

11:00,张某华与张某某在高压室完成新中联3015-1刀闸和3015-2刀闸的合闸操作,俩人回到主控室后,发现后台计算机监控系统显示3015-2刀闸仍处于分闸状态,初步判断为刀闸没有完全处于合闸状态。两人再次来到3015开关柜前,用力将3015-2刀闸手柄向上推动。

11:03,张某华左手向左搬动开关柜柜门闭锁手柄,右手用力将开关柜柜门打开,观察柜内设备。

11:06,张某华身体探入已带电的3015开关柜内进行观察,柜内6kV带电体对身体放电,引发弧光短路,造成全身瞬间起火燃烧,当场死亡。

事故直接原因: ①本地信号传输系统异常,刀闸位置信号显示有误;②超出岗位职责,违章进行故障处理;③3015开关柜型号老旧,闭锁机构磨损,防护性能下降;④现场管理存在欠缺,检修工作组织协调有漏洞;⑤安全教育不到位,员工安全意识淡薄。

事故引起的思考：如何正确进行电气操作？电气安全的防范措施有哪些？

【任务目标】

1. 了解电气安全基本知识。
2. 掌握电气安全操作注意事项。
3. 掌握电气安全的防护措施。
4. 掌握触电急救的方式方法。

【知识准备】

一、概述

（一）电流对人体的伤害

当人体接触带电体时，电流会对人体造成程度不同的伤害，即发生触电事故。触电事故可分为电击和电伤两种类型。

1. 电击

电击是指电流通过人体时所造成的身体内部伤害，它会破坏人的心脏、呼吸及神经系统的正常工作，使人出现痉挛、窒息、心颤、心脏骤停等症状，甚至危及生命。在低压系统通电电流不大、通电时间不长的情况下，电流引起人体的心室颤动是电击致死的主要原因。在通电电流较小但通电时间较长的情况下，电流会造成人体窒息而导致死亡。

绝大部分触电死亡事故是由电击造成的。通常所说的触电事故是指电击事故。电击后通常会留下较明显的特征：电标、电纹、电流斑。电标是指在电流出入口处所产生的炭化标记；电纹是指电流通过皮肤表面，在其出入口间产生的树枝状不规则发红线条；电流斑是指电流在皮肤出入口处所产生的大小溃疡。

电击又可分为直接电击和间接电击。直接电击是指人体直接接触正常运行的带电体所发生的电击；间接电击则是指电气设备发生故障后，人体触及意外带电部位所发生的电击。故直接电击也称为正常情况下的电击，间接电击也称为故障情况下的电击。

直接电击多数发生在误触相线、闸刀或其他设备带电部分。间接电击大多发生在以下几种情况：大风刮断架空线或接户线，搭落在金属物或广播线上，相线和电杆拉线搭连；电动机等用电设备的线圈绝缘损坏而引起外壳带电等情况。在触电事故中，直接电击和间接电击都占有相当比例，因此采取安全措施时要全面考虑。

2. 电伤

电伤是指由电流的热效应、化学效应或机械效应对人体造成的伤害。电伤可伤及人体内部，但多见于人体表面，且常会在人体上留下伤痕。电伤可分为以下几种情况。

（1）电弧烧伤　又称为电灼伤，是电伤中最常见也是最严重的一种，多由电流的热效应引起，但与一般的水、火烫伤性质不同，具体症状是皮肤发红、起泡，甚至皮肉组织破坏或被烧焦。通常发生在低压系统带负荷拉开裸露的闸刀开关时,线路发生短路或误操作时,开启式熔断器熔断导致炽热的金属微粒飞溅出来时,也发生在高压系统因误操作产生强烈电弧时(可导致严重烧伤)或人体过分接近带电体(间距小于安全距离或放电距离)而产生强烈电弧时(可造成严重烧伤而致死)。

(2) 电烙印 是指电流通过人体后,在接触部位留下的斑痕。斑痕处皮肤变硬,失去原有弹性和色泽,表层坏死,失去知觉。

(3) 皮肤金属化 是指由于电流或电弧作用产生的金属微粒渗入了人体皮肤造成的,受伤部位变得粗糙坚硬并呈特殊颜色(多为青黑色或褐红色)。需要说明的是,皮肤金属化多在弧光放电时发生,而且一般伤在人体的裸露部位,与电弧烧伤相比,皮肤金属化并不是主要伤害。

(4) 电光眼 表现为角膜炎或结膜炎。在弧光放电时,紫外线、可见光、红外线均可能损伤眼睛。对于短暂的照射,紫外线是引起电光眼的主要原因。

(二) 影响触电伤害程度的因素

触电所造成的各种伤害,都是由电流对人体的作用而引起的。它是指电流通过人体内时,对人体造成的种种有害作用。如电流通过人体时,会引起针刺感、压迫感、打击感,出现痉挛、疼痛、血压升高、心律不齐、昏迷,甚至心室颤动等症状。

影响触电后果的因素主要包括:通过人体的电流大小、通电时间与电流途径、电流的频率高低、人体的健康状况等。其中,通过人体的电流大小和通电时间的长短对人体的影响最大。

(1) 伤害程度与电流大小的关系 通过人体的电流越大,人体的生理反应越明显,感觉越强烈,引起心室颤动所需的时间越短,致命的危险性就越大。对于常用的工频交流电,按照通过人体的电流大小,将会呈现出不同的人体生理反应,详见表 7-1。

表 7-1 工频电流引起的人体生理反应

电流范围/mA	通电时间	人体生理反应
0~0.5	连续通电	没有感觉
0.5~5	连续通电	开始有感觉,手指、手腕等处有痛感,没有痉挛,可以摆脱带电体
5~30	数分钟以内	痉挛,不能摆脱带电体,呼吸困难,血压升高,是可以忍受的极限
30~50	数秒钟到数分钟	心脏跳动不规则,昏迷,血压升高,强烈痉挛,时间过长可引起心室颤动
50~数百	低于心脏搏动周期	受强烈冲击,但未发生心室颤动
	超过心脏搏动周期	昏迷,心室颤动,接触部位留有电流通过的痕迹
超过数百	低于心脏搏动周期	在心脏搏动周期特定相位触电时,发生心室颤动,昏迷,接触部位留有电流通过的痕迹
	超过心脏搏动周期	心脏停止跳动,昏迷,可能产生致命的电灼伤

(2) 伤害程度与通电时间的关系 引起心室颤动的电流与通电时间的长短有关。显然,通电时间越长,越容易引起心室颤动,触电的危险性也就越大。

(3) 伤害程度与电流途径的关系 人体受伤害程度主要取决于通过心脏、肺及中枢神经的电流大小。电流通过大脑会立即引起死亡,这是最危险的,但这种触电事故极为罕见。绝大多数场合是由于电流刺激心脏引起心室纤维颤动致死。因此大多数情况下,触电的危险程度取决于通过心脏的电流大小。

(4) 伤害程度与电流频率高低的关系　触电的伤害程度还与电流的频率高低有关。直流电由于不交变，其频率为零。而工频交流电则为50Hz。由实验可知，频率为30～300Hz的交流电最易引起人体心室颤动。工频交流电正处于这一频率范围，故触电时最危险。

(三) 人体电阻和人体允许电流

当电压一定时，人体电阻越小，通过人体的电流就越大，触电的危险性也就越大。电流通过人体的具体路径为：皮肤→血液→皮肤。

人体电阻包括内部组织电阻（简称体内电阻）和皮肤电阻两部分。体内电阻较稳定，一般不低于500Ω。皮肤电阻主要由角质层（厚约0.05～0.2mm）决定。角质层越厚，电阻就越大，角质层电阻为1000～1500Ω。因此人体电阻一般为1500～2000Ω（保险起见，通常取为800～1000Ω）。如果角质层有损坏，则人体电阻将大为降低。

影响人体电阻的因素很多。除皮肤厚薄外，皮肤潮湿、多汗、有损伤、带有导电粉尘等都会降低人体电阻。清洁、干燥、完好的皮肤电阻值就较高，接触面积加大、通电时间加长、发热出汗会降低人体电阻；接触电压增高，会击穿角质层并增加机体电解，也可导致人体电阻降低。人体电阻值也与电流频率有关，一般随频率的增大有所降低。此外，人体与带电体的接触面积增大、压力加大，电阻就减小，触电的危险性也就增大。

人体允许电流可由实验测得。在摆脱电流范围内，人被电击后一般能自主地摆脱带电体，从而摆脱触电危险，因此，通常把摆脱电流看作人体允许电流。如前所述，成年男性的允许电流约为16mA；成年女性的允许电流约为10mA。在线路及设备装有防止触电的电流速断保护装置时，人体允许电流可按30mA考虑；在空中、水面等可能因电击导致坠落、溺水的场合，则应按不引起痉挛的5mA考虑。

发生人手接触带电导线的触电情况时，常会出现紧握导线丢不开的现象。这并不是因为电有吸力，而是由于电流的刺激作用，该部分机体发生了痉挛、肌肉收缩，是电流通过人手时所产生的生理作用引起的。显然，这就增大了摆脱电源的困难，从而也就会加重触电的后果。

(四) 触电事故的规律及其发生原因

触电事故的发生往往比较突然，且常常是在极短的时间内就可能造成严重后果。但触电事故也有一定的规律，掌握这些规律并找出触电原因，才能适时而高效地实施相关的安全技术措施，从而防止触电事故的发生，保证安全生产。

根据对触电事故的分析，从触电事故的发生频率上看，可发现以下规律：

(1) 有明显的季节性　一般每年以二、三季度事故较多，其中6～9月最集中。主要是因为这段时间天气炎热、人体衣着单薄且易出汗，触电危险性较大；还因为这段时间多雨、潮湿，电气设备绝缘性能降低；操作人员常因气温高而不穿戴工作服和绝缘护具。

(2) 低压设备触电事故多　国内外统计资料均表明，低压触电事故远高于高压触电事故。主要是因为低压设备远多于高压设备，与人接触的机会多。对于低压设备重视程度不够，与之接触的人员缺乏电气安全知识。因此应把防止触电事故的重点放在低压用电方面。但对于专业电气操作人员，往往有相反的情况，即高压触电事故多于低压触电事故，特别是在低压系统推广了漏电保护器之后，低压触电事故大为降低。

(3) 携带式和移动式设备触电事故多　主要是这些设备因经常移动，工作条件较差，容易发生故障，而且经常在操作人员紧握之下工作。

（4）电气连接部位触电事故多　大量统计资料表明，电气事故多数发生在分支线、接户线、地爬线、接线端、压线头、焊接头、电线接头、电缆头、灯座、插头、插座、控制器、开关、接触器、熔断器等处。主要是由于这些连接部位机械牢固性较差，电气可靠性也较低，容易出现故障。

（5）单相触电事故多　据统计，在各类触电方式中，单相触电占触电事故的70%以上，所以应重点考虑单相触电的危险。

（6）事故多由两个以上原因构成　统计表明，90%以上的事故是由于两个以上原因引起的。构成事故的原因主要包括缺乏电气安全知识、违反操作规程、设备不合格、维修不善。其中，仅一个原因的占比低于8%，两个原因的占35%，三个原因的占38%，四个原因的占20%。应当指出，由操作者本人过失所造成的触电事故是较多的。

（7）青年、中年以及非电工触电事故多　一方面，这些人多数是主要操作者，且大多接触电气设备，另一方面，这些人都已有几年的工龄，不再如初学时那么小心，但经验不足，电气安全知识尚欠缺。

二、电气安全技术措施

如前所述，化工生产中所使用的物料多为易燃易爆、易导电及腐蚀性强的物质，且生产环境条件较差，对安全用电造成较大的威胁。为了防止触电事故，除了在思想上提高对安全用电的认识，树立"安全第一"的思想，严格执行安全操作规程，以及采取必要的组织措施外，还必须依靠一些完善的技术措施。

（一）隔离带电体的防护措施

有效隔离带电体是防止人体遭受直接电击事故的重要措施，通常采用以下几种方式。

1. 绝缘

绝缘是用绝缘物将带电体封闭起来的技术措施。良好的绝缘既是保证设备和线路正常运行的必要条件，也是防止人体触及带电体的基本措施。电气设备的绝缘只有在遭到破坏时才能除去。电工绝缘材料是指体积电阻率在 $10^7 \Omega \cdot m$ 以上的材料。

电工绝缘材料的种类非常多，通常分以下几种：

（1）气体绝缘材料　常用的有空气、氮气、二氧化碳等。

（2）液体绝缘材料　常用的有变压器油、开关油、电容器油、电缆油、十二烷基苯、硅油、聚丁二烯等。

（3）固体绝缘材料　常用的有绝缘漆胶、漆布、漆管、绝缘云母制品、聚四氟乙烯、瓷和玻璃制品等。

电气设备的绝缘应符合其相应的电压等级、环境条件和使用条件。电气设备的绝缘应能长时间耐受电气、机械、化学、热力以及生物等有害因素的作用而不失效。

应当注意，电气设备的喷漆及其他类似涂层尽管可能具有很高的绝缘电阻，但一律不能单独当作防止电击的技术措施。

2. 屏护

屏护是采用屏护装置控制不安全因素，即采用遮栏、护罩、护盖、箱（匣）等将带电体同外界隔绝开来的技术措施。

屏护装置既有永久性装置，如配电装置的遮栏、电气开关的罩盖等，也有临时性屏护装置，如检修工作中使用的临时性屏护装置；既有固定屏护装置，如母线的护网；也有移动屏护装置，如跟随起重机移动的滑触线的屏护装置。

对于高压设备，不论是否有绝缘，均应采取屏护措施或其他防止人体接近的措施。

在带电体附近作业时，可采用能移动的遮栏作为防止触电的重要措施。检修遮栏可用干燥的木材或其他绝缘材料制成，使用时置于过道、入口或工作人员与带电体之间，可保证检修工作的安全。

对于一般固定安装的屏护装置，因其不直接与带电体接触，对所用材料的电气性能没有严格要求，但应有足够的机械强度和良好的耐火性能。

屏护措施是很简单也是很常见的安全装置。为了保证其有效性，屏护装置必须符合以下安全条件。

（1）屏护装置应有足够的尺寸　巡栏高度不应低于1.7m，下部边缘离地面不应超过0.1m。对于低压设备，网眼遮栏与裸导体距离不宜小于0.15m；10kV设备不宜小于0.35m；20～30kV设备不宜小于0.6m。户内栅栏高度不应低于1.2m，户外不应低于1.5m。

（2）保证足够的安装距离　对于低压设备，栅栏与裸导体距离不宜小于0.8m。栏条间距离不应超过0.2m。户外变电装置围墙高度一般不应低于2.5m。

（3）接地　凡用金属材料制成的屏护装置，为了防止屏护装置意外带电造成触电事故，必须将屏护装置接地（或接零）。

（4）标志　在栏、栅栏等屏护装置上，应根据被屏护对象挂上"高压危险""止步，高压危险""禁止攀登，高压危险"等标示牌。高压警示标志见图7-1。

图7-1　高压警示标志

（5）信号或联锁装置　应配合采用信号装置和联锁装置。前者一般是用灯光或仪表显示有电；后者是采用专门装置，当人体越过屏护装置可能接近带电体时，被屏护的装置自动断电。屏护装置上锁的钥匙应由专人保管。

3. 间距

间距是将可能触及的带电体置于可能触及的范围之外。为了防止人体及其他物品接触或过分接近带电体、防止火灾、防止过电压放电和各种短路事故，在带电体与地面之间、带电体与其他设备设施之间、带电体与带电体之间均须保持一定的安全距离，如架空线路与地面、水面的距离，架空线路与有火灾爆炸危险厂房的距离等。安全距离的大小取决于电压的高低、设备的类型、安装的方式等因素。

（二）采用安全电压

安全电压值取决于人体允许电流和人体电阻的大小。我国规定工频安全电压的上限值，即在任何情况下，两导体间或导体与地之间均不得超过的工频有效值为50V。这一限值是根据人体允许电流30mA和人体电阻1700Ω的条件下确定的。国际电工委员会还规定了直流安全电压的上限值为120V。

我国规定工频有效值42V、36V、24V、12V、6V为安全电压的额定值。凡手提照明灯、特别危险环境的携带式电动工具，如无特殊安全结构或安全措施，应采用42V或36V安全电压；金属容器内、隧道内等工作地点狭窄、行动不便以及周围有大面积接地体的环境，应采用24V或12V的安全电压。

（三）保护接地

保护接地就是把在正常情况下不带电、在故障情况下可能呈现危险的对地电压的金属部分同大地紧密地连接起来，把设备上的故障电压限制在安全范围内的安全措施。保护接地常简称为接地。保护接地应用十分广泛，属于防止间接接触电击的安全技术措施。

保护接地的作用原理是利用数值较小的接地装置电阻（低压系统一般应控制在4Ω以下）与人体电阻并联，将漏电设备的对地电压大幅度降低到安全范围以内。此外，因人体电阻远大于接地电阻，由于分流作用，通过人体的故障电流将远比流经接地装置的电流要小得多，对人体的危害程度也就极大地减小了。

采用保护接地的电力系统不宜配置中性线，以简化过电流保护和便于寻找故障。

保护接地适用于各种中性点不接地的电网。在这类电网中，凡由于绝缘破坏或其他原因而可能呈现危险电压的金属部分，除另有规定外，均应接地。主要包括：①电机、变压器及其他电器的金属底座和外壳；②电气设备的传动装置；③室内外配电装置的金属或钢筋混凝土构架以及靠近带电部分的金属遮栏和金属门；④配电、控制、保护用的盘、台、箱的框架；⑤交、直流电力电缆的接线盒，终端盒的金属外壳和电缆的金属护层，穿线的钢管；⑥电缆支架；⑦装有避雷针的电力线路杆塔；⑧在非沥青地面的居民区内，无避雷针的小接地电流架空电力线路的金属杆塔和钢筋混凝土杆塔；⑨装在配电线路杆上的电力设备。

此外，对所有高压电气设备，一般实行保护接地。

（四）保护接零

保护接零是电气设备在正常情况下，将不带电的金属部分用导线与低压配电系统的零线相连接的技术防护措施，常简称为接零。与保护接地相比，保护接零能在更多情况下保证人身安全，防止触电事故。在实施上述保护接零的低压系统中，电气设备一旦发生了单相碰壳漏电故障，便会形成一个单相短路回路。因该回路内不包含工作接地电阻与保护接地电阻，整个回路的阻抗就很小，因此故障电流必将很大（远远超出27.5A），这就足以保证在最短的时间内使熔丝熔断，保护装置或自动开关跳闸，从而切断电源，保障了人身安全。

（五）采用漏电保护器

漏电保护器主要用于防止单相触电事故，也可用于防止由漏电引起的火灾，有的漏电保护器还具有过载保护、过电压和欠电压保护、缺相保护等功能，主要应用于10000V以下的低压系统和移动电动设备的保护，也可用于高压系统的漏电检测。漏电保护器按工作原理可分为电流型和电压型两大类。目前以电流型漏电保护器的应用为主。

动作电流可分为0.006A、0.01A、0.015A、0.03A、0.05A、0.075A、0.1A、0.2A、0.5A、1A、3A、5A、10A、20A共14个等级。其中，30mA以下（包括30mA）的属于高灵敏度，主要用于防止各种人身触电事故；30mA以上及1000mA以下（包括1000mA）的属于中灵敏度，用于防止触电事故和漏电火灾事故；1000mA以上的属于低灵敏度，用于防止漏电火灾和监视一相接地事故。为了避免误动作，保护装置的不动作电流不得低于额定动作电流的一半。

三、触电急救

随着社会的发展和进步，电气设备和家用电器的应用越来越广，人们发生触电伤害事故也相应增多。人触电后，电流可能直接流过人体的内部器官，导致心脏、呼吸和中枢神经系统机能紊乱，形成电击；或者电流的热效应、化学效应和机械效应对人体的表面造成电伤。无论是电击还是电伤，都会带来严重的伤害，甚至危及生命。因此，触电的现场急救方法是大家必须熟练掌握的急救技术。

（一）触电急救的要点与原则

触电急救的要点是抢救迅速与救护得法。发现有人触电后，首先要尽快使其脱离电源，然后根据触电者的具体情况，迅速对症救护。

现场常用的主要救护方法是心肺复苏法，它包括口对口人工呼吸和胸外心脏按压法。人触电后会出现神经麻痹、呼吸中断、心脏停止跳动等症状，外表呈现昏迷不醒状态，即"假死状态"，有触电者经过4h甚至更长时间的连续抢救而获得成功的先例。据资料统计，从触电后1min开始救治的约90%有良好效果；从触电后6min开始救治的约10%有良好效果；从触电后12min开始救治的，则救活的可能性就很小了。所以，抢救及时并坚持救护非常重要。

对触电人（除触电情况轻者外）都应进行现场救治。在医务人员接替救治前，切不能放弃现场抢救，更不能只根据触电人当时已没有呼吸或心跳，便擅自判定伤员为死亡，从而放弃抢救。

触电急救的基本原则是：应在现场对症地采取积极措施保护触电者生命，并使其能减轻伤情、减少痛苦。具体而言就是应遵循迅速（脱离电源）、就地（进行抢救）、准确（姿势）、坚持（抢救）的"八字原则"。同时应根据伤情的需要，迅速联系医疗部门救治。尤其对于触电后果严重的人员，急救成功的必要条件是动作迅速、操作正确。任何迟疑、拖延和错误施救都会导致触电者伤情加重或造成死亡。此外，急救过程中要认真观察触电者的身体情况，以防止伤情恶化。

（二）解救触电者脱离电源的方法

使触电者脱离电源，就是要把触电者接触的那部分带电设备的开关或其他断路设备断开，或设法将触电者与带电设备脱离接触。

1. 使触电者脱离电源的安全注意事项

① 救护人员不得采用金属和其他潮湿的物品作为救护工具。
② 在未采取任何绝缘措施前，救护人员不得直接触及触电者的皮肤和潮湿衣服。
③ 在使触电者脱离电源的过程中，救护人员最好用一只手操作，以防再次发生触电。
④ 当触电者站立或位于高处时，应采取防止触电者脱离电源后跌倒或坠落的措施。
⑤ 夜晚发生触电事故时，应考虑切断电源后的事故照明或临时照明，以利于救护。

2. 使触电者脱离电源的具体方法

① 触电者若是触及低压带电设备，救护人员应设法迅速切断电源，如拉开电源开关、拔出电源插头等；或使用绝缘工具，如干燥的木棒、绳索等不导电的物品解脱触电者；也可抓住触电者干燥而不贴身的衣服将其脱离开（切记要避免碰到金属物体和触电者的裸露皮肤）；也可戴绝缘手套或将手用干燥衣物等包起来去拉触电者，或者站在绝缘垫等绝缘物体上拉触电者使其脱离电源。

② 低压触电时，如果电流通过触电者入地，且触电者紧握电线，可设法用干木板塞进其身下，使触电者与地面隔开；也可用干木把斧子或有绝缘柄的钳子等将电线剪断（剪电线时要一根一根地剪，并尽可能站在绝缘物或干木板上）。

③ 触电者若是触及高压带电设备，救护人员应迅速切断电源；或用适合该电压等级的绝缘工具（戴绝缘手套、穿绝缘靴并用绝缘棒）去解脱触电者（抢救过程中应注意保持自身与周围带电部分有必要的安全距离）。

④ 如果触电发生在杆塔上，若是低压线路，凡能切断电源的应迅速切断电源；不能立即切断时，救护人员应立即登杆（系好安全带），用带有绝缘胶柄的钢丝钳或其他绝缘物使触电者脱离电源。如是高压线路且又不可能迅速切断电源时，可用抛铁丝等办法使线路短路，从而导致电源开关跳闸。抛掷前要先将短路线固定在接地体上，另一端系重物（抛掷时应注意防止电弧伤人或因其断线危及人员安全）。

⑤ 不论是高压还是低压线路上发生的触电，救护人员在使触电者脱离电源时，均要预先注意防止发生高处坠落和再次触及其他有电线路的可能。

⑥ 若触电者触及了断落在地面上的带电高压线，在未确认线路无电或未做好安全措施（如穿绝缘靴等）之前，救护人员不得接近断线落地点 8～12m 范围内，以防止跨步电压伤人（但可临时将双脚并拢蹦跳地接近触电者）。在使触电者脱离带电导线后，亦应迅速将其带至 8～12m 外并立即开始紧急救护。只有在确认线路已经无电的情况下，方可在触电者倒地现场立即进行对症救护。

（三）脱离电源后的现场救护

抢救触电者使其脱离电源后，应立即就近移至干燥的通风场所，切勿慌乱和围观，应首先进行情况判别，再根据不同情况进行对症救护。

(1) 情况判别

① 触电者若出现闭目不语、神志不清的情况,应让其就地仰卧平躺,且确保气道通畅。可迅速呼叫其名字或轻拍其肩部(时间不超过 5s),以判断触电者是否丧失意识。但禁止摇动触电者头部进行呼叫。

② 触电者若神志不清、意识丧失,应立即检查是否有呼吸和心跳,具体可用"看、听、试"的方法尽快(不超过 10s)进行判定。看,即仔细观看触电者的胸部和腹部是否还有起伏动作;听,即用耳朵贴近触电者的口鼻与心房处,细听有无微弱呼吸声和心跳音;试,即用手指或小纸条测试触电者口鼻处有无呼吸气流,再用手指轻按触电者左侧或右侧喉结凹陷处的颈动脉有无搏动,以判定是否还有心跳。

(2) 对症救护触电者 除出现明显的死亡症状外,一般均可按以下三种情况分别进行对症处理。

① 伤势不重、神志清醒但有点心慌、四肢发麻、全身无力,或触电过程中曾一度昏迷,但已清醒过来,此时应让触电者安静休息,不要走动,并严密观察。也可请医生前来诊治,必要时送往医院。

② 伤势较重、已失去知觉,但心脏跳动和呼吸存在,应使触电者舒适、安静地平卧。不要围观,让空气流通,同时解开其衣服包括领口与裤带以利于呼吸。若天气寒冷则还应注意保暖,并速请医生诊治或送往医院。若出现呼吸停止或心跳停止,应随即分别施行口对口人工呼吸法或胸外心脏按压进行抢救。

③ 伤势严重、呼吸或心跳停止,甚至都已停止,即处于所谓"假死状态",则应立即施行口对口人工呼吸及胸外心脏按压进行抢救,同时速请医生或送往医院。应特别注意,急救要尽早进行,切不能消极地等待医生到来,在送往医院途中,也不应停止抢救。人工呼吸示意图见图 7-2,胸外按压示意图见图 7-3。

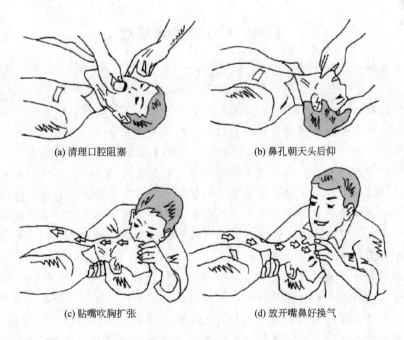

(a) 清理口腔阻塞　　　　　　　　　(b) 鼻孔朝天头后仰

(c) 贴嘴吹胸扩张　　　　　　　　　(d) 放开嘴鼻好换气

图 7-2　人工呼吸示意图

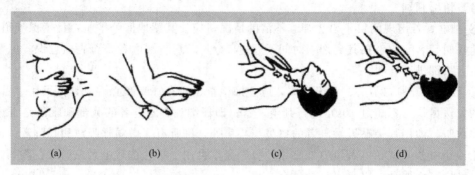

图 7-3 胸外按压示意图

【任务实践】

1. 请根据所学知识，说出案例中的事故违反了哪些规定？
2. 如果你是一名当班班长，在你工作期间，有员工触电了，应该怎么做？

任务二　探寻静电防护技术措施

【案例引入】

广州"9·16"燃爆事故

事故基本情况：2019 年 9 月 16 日 21 时 30 分许，广州市增城区某工程材料有限公司 C1 仓库（丙类仓库）首层的其中 1 个防火分区（约 40m²）发生爆燃事故，造成 2 人死亡。

事故简要过程：2019 年 9 月 16 日 20 时 10 分，公司 C1 幢首层仓管办公室的仓管员兼叉车司机廖某闻到隔壁小仓库方向传来很刺鼻的化学品味道，当即和另一名仓管员兼叉车司机向某前去察看。20 时 20 分，公司采购物流部仓库管理班班长燕某接到向某报告称，立式防爆冰箱里面的物料桶胀裂。燕某迅速抵达现场，看到冰箱门呈半开状态，冰箱上下两层贮存格各放置有两桶物料，下层贮存格靠里的一桶物料爆开了一个裂口，里面剩余约 3/5 的物料，靠前的一桶倒在地上、桶表面发热并且产生胀气（没有爆裂）。同时，燕某发现有液体状物料溅射到地面及对面的墙上，并散发强烈的刺激性气味。见此情况，燕某打电话通知仓管员兼物料员黄某前来处理。燕某由于看到冰箱温度显示 31~32℃，并感觉冰箱空调风扇只是吹热气并不制冷，他随即把电源插头拔掉。20 时 50 分，燕某到隔壁仓库找来防毒口罩，并折回现场把倒地的那一桶物料扶正并拧开桶盖以放气。同时，燕某叫廖某用放置在本仓库的空塑料桶盛装爆裂的物料桶里剩余的 3/5 桶的物料，操作过程中，由黄某扶着漏斗，燕某和廖某把物料倒进空桶里。燕某把冰箱内的全部物料放在冰箱门边靠墙处，过了一会，向某到同层楼另一个仓库拿来一个 200L 型的空铁桶来盛装泄漏物和用过的碎布。在燕某和廖某戴着手套拿碎棉布擦拭泄漏到地面物料的过程中，由于燕某手上沾有物料，其便前往小仓库西侧约 30m 外收发货棚处洗手，而廖某则到小仓库东侧约 30m 外材料仓库取碎棉布以清洁地面。21 时 25 分，当燕某走出 30 多米时，突然听到身后传来"砰"一声，他回头看到小仓库有火光，马上向现场跑去并大声呼叫："起火了，快救火。"燕某跑到旁边仓库拿了两个灭火器，廖某找来一个推车式灭火器，二人对着仓库门口进行灭火，在三只灭火器快用完的时候，仓库内的火势已越来越大，这时公司几个保安员拿着消防水带过来，开始参与灭火。21 时 29 分，在场人员拨打 119 报警电话，现场火势已蔓延上二楼。21 时 37 分，消防队到达现场，随即开展灭火扑救工作。23 时 16 分，现场明火被全部扑灭。

事故直接原因：仓管员在处置危险化学品泄漏时，泄漏物过氧化 2-乙基己酸叔丁酯受热分解后形成的爆炸性气体，遇工人搬动铁桶时产生的火花，引起爆炸并随后起火。进而引燃现场存放的过氧苯甲酸叔丁酯、过氧化 2-乙基己酸叔丁酯、偶氮二异丁腈和甲胺溶液等危险化学品和空塑料桶等，造成现场火势迅速蔓延并引发多次燃爆。

事故引起的思考：静电的危害有哪些呢？如何有效防止静电事故的发生呢？

【任务目标】

1. 掌握静电的产生及危害。
2. 掌握静电的防护技术。

【知识准备】

一、静电的危害及特性

（一）静电的产生与危害

静电通常是指静止的电荷，它是由物体间的相互摩擦或感应而产生的。静电现象是一种常见的带电现象。在干燥的天气中用塑料梳子梳头，可以听到清晰的噼啪声；夜晚脱衣服时，还能够看见明亮的蓝色小火星；冬、春季节的北方或西北地区，有时会在客人握手寒暄之际，出现双方骤然缩手或几乎跳起的喜剧场面，这是由于客人在干燥的地毯或木质地板上走动，电荷积累又无法泄漏，握手时产生了轻微电击的缘故。这些生活中的静电现象，一般由于电量有限，尚不致造成多大危害。

在工业生产中，静电现象也是很常见的。特别是石油化工部门，塑料、化纤等合成材料生产部门，橡胶制品生产部门，印刷和造纸部门，纺织部门以及其他制造、加工、运输高电阻材料的部门，都会经常遇到有害的静电。

化工生产中，静电的危害主要有三个方面，即引起火灾和爆炸、静电电击和引起生产中各种困难而妨碍生产。

1. 引起火灾和爆炸

静电放电可引起可燃液体蒸气、易燃液体蒸气、可燃气体以及可燃性粉尘的着火、爆炸。在化工生产中，由静电火花引起的爆炸和火灾事故是静电最为严重的危害。已发生的事故实例中，由静电引起的火灾、爆炸事故见于苯、甲苯、汽油等有机溶剂的运输；见于易燃液体的灌注、取样、过滤过程；见于一些可产生静电的原料、成品、半成品的包装、称重过程；见于物料泄漏喷出、摩擦搅拌、液体及粉体物料的输送、橡胶和塑料制品的剥离等。

在化工操作过程中，操作人员在活动时，穿的衣服、鞋以及携带的工具与其他物体摩擦时，就可能产生静电。当携带静电荷的人走近金属管道和其他金属物体时，人的手指或脚趾会释放出电火花，往往酿成静电灾害。

2. 静电电击

橡胶和塑料制品等高分子材料与金属摩擦时，产生的静电荷往往不易泄漏。当人体接近这些带电体时，就会受到意外的电击。这种电击是因为从带电体向人体发生放电，电流流向人体而产生的。同样，当人体带有较多静电荷时，电流流向接地体，也会发生电击现象。静电电击不是电流持续通过人体的电击，而是由静电放电造成的瞬间冲击性电击。这种瞬间冲击性电击不至于直接使人死亡，人大多数只是产生痛感和震颤。但是，在生产现场却可造成指尖负伤，或因为屡遭电击后产生恐惧心理，从而使工作效率下降。

3. 妨碍生产

静电对化工生产的影响，主要表现在粉体筛分过程中。在粉体筛分时，由于静电电场力的作用，筛网吸附了细微的粉末，使筛孔变小，降低了生产效率。在气流输送工序，管道的某些部位由于静电作用，积存一些被输送物料，减小了管道的流通面积，使输送效率降低；在球磨工序里，因为钢球带电而吸附了一层粉末，这不但会降低球磨的粉碎效果，而且这一层粉末脱落下来混进产品中，会影响产品细度，降低产品质量；在计量粉体时，由于计量器具吸附粉体，造成计量误差，影响投料或包装重量的准确性；粉体装袋时，因为静电斥力的作用，粉体四散飞扬，既损失了物料，又污染了环境。

在塑料和橡胶行业，由于制品与辊轴的摩擦或制品的挤压和拉伸，会产生较多的静电。因为静电不能迅速消失，会吸附大量灰尘，而为了清扫灰尘要花费很多时间，浪费了工时。塑料薄膜还会因静电作用而缠卷不紧。

在感光胶片行业，由于胶片与辊轴的高速摩擦，胶片的静电电压可高达数千至数万伏。如果在暗室发生静电放电，胶片将因感光而报废；同时，静电使胶片吸附灰尘或纤维，降低了胶片质量，还会造成涂膜不均匀等。

随着科学技术的现代化进程，化工生产普遍采用电子计算机，静电的存在可能会影响电子计算机的正常运行，致使系统发生误动作而影响生产。

但静电也有其可被利用的一面。静电技术作为一项先进技术，在工业生产中已得到了越来越广泛的应用。如静电除尘、静电喷漆、静电植绒、静电选矿、静电复印等都是利用静电的特点来进行工作的。它们是利用外加能源来产生高压静电场，与生产工艺过程中产生的有害静电不尽相同。

（二）静电的特性

① 化工生产过程中产生的静电电量都很小，但电压却很高，其放电火花的能量大大超

过某些物质的最小点火能，易引起着火爆炸，因此是很危险的。

② 在绝缘体上静电泄漏很慢，这样就使带电体保留危险状态的时间长，危险程度相应增大。

③ 绝缘的静电导体所带的电荷平时无法导走，一有放电机会，全部自由电荷将一次性经放电点放掉，因此带有相同数量静电荷和表观电压的导体要比非导体危险性大。

④ 远端放电（静电于远处放电）。若厂房中一条管道或部件产生了静电，其周围与地绝缘的金属设备就会在感应下将静电扩散到远处，并可在预想不到的地方放电，或使人受到电击，它的放电是发生在与地绝缘的导体上，自由电荷可一次全部放掉，因此危害性很大。

⑤ 尖端放电。静电电荷密度随表面曲率增大而升高，因此在导体尖端部分电荷密度最大，电场最强，能够产生尖端放电。尖端放电可导致火灾、爆炸事故的发生，还可使产品质量受损。

⑥ 静电屏蔽。静电场可以用导体的金属元件加以屏蔽。如可以用接地的金属网、容器等将带静电的物体屏蔽起来，不使外界遭受静电危害。相反，使被屏蔽的物体不受外电场感应起电，也是一种"静电屏蔽"。静电屏蔽在安全生产上被广泛利用。

二、静电防护技术

防止静电引起火灾爆炸事故是化工静电安全的主要内容。为防止静电引起火灾爆炸所采取的安全防护措施，对防止其他静电危害也同样有效。

静电引起燃烧爆炸的基本条件有四个，一是有产生静电的来源；二是静电得以积累，并达到足以引起火花放电的静电电压；三是静电放电的火花能量达到爆炸性混合物的最小点燃能量；四是静电火花周围有可燃性气体、蒸气和空气形成的可燃性气体混合物。因此，只要采取适当的措施，清除以上四个基本条件中的任何一个，就能防止静电引起的火灾爆炸。防止静电危害主要有七个措施。

1. 场所危险程度的控制

为了防止静电危害，可以采取减轻或消除所在场所周围环境火灾、爆炸危险性的间接措施。如用不燃介质、通风、惰性气体保护、负压操作等。在工艺允许的情况下，采用较大颗粒的粉体代替较小颗粒粉体，也是减轻场所危险性的一个措施。

2. 工艺控制

工艺控制是从工艺上采取措施，以限制和避免静电的产生和积累，是消除静电危害的主要手段之一。

（1）应控制输送物料的流速以限制静电的产生　输送液体物料时允许流速与液体电阻率有着十分密切的关系，当电阻率小于 $10^7\Omega\cdot cm$ 时，允许流速不超过 10m/s；当电阻率为 $1\times10^7\sim1\times10^{10}\Omega\cdot cm$ 时，允许流速不超过 5m/s；当电阻率大于 $10^{11}\Omega\cdot cm$ 时，允许流速取决于液体的性质、管道直径和管道内壁光滑程度等条件。例如，烃类燃料油在管道内输送，管道直径为 50mm 时，流速不得超过 3.6m/s；直径为 100mm 时，流速不得超过 2.5m/s。但是，当燃料油带有水分时，必须将流速限制在 1m/s 以下。输送管道应尽量减少转弯和变径。操作人员必须严格执行工艺规定的流速，不能擅自提高流速。

(2) 选用合适的材料　一种材料与不同种类的其他材料摩擦时，所带的静电荷数量和极性随其材料的不同而不同。可以根据静电起电序列选用适当的材料匹配，使生产过程中产生的静电互相抵消，从而达到减少或消除静电危险的目的。

同样，在工艺允许的前提下，适当安排加料顺序，也可降低静电的危险性。例如，某搅拌作业中，最后加入汽油时，液浆表面的静电电压高达11~13kV。后来改变加料顺序，先加入部分汽油，后加入氧化锌和氧化铁，进行搅拌后加入石棉等填料及剩余少量的汽油，能使液浆表面的静电电压降至400V以下。这一类措施的关键在于确定了加料顺序或器具使用的顺序后，操作人员不可任意改动。否则，会适得其反，静电电压不仅不会降低，相反还会增加。

(3) 增加静止时间　化工生产中将苯、二硫化碳等液体注入容器、贮罐时，都会产生一定的静电荷。液体内的电荷将向器壁及液面集中并可慢慢泄漏消散，完成这个过程需要一定的时间。如向燃料罐注入重柴油，装到90%时停泵，液面静电压的峰值常常出现在停泵以后的5~10s内，然后电荷就很快衰减掉，这个过程持续时间约为70~80s。由此可知，刚停泵就进行检测或采样是危险的，容易发生事故。应该静置一定的时间，待静电基本消散后再进行有关的操作。操作人员懂得这个道理后，就应自觉遵守安全规定，千万不能操之过急。

(4) 改变灌注方式　为了减少从贮罐顶部灌注液体时的冲击力而产生的静电，要改变灌注管头的形状和灌注方式。经验表明，T形、锥形、45°斜口形和人字形灌注管头，有利于降低贮罐液面的最高静电电压。为了避免液体的冲击、喷射和溅射，应将进液管延伸至近底部。

3. 接地

接地是消除静电危害最常见的措施。在化工生产中，以下工艺设备应采取接地措施：

① 凡用来加工、输送、贮存各种易燃液体、气体和粉体的设备必须接地。如过滤器、升华器、吸附器、反应器、贮槽、贮罐、传送胶带、液体和气体等物料管道、取样器等应该接地。输送可燃物料的管道要连成一个整体，并予以接地。管道的两端和每隔200~300m处，均应接地。平行管道相距10cm以内时，每隔20m应用连接线连接起来；管道与管道、管道与其他金属构件交叉时，若间距小于10cm，也应互相连接起来。

② 倾注溶剂的漏斗、浮动罐顶、工作站台、磅秤等辅助设备，均应接地。

③ 在装卸汽车槽车之前，应与贮存设备跨接并接地；装卸完毕，应先拆除装卸管道，静置一段时间后，然后拆除跨接线和接地线。油轮的船壳应与水保持良好的导电性连接，装卸油时也要遵循先接地后接油管、先拆油管后拆地线的原则。

④ 可能产生和积累静电的固体和粉体作业设备，如压延机、上光机、砂磨机、球磨机、筛分机、捏和机等，均应接地。

⑤ 在具有火灾爆炸危险的场所、静电对产品质量有影响的生产过程以及静电危害人身安全的作业区内，所有的金属用具及门窗零部件、移动式金属车辆、梯子等均应接地。

静电接地的连接线应保证足够的机械强度和化学稳定性，连接应当可靠，操作人员在巡回检查中，经常检查接地系统是否良好，不得有中断处。防静电接地电阻不超过规定值（现行有关规定为小于等于100Ω）。

4. 增湿

存在静电危险的场所，在工艺条件许可时，宜采用安装空调设备、喷雾器等办法，以提高场所环境的相对湿度,消除静电危害。用增湿法消除静电危害的效果显著。例如,某粉体筛选过程中,相对湿度低于50%时,测得容器内静电电压为40kV;相对湿度为60%~70%时,静电电压为18kV;相对湿度为80%时,静电电压为11kV。从消除静电危害的角度考虑,相对湿度在70%以上较为适宜。

5. 抗静电剂

抗静电剂具有较好的导电性能或较强的吸湿性。因此,在易产生静电的高绝缘材料中,加入抗静电剂,使材料的电阻率下降,加快静电泄漏,消除静电危险。

抗静电剂的种类很多,有无机盐类,如氯化钾、硝酸钾等;有表面活性剂类,如脂肪族磺酸盐、季铵盐、聚乙二醇等;有无机半导体类,如亚铜、银、铝等的卤化物;有高分子聚合物类等。

在塑料行业,为了长期保持抗静电性能,一般采用内加型表面活性剂。在橡胶行业,一般采用炭黑、金属粉等添加剂。在石油行业,采用油酸盐、环烷酸盐、合成脂肪酸盐等作为抗静电剂。

6. 静电消除器

静电消除器是一种产生电子或离子的装置,借助于产生的电子或离子中和物体上的静电,从而达到消除静电的目的。静电消除器具有不影响产品质量、使用比较方便等优点。常用的静电消除器有以下几种。

(1) 感应式消除器 这是一种没有外加电源、最简便的静电消除器,可用于石油、化工、橡胶等行业。它由若干只放电针、放电棒或放电线及其支架等附件组成。生产资料上的电在放电针上感应出极性相反的电荷,针尖附近形成很强的电场,当局部场强超过30kV/cm时,空气被电离,产生正负离子,与物料电荷中和,达到消除静电的目的。

(2) 高压静电消除器 这是一种带有高压电源和多支放电针的静电消除器,可用于橡胶、塑料行业。利用高电压使放电针尖端附近形成强电场,将空气电离以达到消除静电的目的。使用较多的是交流电压消除器。直流电压消除器由于会产生火花放电,不能用于有爆炸危险的场所。

在使用高压静电消除器时,要十分注意绝缘是否良好,要保持绝缘表面的洁净,定期清扫和维护保养,防止发生触电事故。

(3) 高压离子流静电消除器 这种消除器是在高压电源作用下,将经电离后的空气输送到较远的需要消除静电的场所。它的作用距离大,距放电器30~100cm有满意的消电效果,一般取60cm比较合适。使用时,空气要经过净化和干燥,不应有可见的灰尘和油雾,相对湿度应控制在70%以下,放电器的压缩空气进口处的正压不能低于0.049~0.098MPa。此种静电消除器,采用了防爆型结构,安全性能良好,可用于爆炸危险场所。如果加上挡光装置,还可以用于严格防光的场所。

(4) 放射性辐射消除器 这是利用放射性同位素使空气电离,产生正负离子去中和生产物料上的静电。放射性辐射消除器距离带电体愈近,消电效应就愈好,距离一般取10~20cm,其中采用α射线不应大于4~5cm;采用β射线不宜大于40~60cm。

放射线辐射消除器结构简单,不要求外接电源,工作时不会产生火花,适用于有火灾和爆炸危险的场所。使用时要由专人负责保养和定期维修,避免撞击,防止射线的危害。

静电消除器的选择，应根据工艺条件和现场环境等具体情况而定。操作人员要做好保证消除器有效的工作，不能借口生产操作不便而自行拆除或挪动其位置。

7. 人体的防静电措施

人体的防静电主要是防止带电体向人体放电或人体带静电所造成的危害，具体有以下几个措施。

① 采用金属网或金属板等导电材料遮蔽带电体，以防止带电体向人体放电。操作人员在接触静电带电体时，应戴用金属线和导电性纤维做的混纺手套、穿防静电工作服。

② 穿防静电工作鞋。防静电工作鞋的电阻为 $1\times10^5 \sim 1\times10^7\Omega$，穿着后人体所带静电荷可通过防静电工作鞋及时泄掉。

③ 在易燃场所入口处，安装硬铝或铜等导电金属的接地通道，操作人员从通道经过后，可以导除人体静电。同时，入口门的扶手也可以采用金属结构并接地，当手触门扶手时可导除静电。

④ 采用导电性地面是一种接地措施，不但能导走设备上的静电，而且有利于导除积累在人体上的静电。导电性地面是指用电阻率在 $1\times10^6\Omega\cdot cm$ 以下的材料制成的地面。

【任务实践】

1. 请根据所学知识，结合【案例引入】中的事故，分析静电有哪些危害？
2. 如果学校组织同学们去化工厂参观，你也在其中，进入化工厂前和参观期间，你应该怎么做？

任务三　探寻雷电保护技术措施

【案例引入】

某输油站雷击起火事故

事故基本情况：2007 年 7 月 7 日，某输油站 3 号金属外浮顶油罐遭雷击起火。

事故简要过程：该输油站油罐容量为 $10\times10^4 m^3$，内储原油 $4\times10^4 m^3$。下午 3:00 开始降雷暴雨并伴有较强的闪电。3:20 值班人员发现 3 号浮顶油罐的罐顶冒出火苗，并有浓烟升腾。3:21 值班人员报警，随后该站消防队 4 台消防车和当地 3 台消防车陆续抵达现场。消防泵房值班员及时启动消防自动灭火系统，3min 后罐顶的泡沫发生器开始喷出泡沫。3:25 消防队员和技术人员到达罐顶并使用泡沫枪对火焰进行扫射覆盖。3:34 大火被扑灭。此次火灾造成储油罐浮顶二次密封被炸裂长度达 123m。由于储油罐上都安装了感温报警装置和工业电视监控系统，生产区内无监控死角，而且报警及时，所以未造成较大的经济损失,也无人员伤亡。另外油罐区采取了消防系统稳高压措施,消防用泡沫和冷却水喷淋能随时供给,为扑救初始火灾节省了宝贵时间。

事故原因:没有定期对储油罐的接地电阻进行测试,事故发生时接地电阻大于 10Ω。储油罐一次密封为机械密封,二次密封为采用带油气隔膜的密封结构。二次密封顶部没有每隔 3m 设置一块静电导出片。罐浮盘有两根导出线与罐壁相连接,该罐没有防雷接地网,各接地电阻值没有在规范要求的范围内。经防雷专家组现场勘验,确定该油罐是由于雷击引起油罐浮船与罐壁发生闪络,引燃油气而导致油罐浮盘密封处着火。

事故引起的思考:雷电危害是怎么形成的呢?我们怎么做才能避免雷电危害?

【任务目标】

1. 掌握雷电的形成与危害。
2. 掌握常用的防雷技术。

【知识准备】

一、雷电的形成与危害

1. 雷电的形成

地面蒸发的水蒸气在上升过程中遇到上部冷空气凝成小水滴而形成积云,此外水平移动的冷空气团或热空气团在其前锋交界面上也会形成积云。云中水滴受强气流吹袭时,通常会分成较小和较大的部分,在此过程中发生了电荷的转移,形成带相反电荷的雷云。随着电荷的增加,雷云的电压逐渐升高。当带有不同电荷的雷云或雷云与大地凸出物相互接近到一定程度时,将会发生激烈的放电,同时出现强烈闪光。由于放电时瞬间产生高温,空气受热急剧膨胀,随之发生爆炸的轰鸣声,这就是电闪与雷鸣。

2. 雷电的危害

雷击时,雷电流很大,其值可达数十至数百千安培,由于放电时间极短,故放电陡度甚高,每秒达 $50kA$;同时雷电压也极高。因此雷电有很大的破坏力,它会造成设备或设施的损坏,造成大面积停电及生命财产损失。其危害主要有以下几个方面。

(1) 电性质破坏 雷电放电产生极高的冲击电压,可击穿电气设备的绝缘部分,损坏电气设备和线路,造成大面积停电。由于绝缘损坏还会引起短路,导致火灾或爆炸事故。绝缘的损坏为高压窜入低压、设备漏电创造了危险条件,并可能造成严重的触电事故。巨大的雷电流流入地下,会在雷击点及其连接的金属部分产生极大的对地电压,也可直接导致因接触电压或跨步电压而产生的触电事故。

(2) 热性质破坏 强大雷电流通过导体时,在极短的时间内将转换为大量热量,产生的高温会造成易燃物燃烧,或金属熔化飞溅,从而引起火灾、爆炸。

(3) 机械性质破坏 由于热效应使雷电通道中木材纤维缝隙或其他结构中缝隙里的空气剧烈膨胀,同时使水分及其他物质分解为气体,因而在被雷击物体内部出现强大的机械力,使被击物体遭受严重破坏或造成爆裂。

（4）电磁感应 雷电的强大电流所产生的强大交变电磁场会使导体感应出较大的电动势，并且还会在构成闭合回路的金属物中感应出电流，这时如果回路中有的地方接触电阻较大，就会发生局部发热或发生火花放电，这对于存放易燃易爆物品的场所来说是非常危险的。

（5）雷电波入侵 雷电在架空线路、金属管道上会产生冲击电压，使雷电波沿线路或管道迅速传播。若侵入建筑物内，可造成配电装置和电气线路绝缘层击穿，产生短路，或使建筑物内易燃易爆品燃烧和爆炸。

（6）防雷装置上的高电压对建筑物的反击作用 当防雷装置受雷击时，在接闪器、引下线和接地体上均具有很高的电压。如果防雷装置与建筑物内外的电气设备、电气线路或其他金属管道的相隔距离很近，它们之间就会产生放电，这种现象称为反击。反击可能引起电气设备绝缘破坏，金属管道烧穿，甚至造成易燃、易爆品着火和爆炸。

（7）雷电对人的危害 雷击电流若迅速通过人体，可立即使人的呼吸中枢麻痹、心室颤动、心搏骤停，乃致使脑组织及一些主要脏器受到严重损坏，出现休克甚至突然死亡。雷击时产生的火花、电弧，还会使人遭到不同程度的灼伤。

二、常用防雷装置的种类与作用

常用防雷装置主要包括避雷针（图7-4）、避雷线（图7-5）、避雷网、避雷带、保护间隙及避雷器。完整的防雷装置包括接闪器、引下线和接地装置。而上述避雷针、避雷线、避雷网、避雷带及避雷器实际上都只是接闪器。除避雷器外，它们都是利用其高出被保护物的突出地位，把雷电引向自身，然后通过引下线和接地装置把雷电流泄入大地，使被保护物免受雷击。各种防雷装置的具体作用如下。

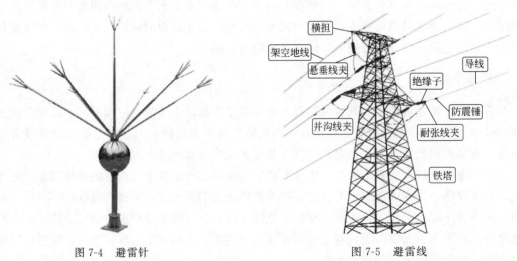

图7-4 避雷针　　　　　　　　图7-5 避雷线

（1）避雷针 主要用来保护露天变配电设备及比较高大的建（构）筑物。它利用尖端放电原理，避免设置处遭受直接雷击。

（2）避雷线 主要用来保护输电线路，线路上的避雷线也称为架空地线。避雷线可以限制沿线路侵入变电所的雷电冲击波幅值及陡度。

（3）避雷网　主要用来保护建（构）筑物，分为明装避雷网和笼式避雷网两大类。沿建筑物上部明装金属网格作为接闪器，沿外墙装引下线接到接地装置上，称为明装避雷网，一般建筑物中常采用这种方法。而把整个建筑物中的钢筋结构连成一体，构成一个大型金属网笼，称为笼式避雷网。笼式避雷网又分为全部明装避雷网、全部暗装避雷网和部分明装部分暗装避雷网等几种。

（4）避雷带　主要用来保护建（构）筑物。该装置由沿建筑物屋顶四周易受雷击部位明设的金属带、沿外墙安装的引下线及接地装置构成。多用在民用建筑，特别是山区的建筑。一般就保护性能而言，避雷带或避雷网比避雷针的效果要好。

（5）保护间隙　这是一种最简单的避雷器。将它与被保护的设备并联，当雷电波来袭时，间隙先行被击穿，把雷电流引入大地，从而避免被保护设备因高幅值的过电压而被击穿。

三、建（构）筑物、化工设备及人体的防雷

（一）建（构）筑物的防雷

建（构）筑物的防雷保护按各类建（构）筑物对防雷的不同要求，可将它们分为三类。

（1）第一类建筑物及其防雷保护　指在建筑物中存放爆炸物品或正常情况下能形成爆炸性混合物，因电火花会发生爆炸，致使房屋毁坏和造成人身伤亡，这类建筑物应装设独立避雷针防止直击雷。对非金属屋面应敷设避雷网，室内一切金属设备和管道，均应良好接地并不得有开口环路，以防止感应过电压；采用低压避雷和电缆进线，以防雷击时高电压沿低压架空线侵入建筑物内。采用低压电缆与避雷器防止高电位侵入时，电缆首端设低压FS型阀型避雷器，与电缆外皮及绝缘子铁脚共同接地，电缆末端外皮一般须与建筑物防感应雷接地电阻相连。当高电位到达电缆首端时，避雷器击穿，电缆外皮与电缆芯连通，由于肌肤效应及芯线与外皮的互感作用，限制了芯线上的电流通过。当电缆长度在50m以上、接地电阻不超过100Ω时，绝大部分电流将经电缆外皮及首端接地电阻入地。残余电流经电缆末端电阻入地，其上压降即为侵入建筑物的电位，通常可降低至原值的1‰～2‰以下。

（2）第二类建筑物及其防雷保护　划分条件同第一类，但在因电火花而发生爆炸时，不致引起巨大破坏或人身事故。第二类建筑物包括政治、经济及文化艺术上具有重大意义的建筑物。这类建筑物可在建筑物上装设避雷针或采用避雷针和避雷带混合保护，以防直击雷。室内一切金属设备和管道，均应良好接地并不得有开口环路，以防感应雷；采用低压避雷器和架空进线，以防高电压沿低压架空线侵入建筑物内。采用低压避雷器与架空进线防止高电位侵入时，必须将150m内进线段所有电杆上的绝缘子铁脚都接地；低压避雷器装在入户墙上。当高电压沿架空线侵入时，由于绝缘子表面发生闪络及避雷器击穿，降低了架空线上的高电压，限制了高电压的侵入。

（3）第三类建筑物及其防雷保护　凡不属第一、二类建筑物但需实施防雷保护者。这类建筑物防止直击雷，可在建筑物最易遭受雷击的部位（如屋脊、屋角、山墙等）装设避雷带或避雷针，进行重点保护。若为钢筋混凝土屋面，则可利用其钢筋作为防雷装置；为防止高电压侵入，可在进户线上安装放电间隙或将其绝缘子铁脚接地。

（二）化工设备的防雷

（1）当罐顶钢板厚度大于4mm，且装有呼吸阀时，可不装设防雷装置。但油罐体应有

良好的接地，接地点不少于两处，间距不大于 30m，其接地装置的冲击接地电阻不大于 30Ω。

（2）当罐顶钢板厚度小于 4mm 时，虽装有呼吸阀，也应在罐顶装设避雷针，且避雷针与呼吸阀的水平距离不应小于 3m，保护范围高出呼吸阀不应小于 2m。

（3）浮顶油罐（包括内浮顶油罐）可不设防雷装置，但浮顶与罐体应有可靠的电气连接。

（4）非金属易燃液体的贮罐应采用独立的避雷针，以防止直接雷击。同时还应有防止感应雷措施。避雷针冲击接地电阻不大于 30Ω。

（5）覆土厚度大于 0.5m 的地下油罐，可不考虑防雷措施，但呼吸阀、量油孔、采气孔应做良好接地。接地点不少于两处，冲击接地电阻不大于 10Ω。

（6）易燃液体的敞开贮罐应设独立避雷针，其冲击接地电阻不大于 5Ω。

（7）户外架空管道的防雷

① 户外输送可燃气体、易燃或可燃液体的管道，可在管道的始端、终端、分支处、转角处以及直线部分每隔 100m 处接地，每处接地电阻不大于 30Ω。

② 当上述管道与爆炸危险厂房平行敷设而间距小于 10m 时，在接近厂房的一段，其两端及每隔 30～40m 应接地，接地电阻不大于 20Ω。

③ 当上述管道连接点（弯头、阀门、法兰盘等）不能保持良好的电气接触时，应用金属线跨接。

④ 接地引下线可利用金属支架，若是活动金属支架，在管道与支持物之间必须增设跨接线；若是非金属支架，必须另作引下线。

⑤ 接地装置可利用电气设备保护接地的装置。

（三）人体的防雷

雷电活动时，由于雷云直接对人体放电，产生对地电压或二次反击放电，都可能对人造成电击。因此，应注意必要的安全要求。

① 雷电活动时，非工作需要，应尽量少在户外或旷野逗留；在户外或野外最好穿塑料等不浸水的雨衣；如有条件，可进入有宽大金属构架或有防雷设施的建筑物、汽车或船只内；在依靠建筑物屏蔽的街道或高大树木屏蔽的街道躲避时，要注意离开墙壁和树干距离 8m 以上。

② 雷电活动时，应尽量离开小山、小丘或隆起的小道，离开海滨、湖滨、河边、池旁，离开铁丝网、金属晾衣绳以及旗杆、烟囱、高塔、孤独的树木附近，还应尽量离开没有防雷保护的小建筑物或其他设施。

③ 雷电活动时，在户内应注意雷电侵入波的危险，应离开照明线、动力线、电话线、广播线、收音机电源线、收音机和电视机天线以及与其相连的各种设备，以防止这些线路或设备对人体的二次放电。调查资料说明，户内 70％ 以上的人体二次放电事故发生在相距 1m 以内的场合，相距 1.5m 以上的尚未发现死亡事故。由此可见，在发生雷电时，人体最好离开可能传来雷电侵入波的线路和设备 1.5m 以上。应当注意，仅仅拉开开关防止雷击是不起作用的。雷电活动时，还应注意关闭门窗，防止球形雷进入室内造成伤害。

④ 防雷装置在接受雷击时，雷电流通过会产生很高电压，引起人身伤亡事故。为防止反击发生，应使防雷装置与建筑物金属导体间的绝缘介质网络电压大于反击电压，并划出一

定的危险区，人员不得接近。

⑤ 当雷电流经地面雷击点的接地体流入周围土壤时，会在它周围形成很高的电位，如有人站在接地体附近，就会受到雷电流所造成的跨步电压的伤害。

⑥ 当雷电流经引下线接地装置时，由于引下线本身和接地装置都有阻抗，因而会产生较高的电压降，这时人若接触，就会受接触电压危害，均应引起人们注意。

⑦ 为了防止跨步电压伤人，防直击雷接地装置距建筑物、构筑物出入口和人行道的距离不应小于3m。当小于3m时，应采取接地体局部深埋、隔以沥青绝缘层、敷设地下均压带等安全措施。

（四）防雷装置的检查

为了使防雷装置具有可靠的保护效果，不仅要有合理的设计和正确的施工，还要建立必要的维护保养制度，进行定期和特殊情况下的检查。

① 对于重要设施，应在每年雷雨季节以前做定期检查。对于一般性设施，应每2~3年在雷雨季节前做定期检查。如有特殊情况，还要做临时性的检查。

② 检查是否由于维修建筑物或建筑物本身变形，使防雷装置的保护情况发生变化。

③ 检查各处明装导体有无因锈蚀或机械损伤而折断的情况，如发现锈蚀在30%以上，则必须及时更换。

④ 检查接闪器有无因遭受雷击后而发生熔化或折断，避雷器瓷套有无裂纹、碰伤的情况，并应定期进行预防性试验。

⑤ 检查接地线在距地面2m至地下0.3m的保护处有无被破坏的情况。

⑥ 检查接地装置周围的土壤有无沉陷现象。

⑦ 测量全部接地装置的接地电阻，如发现接地电阻有很大变化，应对接地系统进行全面检查，必要时设法降低接地电阻。

⑧ 检查有无因施工挖土、敷设其他管道或种植树木而损坏接地装置的情况。

【任务实践】

1. 请根据所学知识，并结合当地情况，为当地化工企业的防雷措施提出合理化建议。
2. 日常生活中，我们该如何防雷？

———————— 知识巩固 ————————

一、选择题

1. 电击后通常会留下较明显的特征包括（　　）。
   A. 电标　　　　B. 电纹　　　　C. 电痕　　　　D. 电流斑
2. 电流越（　　），对人体的伤害程度大。
   A. 强　　　　　B. 弱　　　　　C. 稳定　　　　D. 两者无关系
3. 影响触电伤害程度的因素包括（　　）。

A. 电流强弱　　　　B. 通电时间　　　　C. 电流途径　　　　D. 电流频率

4. 两导体间或导体与地之间均不得超过的工频有效值为（　　）V。

A. 30　　　　　　B. 40　　　　　　C. 50　　　　　　D. 60

5. 触电急救的"八字原则"是（　　）。

A. 迅速　　　　　B. 就地　　　　　C. 准确　　　　　D. 坚持

6. 输送液体物料时允许流速与液体电阻率有着十分密切的关系，为限制静电的产生，输送物料允许的流速取决于（　　）等条件。

A. 液体的性质　　　　　　　　　B. 管道直径

C. 管道内壁光滑程度　　　　　　D. 管道长度

7. 常用防雷装置主要包括（　　）。

A. 避雷针　　　　B. 避雷线　　　　C. 避雷网　　　　D. 避雷带

8. 为了防止跨步电压伤人，防直击雷接地装置距建筑物、构筑物出入口和人行道的距离不应小于（　　）m。

A. 2　　　　　　B. 3　　　　　　C. 4　　　　　　D. 5

二、简答题

1. 影响人体电阻的因素有哪些？
2. 请简述触电急救的要点和原则。
3. 静电引起燃烧爆炸的基本条件有哪些？
4. 为防止静电危害，可采取的工艺控制方法有哪些？
5. 按各类建筑物对防雷的不同要求，建筑物的防雷保护可分为哪几类？

项目八

探索职业危害与职业防护技术

任务一　认识职业危害及个体防护用品

【案例引入】

印度博帕尔毒气泄漏事故

事故情况：1984年12月3日，印度博帕尔市发生了迄今为止人类历史上最惨重的工业事故，近30000人被泄漏的毒气夺走了生命，20多万人受到严重伤害，甚至造成终身残疾，67万人的健康受到损害。

事故简要经过：博帕尔农药厂由美国联合碳化物公司于1969年在印度博帕尔市建立，用于生产西维因、滴灭威等农药。制造这些农药的原料是一种叫作异氰酸甲酯（MIC）的剧毒液体。这种液体很容易挥发，沸点为39.6℃，只要有极少量短时间停留在空气中，就会使人感到眼睛疼痛，若浓度稍大，就会使人窒息。第二次世界大战期间德国正是用这种毒气杀害过大批关在集中营中的犹太人。在博帕尔农药厂，这种令人毛骨悚然的剧毒化合物被冷却贮存在一个地下不锈钢贮罐里，达45t之多。

12月2日晚，博帕尔农药厂工人发现异氰酸甲酯的贮槽压力上升，午夜0时56分，液态异氰酸甲酯以气态从出现漏缝的保安阀中逸出，并迅速向四周扩散。毒气的泄漏犹如打开了潘多拉的魔盒。虽然农药厂在毒气泄漏后几分钟就关闭了设备，但已有30t毒气化作浓重的烟雾以5km/h的速度迅速四处弥漫，很快就笼罩了25km^{2}的地区，数百人在睡梦中就被悄然夺走了性命，几天之内有25000多人毙命。

当毒气泄漏的消息传开后，农药厂附近的人们纷纷逃离家园。他们利用各种交通工具向四处奔逃，只希望能走到没有受污染的地方去。很多人被毒气弄瞎了眼睛，只能一路上摸索着前行。一些人在逃命的途中死去，尸体堆积在路旁。至1984年底，该地区有2万多人死亡，20万人受到波及，附近的3000头牲畜也未能幸免于难。在侥幸逃生的受害者中，孕妇大多流产或产下死婴，有5万人可能永久失明或终身残疾。

事故原因：

1. 灾难的源头（管理错误＋工人失误）

危险是在灾难发生的前一天下午产生的。在例行日常保养的过程中，由于该公司杀虫剂工厂维修工人的失误，导致水突然流入装有 MIC 气体的贮罐内。MIC 是一种氰化物，一旦遇水会发生强烈的化学反应。这次有水渗入装有 MIC 的贮罐内，令罐内产生极高的压力，导致罐壁无法承受压力，罐内的化学物质泄漏至博帕尔市的上空。

其实，贮罐内的 MIC 气体贮量本身就值得怀疑。"MIC 是一种化学过渡态物质，每个人都知道贮藏它意味着要面临很大的危险。所以没有人敢管理大量的 MIC 气体，也没有人敢长时间地贮藏它"，事发当晚负责交接班工作的奎雷施说。他说，"公司在管理这种气体的时候太过于自负了，从来没有真正的担心这种气体有可能引发的一系列问题。"而据调查，事实是，当时公司在杀虫剂销售方面出现了一些问题，于是尽力削减安全措施方面的开支。在常规检查的过程中出现险情时，杀虫剂厂的重要安全系统或者发生了故障或者被关闭了。

2. 毒气泄漏过程中，未教市民如何逃生

在事发之后，该工厂仍没有尽到向市民提供逃生信息的责任。尽管向警察报告情况花了三个小时的时间，工厂的管理者仍有足够时间把所有的工人转移到安全地带。奎雷施说："没有一个从工厂逃出来的人死亡，原因之一就是他们都被告知要朝相反的方向跑，逃离城市，并且用蘸水的湿布保持眼睛的湿润。"但是当灾难迫近的时候，公司却没有对当地居民做出任何警告，当毒气从贮罐中泄漏出来的时候，他们没有给予博帕尔市民最基本的建议——不要惊慌，要待在家里并保持眼睛湿润。更为雪上加霜的是，公司迅速决定把灾难的严重性和影响故意说得轻微些，想以此来挽回形象。灾难过后的几天，公司的健康、安全和环境事务的负责人捷克森布朗宁仍旧把这种气体描述为"仅仅是一种强催泪瓦斯"。甚至在灾难的即时后果"几千人死亡，更多人将一生被病魔缠绕"被公布后，公司还是继续着相同的做法。

3. 惨案发生后，未向医院提供毒气信息

事发后的救助也不能说是成功的，当时唯一一所参加救治的省级医院是海密达医院。该医院的萨特帕西医生对 2 万多具受难者的尸体进行了解剖，结果表明"从气体中毒者的尸体中，我们可以找到至少 27 种有害的化学物质，而这些化学物质只可能来源于他们所吸入的有毒气体。然而，公司却没有提供任何信息说明该气体含有这些化学成分。"这位医生说："即使在今天也没有人知道正确治疗 MIC 气体中毒的方法，由于公司处理这种气体已经有数十年的时间了，联合碳化物公司有责任向公众和医疗组织建议治疗 MIC 气体中毒的一系列措施。但是我们没有收到任何由该公司提供的关于治疗措施的信息。"公司的调查信息，包括 1963 年和 1970 年在美国卡内基梅隆大学进行的调查信息，都被视为"商业秘密"而一直没有公开。

事故引起的反思： 我们的生活中充满化工厂生产的产品，而这些产品的原材料部分是危险化学品，试想危险化学品对人体有哪些危害？

【任务目标】

1. 了解职业危害的基本概念和分类。
2. 了解职业病的类型。

3. 掌握常用的个体防护用品。

【知识准备】

一、常见职业危害因素及职业病

（一）概念

职业危害是职工生产劳动过程中所发生的对人身的威胁和伤害。职业危害指人们所从事的职业或职业环境中所特有的危险性、潜在危险因素、有害因素及人的不安全行为所造成的危害，共包括两个方面：①职业意外事故，即在职业活动中所发生的一种不可预期的偶发事故；②职业病，即在生产劳动及其他职业活动中接触职业性有害因素引起的疾病。

（二）职业危害因素分类

职业危害因素是造成职业意外事故和职业病的原因。根据主要的职业危害因素的性质和对人体危害的影响，可以简单地将常见职业危害因素分为5类：物理因素、化学因素、生物因素、放射性因素和其他因素。

1. 物理因素

① 异常气象条件：如高温和热辐射、低温等。

② 异常气压：如高气压、低气压等。

③ 噪声、振动、超声波、次声波等。

④ 非电离辐射：如可见强光、紫外线、红外线、射频、微波、激光等。

⑤ 电离辐射：如 X 射线、γ 射线等。

2. 化学因素

① 有毒物质　即能引起急性或慢性中毒的化学物质，如铅、汞、苯、氯、一氧化碳、农药。

② 粉尘　经呼吸道进入人体可以引起肺部病变，严重的甚至可以导致尘肺病，如硅尘、石棉尘、煤尘、有机粉尘等。

3. 生物因素

① 微生物：布鲁氏杆菌、炭疽杆菌、森林脑炎病毒引起的职业性传染病；发霉的谷尘、蔗尘中耐热性放线菌引起的农民肺、蔗尘肺和蘑菇肺，这三种疾病都属于与免疫有关的变态反应性肺泡炎。

② 昆虫和尾蚴引起谷痒症和稻田皮炎。

③ 水生动物的体液，如明虾及一些海鱼表层体液中含有能溶解皮肤角质层的特殊成分。

④ 植物，如黄山药可引起支气管哮喘。

⑤ 各种生物的蛋白质，如牲畜蛋白质及稻壳的细尘大量吸入后引起发热。

4. 放射性因素

放射性因素一般存在于核设施、辐照加工设备、加速器、放射治疗装置、工业探伤机、油田测井装置、甲级开放型放射性同位素工作场所和放射性物质贮存库等装置或场所中。

5. 其他因素

① 劳动组织不合理，如作业强度过大、劳动时间过长、轮班制度和休息制度不健全或不合理；

② 强制体位，由于机器或工具不适合于人的解剖生理特点，引起个别器官或系统过度紧张；

③ 生产场所的卫生技术设备不完善，如厂房面积不足、机器安放过密、缺少防尘和防毒设备、照明条件差等。

(三) 职业病

根据《职业病防治法》规定，职业病是指企业、事业单位和个体经济组织等用人单位的劳动者在职业活动中，因接触粉尘、放射性物质和其他有毒、有害物质等因素而引起的疾病。

2013年，国家卫生计生委、人力资源社会保障部、安全监管总局、全国总工会四部门联合发布的《职业病分类和目录》（国卫疾控发〔2013〕48号），将职业病分为10大类132种。

1. 尘肺

尘肺是由于在职业活动中长期吸入生产性粉尘（灰尘），并在肺内潴留而引起的以肺组织弥漫性纤维化（疤痕）为主的全身性疾病。尘肺包括硅沉着病、煤工尘肺、石墨尘肺、炭黑尘肺、石棉肺、滑石尘肺、水泥尘肺、云母尘肺、陶工尘肺、铝尘肺、电焊工尘肺、铸工尘肺以及根据《尘肺病诊断标准》和《尘肺病理诊断标准》可以诊断的其他尘肺病。

2. 职业性放射病

放射性疾病是由电离辐射照射机体引起的一系列疾病。当接触X射线、γ射线或中子源过程中，由于长期受到超剂量当量限值的照射，累积剂量达到一定程度后引起外照射放射病。职业性放射性疾病包括外照射急性放射病、外照射亚急性放射病、外照射慢性放射病、内照射放射病、放射性皮肤疾病、放射性肿瘤、放射性骨损伤、放射性甲状腺疾病、放射性性腺疾病、放射复合伤以及根据《职业性放射性疾病诊断标准（总则）》可以诊断的其他放射性损伤11小类。

3. 职业性化学中毒

化工生产中有很多物质都有毒，工人在操作过程中若防护不好，则会引起中毒。而接触毒物不同，中毒的临床表现也不同。毒物进入体内，会对呼吸系统、循环系统、造血系统、消化系统、神经系统造成不同的影响。

职业性化学中毒共包括56小类，其中常见的职业性中毒有刺激性气体中毒（如氯气、二氧化硫、光气、氨等），它会使人胸闷、缺氧、头晕、咽部水肿，甚至出现肺水肿，严重威胁人的生命；还有窒息性气体中毒（如一氧化碳、硫化氢、氰化物等），会使人恶心、干呕、刺痛、呼吸困难，甚至意识模糊乃至昏迷，严重时心跳停止造成死亡；另外金属中毒也很常见，一般为慢性中毒，如汞、铅、锰离子中毒。慢性汞中毒主要表现为脑中毒、肾坏死、血液和心肌疾病；铅中毒主要表现为对肝、肾、脑等器官不同程度的损害；锰中毒表现在步态不稳、情绪不定、哭笑无常、行动困难，严重时会出现不断摇头或点头动作。

4. 物理因素所致职业病

物理因素所致的职业病主要包含5小类，分别是：中暑（长期在39℃以上的高温环境下工作造成的）、减压病（由于在深水中潜水造成血液中氮气释出造成的）、高原病、航空病及手臂振动病。一般情况下，作业场所中常见的物理因素在自然界中均有存在，且一般有明确的来源，因此，针对物理因素的预防是可以控制在正常范围内的。

5. 生物因素所致职业病

生物因素所致职业病，是指用人单位的劳动者在职业活动中，由于生物因素危害而导致的职业病。最常见的致病因素包括各种病原的微生物，比如：细菌、病毒、真菌、螺旋体以及一些寄生虫、原虫和蠕虫等。它们能产生某些毒素、霉类和代谢产物引起组织和细胞的损伤，有的还可造成传染病的流行。该类疾病主要包括炭疽、森林脑炎、布鲁氏杆菌病。

6. 职业性皮肤病

职业性皮肤病是指劳动中以化学、物理、生物等职业性有害因素为主要原因引起的皮肤及附属器的疾病。职业性皮肤病的发病病因比较复杂，常常是多种因素综合作用的结果。职业性皮肤病主要包括接触性皮炎、光接触性皮炎、电光性皮炎、黑变病、痤疮、溃疡、化学性皮肤灼伤、白斑以及根据《职业性皮肤病的诊断总则》可以诊断的其他职业性皮肤病9小类。

当接触水、肥皂、洗涤剂、酸碱、金属工作液、有机溶剂、石油产品、氧化剂、还原剂等物质时，容易造成刺激性接触性皮炎；当接触煤焦油、沥青及沥青中所含蒽、菲和吖啶，氯丙嗪及其中间体，化妆品香料，呋喃香豆素时，容易造成职业性光接触性皮炎；当接触原油、柴油、润滑油、切削油、乳化油、变压油、煤焦油、沥青、杂酚油、卤代烃化合物（如多氯苯、多氯萘等）时和处于生产激素的药厂中时，容易造成职业性痤疮；当接触煤焦油、石油及其分馏品，橡胶添加剂，某些染料、颜料及中间体时，容易引发职业性黑变病；当接触铬、砷、铍等的化合物时，容易引起职业性皮肤溃疡。

7. 职业性眼病

职业性眼病包括化学性眼部灼伤、电光性眼炎、职业性白内障（含放射性白内障、三硝基甲苯白内障）3小类。其中化学性眼部灼伤是指工作中眼部直接接触碱性、酸性或其他含有化学物质的气体、液体或固体所致眼组织的腐蚀破坏性损害。在日常生活和劳动生产的过程中，人们与化学物质接触的机会很多。化学性眼部灼伤多因工业生产使用的原料、化学成品或剩余的废料直接接触眼部而引起化学性结膜角膜炎、眼灼伤。致眼损伤的化学物质主要为酸碱类化学物质（如硫酸、硝酸、盐酸、氨水、烧碱、甲醛、酚、硫化氢等），多为液体或气体。由于眼球组织脆弱，耐受力差，受伤的程度往往比身体其他部位更为严重。轻者可能仅有刺激症状，如眼红、眼痛、灼热感或异物感、流泪、眼睑痉挛等，不会留下后患；而重者病程长，后遗症严重，视力难以恢复，甚至可能失明、眼球萎缩，即使再高明的医生也无能为力。

8. 职业性耳鼻喉疾病

职业性耳鼻喉疾病包含噪声聋、铬鼻病、牙酸蚀病以及爆震聋4小类。其中噪声是导致噪声聋的危害因素，噪声对人体的危害主要是损害听力，特别是工作场所长时间的噪声会使耳朵的敏感度下降，由听觉适应到产生听觉疲劳，最终导致职业性耳聋，也就是噪声性耳聋。耳聋通常分为轻度聋、中度聋和重度聋，随着听力不同程度下降，最终会完全听不见。噪声还会对人体其他系统和器官产生危害，引起神经衰弱如记忆力减退、注意力不集中，也可使心律不齐、血管痉挛等。铬及其化合物、铬酸盐是导致铬鼻病的危害因素，密切接触铬化合物者，易造成鼻部伤害，从而引发铬鼻病。氟化氢、硫酸酸雾、硝酸酸雾、盐酸酸雾等是导致牙酸蚀病的危害因素，当较长时间接触各种酸雾或酸酐时，会引起牙体硬组织脱钙缺损，从而导致牙酸蚀病。

9. 职业性肿瘤

在工作环境中长期接触致癌因素，经过较长的潜伏期而患某种特定的肿瘤，称为职业性肿瘤。我国法定的职业性肿瘤包括石棉所致肺癌、间皮瘤，联苯胺所致膀胱癌，苯所致白血病，氯甲醚、双氯甲醚所致肺癌，砷及其化合物所致肺癌、皮肤癌，氯乙烯所致肝血管肉瘤，焦炉逸散物所致肺癌，六价铬化合物所致肺癌，毛沸石所致肺癌、胸膜间皮瘤，煤焦油、煤焦油沥青、石油沥青所致皮肤癌以及 β-萘胺所致膀胱癌11小类。

职业性致癌因素包括化学因素、物理因素和生物因素。但在职业性肿瘤的致癌因素中，最常见的职业性致癌因素是化学因素。在职业性肿瘤中，呼吸道肿瘤占很大的比例。目前，我国已知对职业人群具有致呼吸道肿瘤作用的物质有砷、石棉、煤焦油类物质、氯甲醚类、铬、放射性物质等。因此，要从源头上预防控制，严禁或严格限制生产和使用某些致癌物。改善工作环境和工作条件，有效控制或消除工作环境职业性有毒有害因素，尤其是致癌物的污染源。在暂时无法降低或消除工作环境有毒有害因素的情况下，应加强作业人员个体防护管理，有效使用个体防护用品，注重提高防护效果。

10. 其他职业病

我国法定的其他职业病包括金属烟热、滑囊炎（限于井下工人）、股静脉血栓综合征、股动脉闭塞症或淋巴管闭塞症（限于刮研作业人员）。

二、个体防护用品

（一）概念

个体防护用品，也叫个人防护用品、劳动防护用品。是指在劳动生产过程中使劳动者免遭或减轻事故和职业危害因素的伤害而提供的个人保护用品，直接对人体起到保护作用。

以对人体保护的重要性来区分，分为两大类，即一般防护用品和特种防护用品。比如棉手套、平板式口罩、耳塞等属于一般防护用品，防尘口罩、防毒面具、安全头盔等是特种防护用品。特种防护用品有绿色盾牌LA标记。以防护不同身体部位来区分，分为头面部防护、坠落防护、眼睛防护、手部防护、足部防护、身体防护、听力防护、呼吸防护。

（二）常见的个体防护用品

1. 全身防护（防护服）

防护服包括帽、衣裤、围裙及鞋盖等，主要是防止热辐射、射线、微波和化学污染物损伤皮肤或经皮肤侵入人体。在化工企业中，工作服通常分两种，分别是正常工作服和特殊工种工作服（防护服）。一般情况下，正常的工作服主要是为了管理需求（例如某些岗位不允许外来人员参观、进入）所穿戴的；而防护服主要是为了保护职工的人身安全，具有抗腐蚀、烧伤烫伤、抗静电等诸多保护作用，如图8-1所示。

2. 头部防护（安全帽）

安全帽是为了保护头顶而戴的防止冲击物伤害头部的防护用品，如图8-2所示。安全帽由帽壳、帽衬、下颚带和后箍等组成，其中帽壳呈半球形，坚固、光滑并有一定弹性，可以避免物体直接伤头；帽衬可以吸收和缓解冲击力，保护脑内组织和颈椎；下颚带和后箍可以防止安全帽在经受重击或高空坠落时脱落。

使用安全帽时，首先要选择与自己头型适合的安全帽，佩戴安全帽前，要仔细检查合格证、使用说明、使用期限，并调整帽衬尺寸，其顶端与帽壳内顶之间必须保持20～50mm的空间。有了这个空间，才能形成一个能量吸收系统，使遭受的冲击力分布在头盖骨的整个面积上，减轻对头部的伤害；其次，不能随意对安全帽进行拆卸或添加附件，以免影响其原有的防护性能；一定要将安全帽戴正、戴牢，不能晃动，要系紧下颚带，调节好后箍，以防安全帽脱落。安全帽在佩戴时需要注意以下事项：

图8-1 防护服
（防尘连体服）

① 缓冲衬垫的松紧由带子调节，人的头顶和帽体内顶部的空间至少要有32mm才能使用。

② 使用时不要将安全帽歪戴在脑后，否则会降低对冲击的防护作用。

③ 安全帽带要系紧，防止因松动而降低抗冲能力。

④ 安全帽要定期检查，发现帽子有龟裂、下凹、裂痕或严重磨损等，应立即更换。

此外，安全帽不用时，需放置在干燥通风的地方，远离热源，不受日光的直射，这样才能确保在有效使用期内的防护功能不受影响。值得注意的是，当安全帽只要受过一次强力的撞击，就无法再次有效吸收外力，有时尽管外表上看不到任何损伤，但是内部已经遭到损

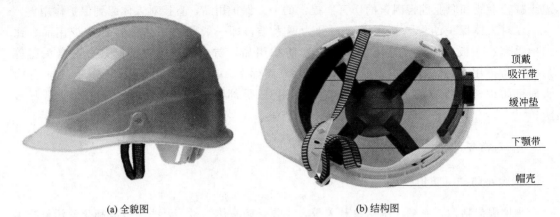

(a) 全貌图　　　　　　　　　　　　(b) 结构图

图 8-2　安全帽

伤，不能继续使用。

3. 眼睛防护

防护眼镜又称劳保眼镜，作用主要是使眼睛免受紫外线、红外线和微波等电磁波的辐射，防止粉尘、烟尘、金属和砂石碎屑以及化学溶液溅射的损伤。防护眼镜种类很多，有防尘眼镜、防化学眼镜、防光辐射眼镜和防冲击眼镜等多种，如图 8-3 所示。

图 8-3　防护眼镜

(1) 防尘眼镜　防尘眼镜在尘埃较多的环境下使用，一般镜片牢度要求不高，不管眼罩式还是平镜式，都采用一般平光玻璃镜片制作。

(2) 防化学眼镜　化学性眼伤害是指在生产过程中的酸碱液体或腐蚀性烟雾进入眼中，会引起角膜的烧伤，例如使用氢氧化钠、操作氧化钙罐子、输送含有腐蚀性液体或气体的管道、在金属淬火时有氰化物或亚硝酸盐飞溅等。防化学溶液的防护眼镜主要用于防御有刺激或腐蚀性的溶液对眼睛的化学损伤。防化学眼镜的镜片通常需要耐酸碱、耐腐蚀，可选用普通平光镜片，镜框应有遮盖，以防溶液溅入。

(3) 防光辐射眼镜　从事电焊、气焊、炼钢、吹玻璃的作业工人应戴防光辐射眼镜。防光辐射眼镜的镜片颜色有深有浅,选择时应根据作业时弧光的强弱恰当选择,如果弧光强,则颜色要深,反之,应选浅色镜片。

(4) 防冲击眼镜 防冲击眼镜是用于防止飞射出来的小颗粒穿击眼睛,其镜片要求耐冲击,如车工、磨砂工、打石工都应戴防冲击眼镜,如果这些工人戴一般防尘眼镜,那么铁砂与碎石飞击眼镜时被击碎,眼睛就会受到更大损害。

4. 听力防护

如果长期在90dB(A)以上或短时在115dB(A)以上环境中工作时应使用护耳器。常见的护耳器包括耳塞、耳罩、耳帽,其作用主要是防止噪声危害,如图8-4所示。

图 8-4 常见的护耳器

(1) 耳塞 耳塞适用于115dB以下的噪声环境,可插入外耳道内或插在外耳道的入口处。它有可塑式和非可塑式两种:可塑式耳塞用浸蜡棉纱、防声玻璃棉、橡皮泥等材料制成,使用时可随意使之成形,每件使用一次或几次;非可塑性耳塞又称"通用型耳塞",用塑料、橡胶等材料制成。

(2) 耳罩 耳罩形如耳机,是装在弓架上把耳部罩住使噪声衰减的装置。耳罩的噪声衰减量可达10~40dB,适用于噪声较高的环境,如造船厂、金属结构厂的加工车间、发动机试车台等。耳塞和耳罩可单独使用,也可结合使用,一般情况下结合使用可使噪声衰减量比单独使用提高5~15dB。

(3) 耳帽 耳帽可把头部大部分保护起来,如再加上耳罩,防噪效果就更好。

5. 呼吸防护

长期工作在具有粉尘或有毒气体的环境下,若没有使用合适的防护产品,会对人体呼吸系统造成伤害。因此,当进入有毒或呼吸危害超过限制的区域时必须要佩戴呼吸防护装置保护自己的呼吸系统。

常见的呼吸防护装置主要包含防护口罩、防毒口罩、防毒面具,如图8-5所示。

(1) 防护口罩 防护口罩是一种以预防某些呼吸道传染性微生物传播、保护身体健康为目的而生产的呼吸防护用品,是一种过滤式呼吸防护器,一般用来防止颗粒、粉尘、病毒、有机气体、酸性气体对人体的伤害。

(2) 防毒口罩 防毒口罩是一种保护人员呼吸系统的特种劳保用品,主要用于含有低浓度有害气体和粉尘的作业环境。一般由滤毒盒或滤毒罐和面罩主体组成,面罩主体隔绝空气,起到密封作用;滤毒盒或滤毒罐起到过滤毒气和粉尘的作用。

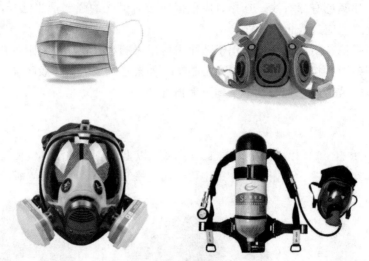

图 8-5　常见的呼吸防护装置

（3）防毒面具　防毒面具是个体特种劳动保护用品，戴在头上，保护人的呼吸器官、眼睛和面部，防止毒气、粉尘、细菌、有毒有害气体或蒸气等有毒物质伤害的个体防护器材。防毒面具广泛应用于石油、化工、矿山、冶金、军事、消防、抢险救灾、卫生防疫和科技环保、机械制造等领域，在雾霾、光化学烟雾较严重的城市也能起到很好的个人呼吸系统保护作用。

6. 手部防护

手是人体最易受伤害的部位之一，在全部工伤事故中，手的伤害大约占四分之一，因此，在以下情况中需要做好手部防护：

① 可能接触尖锐物体或粗糙表面时，应佩戴防切割手套；
② 可能接触化学品时，应选用防化学腐蚀、防化学渗透的防护用品；
③ 可能接触高温或低温表面时，应做好隔热防护；
④ 可能接触带电体时，应选用绝缘防护用品；
⑤ 可能接触油滑或湿滑表面时，应选用防滑的防护用品。

常见的防护手套有绝缘手套、耐酸碱手套、耐油手套、医用手套、皮手套、浸塑手套、帆布手套、棉纱手套、防静电手套、耐高温手套、防割手套等，如图 8-6 所示。

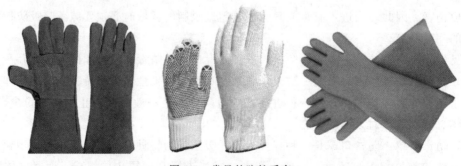

图 8-6　常见的防护手套

7. 脚部防护

在生产操作中，以下情况需要做好脚部防护：
① 可能发生物体砸落的地方，要穿防砸保护的鞋；
② 可能接触化学液体的作业环境要穿防化学液体的鞋；
③ 注意在特定的环境穿防滑或绝缘或防火花的鞋。
常见的有工矿靴、绝缘靴、耐酸碱靴、安全皮鞋、防砸皮鞋、耐油鞋等，如图 8-7 所示。

图 8-7　常见的脚部防护鞋

8. 坠落防护

坠落防护是保护高空作业者不受到高空坠落威胁或在发生坠落后保护高空作业者不受到进一步的伤害。常见的安全带见图 8-8。

图 8-8　常见的安全带

高处作业型安全带可以分为以下 3 类：
（1）围杆作业安全带　通过围绕在固定构造物上的绳或带将人体绑定在固定的构造物附近，使作业人员的双手可以进行其他操作的安全带。
（2）区域限制安全带　用于限制作业人员的活动范围，避免其到达可能发生坠落区域的安全带。
（3）坠落悬挂安全带　高处作业或登高人员发生坠落时，将作业人员悬挂的安全带。

【任务实践】

1. 谈谈你所了解的职业危害是什么？
2. 观察自己身边的人和事，说说你见过哪些个体防护用品？

任务二　认识职业中毒及其防护措施

【案例引入】

山西毒气泄漏中毒事故

事故基本情况：2020年9月14日，山西某焦化企业VOCs处理装置发生一起有毒气体泄漏中毒事故，造成4人死亡、1人受伤。

事故简要过程：9月14日上午9时许，该公司VOCs工段操作人员在对酸洗塔和碱洗塔进行排液时，操作不当，将两塔排液阀门全部打开，造成塔内有毒气体外泄，操作人员中毒倒地，周边员工在未采取有效安全防护措施的情况下盲目施救，造成伤亡扩大。

事故直接原因：企业对VOCs治理设施安全风险辨识不到位、操作人员技能不足、临近关闭安全管理松懈等突出问题。

事故引起的思考：常见的工业毒物有哪些？当处在有工业毒物的环境中作业时，如何进行个体防护？如何进行中毒现场救护措施？

【任务目标】

1. 了解职业中毒的基本概念和分类。
2. 了解常见工业毒物及其危害。
3. 掌握急性中毒现场救护措施及个体防护措施。

【知识准备】

一、职业中毒及其分类

（一）职业中毒类型

职业中毒是指劳动者在生产劳动过程中由于接触生产性毒物而引起的中毒。职业中毒主要分为以下三种类型。

（1）急性中毒　毒物一次或短时间内进入人体后所引起的中毒。在正常生产情况下，这种中毒少见，往往发生在生产过程出现意外时，如一氧化碳中毒。

（2）慢性中毒　小量毒物长期进入人体后所引起的中毒。这是由于毒物在体内蓄积所致，如慢性铅、汞、锰等中毒。

（3）亚急性中毒　介于急性和慢性中毒之间，在较短时间内有较大剂量毒物进入人体所致，如二硫化碳、汞中毒等。

（二）职业中毒对人体系统及器官的损害

职业中毒可对人体多个系统或器官造成损害，主要包括呼吸系统、神经系统、血液系统、消化系统、泌尿系统、循环系统、生殖系统及皮肤等。

1. 呼吸系统

在工业生产中，呼吸道最易接触毒物，特别是刺激性毒物，一旦吸入，轻者引起呼吸道炎症，重者发生化学性肺炎或肺水肿。常见的引起呼吸系统损害的毒物有氯气、氨气、二氧化硫、光气、氮氧化物，以及某些酸类、酯类、磷化物等。一般可引起气管炎、支气管炎等呼吸道病变，严重时可产生肺炎、化学性肺水肿及成人呼吸窘迫综合征（ARDS）等。

2. 神经系统

神经系统由中枢神经（包括脑和脊髓）和周围神经（由脑和脊髓发出，分布于全身皮肤、肌肉、内脏等处）组成。有毒物质可损害中枢神经和周围神经，尤其是中枢神经系统对毒物更为敏感，以中枢神经和周围神经系统为主要毒作用靶器官或靶器官之一的化学物统称为神经性毒物。生产环境中常见的神经性毒物有金属、类金属及其化合物、窒息性气体、有机溶剂和农药等。一般可引起神经衰弱综合征、周围神经病、中毒性脑病等。

3. 血液系统

在工业生产中，许多毒物对血液系统有毒，引起造血功能抑制、血细胞损害、血红蛋白变性、出血凝血机制障碍等。如苯、砷、铅等能引起贫血；苯、巯基乙酸等能引起粒细胞减少症；苯的氨基和硝基化合物（如苯胺、硝基苯）可引起高铁血红蛋白血症，患者突出的表现为皮肤、黏膜青紫；氧化砷可破坏红细胞，引起溶血；苯、三硝基甲苯、砷化合物、四氯化碳等可抑制造血机能，引起血液中红细胞、白细胞和血小板减少，发生再生障碍性贫血等。

4. 消化系统

消化系统是毒物吸收、生物转化、排出和肠肝循环再吸收的场所，许多生产性毒物可损害消化系统。如汞可致口腔炎；氟可导致氟斑牙；汞、砷等毒物，经口侵入可引起出血性胃肠炎；铅中毒，有腹绞痛；黄磷、砷化合物、四氯化碳、苯胺等物质可致中毒性肝病。

5. 泌尿系统

肾脏不仅是毒物最主要的排泄器官，也是许多化学物质的贮存器官之一。因此，泌尿系统，尤其是肾脏成为许多毒物的靶器官。引起泌尿系统损害的毒物很多，如慢性铍中毒常伴有尿路结石，杀虫脒中毒可出现出血性膀胱炎等，但常见的还是肾损害。不少生产性毒物对肾有毒性，尤以重金属和卤代烃最为突出。如铅、汞、镉、四氯化碳、砷化氢等可致急、慢性肾病。

6. 循环系统

毒物可引起心血管系统损害，临床可见急、慢性心肌损害，心律失常，心肌病和血压异常等多种表现。常见的有：有机溶剂中的苯、有机磷农药以及某些刺激性气体和窒息性气体对心肌的损害，其表现为心慌、胸闷、心前区不适、心率快等；某些氟烷烃如氟利昂可使心肌应激性增强，诱发心律失常；亚硝酸盐可致血管扩张，血压下降；长期接触一定浓度一氧化碳、二硫化碳的工人，冠状动脉粥样硬化、冠心病或心肌梗死的发病率明显增高。

7. 生殖系统

毒物对生殖系统的毒作用包括对接触者本人的生殖及其对子代发育过程的不良影响，即所谓生殖毒性和发育毒性。生殖毒性包括对接触者生殖器官、有关的内分泌系统、性周期和性行为、生育力、妊娠结局、分娩过程等方面的影响；发育毒性可表现为胎儿结构异常、发育迟缓、功能缺陷、甚至死亡。很多生产性毒物具有一定的生殖毒性和发育毒性，例如铅、镉、汞等重金属可损害睾丸的生精过程，导致精子数量减少，畸形率增加，活动能力减弱；使女性月经先兆症状发生率增高、月经周期和经期异常、痛经及月经血量改变。孕期接触高浓度铅、汞、二硫化碳、苯系化合物、环氧乙烷的女工，自然流产率和子代先天性出生缺陷的发生率明显增高。

8. 皮肤

职业性皮肤病是职业性疾病中最常见、发病率最高的职业性伤害，其中化学性因素引起者占多数。根据作用机制不同，引起皮肤损害的化学性物质分为原发性刺激物、致敏物和光敏感物。常见原发性刺激物为酸类、碱类、金属盐、溶剂等。常见皮肤致敏物有金属盐类（如铬盐、镍盐）、合成树脂类、染料、橡胶添加剂等。光敏感物有沥青、焦油、吡啶、蒽、菲等。常见的疾病有接触性皮炎、光敏性皮炎、痤疮、皮肤黑变病、皮肤溃疡、角化过度及皲裂等，如酸、碱、有机溶剂等所致接触性皮炎；沥青、煤焦油等所致光敏性皮炎；矿物油类、卤代芳烃化合物等所致职业性痤疮；煤焦油、石油等所致皮肤黑变病；铬的化合物、铍盐等所致职业性皮肤溃疡；有机溶剂、碱性物质等所致职业性角化过度和皲裂等。

二、常见工业毒物及其危害

1. 金属与类金属毒物

（1）铅　银灰色软金属，相对密度 11.35，熔点 327℃，沸点 1620℃，加热至 400～500℃即有大量铅蒸气逸出，在空气中迅速氧化成氧化亚铅和氧化铅，并凝结成烟尘，不溶于稀盐酸和硫酸，能溶于硝酸、有机酸和碱液。

铅是全身性毒物，主要影响卟啉代谢。卟啉是合成血红蛋白的主要成分，因此影响血红素的合成，造成贫血。铅可引起血管痉挛、视网膜小动脉痉挛和高血压等。铅还可作用于脑、肝等器官，发生中毒性病变。

（2）汞　常温下为银白色液体，相对密度 13.6，熔点 －38.87℃，沸点 356.9℃，黏度小，易流动和流散，有很强的附着力，地板、墙壁等都能吸附汞。汞常温下即能蒸发，温度升高，蒸发加快。汞不溶于水，能溶于类脂质，易溶于硝酸、热浓硫酸，能溶解多种金属，生成汞齐。

汞离子与体内的巯基、二巯基有很强的亲和力。汞与体内某些酶的活性中心巯基结合后,使酶失去活性,造成细胞损害,导致中毒。

(3) 铬 钢灰色、硬而脆的金属,相对密度7.20,熔点1900℃,沸点2480℃,氧化缓慢,耐腐蚀,不溶于水,溶于盐酸、热硫酸。铬化合物中六价铬毒性最大。化肥工业催化剂主要原料三氧化铬,是强氧化剂,易溶于水,常以气溶胶状态存在于厂房空气中。

六价铬化合物有强刺激性和腐蚀性。铬在体内可影响氧化、还原、水解过程,可使蛋白质变性,引起核酸、核蛋白沉淀,干扰酶系统。六价铬抑制尿素酶的活性,三价铬对抗凝血活素有抑制作用。

(4) 锰 浅灰色硬而脆的金属,熔点1260℃,沸点2097℃,易溶于稀酸。

锰及其化合物的毒性各不相同,化合物中锰的化合价越低,毒性越大。工业生产中以慢性中毒为主,多因吸入高浓度锰烟和锰尘。轻度中毒表现为失眠、头痛、记忆力减退、四肢麻木、举止缓慢。重度中毒者出现四肢僵直、动作缓慢笨拙、语言不清、智力下降等症状。

2. 有机溶剂

(1) 苯 具有芳香气味的无色、易挥发、易燃液体,相对密度0.879,熔点5.5℃,沸点80.1℃,不溶于水,溶于乙醇、乙醚等有机溶剂。

苯的中毒机理目前尚不清楚。一般认为,苯中毒是由苯的代谢产物酚引起的。酚是原浆毒物,能直接抑制造血细胞的核分裂,对骨髓中核分裂最活跃的早期活性细胞的毒性作用更明显,使造血系统受到损害。另外,苯有半抗原的特性,可通过共价键与蛋白质分子结合,使蛋白质变性而具有抗原性,发生变态反应。

(2) 甲苯 无色具有芳香味的液体,沸点100.6℃,不溶于水,溶于乙醇、乙醚等有机溶剂。

甲苯毒性较低,属低毒类。工业生产中甲苯主要以蒸气态经呼吸道进入人体,皮肤吸收很少。甲苯急性中毒表现为中枢神经系统的麻醉作用和植物性神经功能紊乱症状;慢性中毒主要由长期吸入较高浓度的甲苯蒸气所致,出现头晕、头痛、无力、失眠、记忆力衰退等症状。

(3) 四氯化碳 无色、透明、易挥发的油状液体,熔点-22.9℃,沸点76.7℃,不易燃、遇火或热的表面可分解为二氧化碳、氯化氢、光气和氯气,微溶于水,易溶于有机溶剂。

四氯化碳蒸气主要通过呼吸道进入人体,液体和蒸气均可经皮肤吸收,可引起急性和慢性中毒。

3. 硝基苯和苯胺

硝基苯是无色或淡黄色具有苦杏仁气味的油状液体,相对密度1.2037,熔点5.7℃,沸点210.9℃,几乎不溶于水,能与乙醇、乙醚或苯互溶。

苯胺是有特殊臭味的无色油状液体,相对密度1.022,熔点-6.2℃,沸点184.4℃,微溶于水,可溶于乙醇、乙醚和苯等。

苯的硝基和氨基化合物进入人体后,经氧化变成硝基酚和氨基酚,使血红蛋白变成高铁血红蛋白。高铁血红蛋白失去携氧能力,引起组织缺氧。这类毒物还能导致红细胞破裂,出现溶血性贫血,也可直接引起肝、肾和膀胱等脏器的损害。

4. 窒息性气体

窒息性气体是指那些可以直接对氧的供给、摄取、运输、利用任一环节造成障碍的气态化合物。过量吸入窒息性气体可造成机体以缺氧为主要环节的疾病状态,称之为窒息性气体中毒。根据这些窒息性气体毒作用的不同,可将其大致分为三类。

(1) 单纯窒息性气体　这类气体本身的毒性很低,或属惰性气体,但若在空气中大量存在,可使吸入气中氧含量明显降低,导致机体缺氧。正常情况下,空气中氧含量约为20.96%,若氧含量<16%,即可造成呼吸困难;氧含量<10%,则可引起昏迷甚至死亡。属于这一类的常见窒息性气体有:氮气、甲烷、乙烷、丙烷、乙烯、丙烯、二氧化碳、水蒸气及氩、氖等。

(2) 血液窒息性气体　血液以化学结合方式携带氧气,正常情况下每克血红蛋白约可携带 1.4mL 氧气,若每 100mL 血液以 15g 血红蛋白计算,约可携带 21mL 氧血;肺血流量约 5L/min,故血液每分钟约从肺中携出 1000mL 氧气。血液窒息性气体的毒性在于它们能明显降低血红蛋白对氧气的化学结合能力,并妨碍血红蛋白向组织释放已携带的氧气,从而造成组织供氧障碍,故此类毒物亦称化学窒息性气体。常见的有:一氧化碳、一氧化氮、苯的硝基或氨基化合物蒸气等。

(3) 细胞窒息性气体　这类毒物主要作用于细胞内的呼吸酶,使之失活,从而阻碍细胞对氧的利用,造成生物氧化过程中断,形成细胞缺氧效应。由于此种缺氧实质上是一种"细胞窒息"或"内窒息",故此类毒物也称细胞窒息性毒物,常见的为氰化氢和硫化氢。

窒息性气体的危害如下。

(1) 缺氧表现　缺氧是窒息性气体中毒的共同致病环节,故缺氧症状是各种窒息性气体中毒的共有表现。轻度缺氧时主要表现为注意力不集中、智力减退、定向力障碍、头痛、头晕、乏力;缺氧较重时可有耳鸣、呕吐、嗜睡、烦躁、惊厥或抽搐,甚至昏迷。但上述症状往往为不同窒息性气体的独特毒性所干扰或掩盖,故并非不同病原引起的相近程度的缺氧都有相同的临床表现。及时治疗处理,使脑缺氧尽早改善,常可避免发生严重的脑水肿,否则将会导致明显的急性颅压升高表现。

(2) 急性颅压升高表现

① 头痛　是早期的主要症状,为全头痛,前额尤甚,程度甚剧,任何可增加颅内压的因素如咳嗽、喷嚏、排便,甚至突然转头均可使头痛明显加重。

② 呕吐　是颅内压增高的常见症状,主要因延髓的呕吐中枢受压所致。

③ 抽搐　常为频繁的癫痫样抽搐发作,主要因大脑皮层运动区缺血缺氧或水肿压迫所致;若脑干网状结构也受累,则可出现阵发性或持续性肢体强直。

④ 心血管系统变化　早期可见血压升高、脉搏缓慢,为脑干心血管运动中枢对水肿压迫及缺血缺氧代偿作用所致。

⑤ 呼吸变化　早期表现为呼吸深慢,亦为延髓的代偿性反应;呼吸中枢若有衰竭,则呼吸转为浅慢、不规则,或有叹息样呼吸,严重时可发生呼吸骤停。

(3) 不同窒息性气体中毒的特殊表现

① 氮气大量吸入引起的症状与前述缺氧表现最为相似,但浓度稍高时常可引起极度兴奋、神情恍惚、步态不稳,如酒醉状,称为"氮酩酊"。极高浓度氮气吸入可使患者迅速昏迷、死亡,称为"氮窒息"。

② 二氧化碳也属单纯窒息性气体，但因同时伴有 CO_2 潴留、呼吸性酸中毒、高血钾症，故其脑水肿表现常明显而持久，高浓度吸入时可在几秒内迅速昏迷、死亡。

③ 一氧化碳为血液窒息性气体，吸入后可迅速与血红蛋白结合生成碳氧血红蛋白（HbCO），故血中 HbCO 测定为诊断 CO 中毒的重要依据，血中 HbCO>10% 即可引起急性 CO 中毒的可能。由于 HbCO 为鲜红色，而使患者的皮肤黏膜在中毒之初呈樱红色，与一般缺氧患者有明显不同，是其临床特点之一；此外，全身乏力十分明显，以至中毒后虽仍清醒，但已难行动，不能自救。其余症状与一般缺氧相近。

④ 氰化氢属细胞窒息性气体，它的中毒临床特点为缺氧症状十分明显，稍高浓度吸入即可引起极度呼吸困难，严重时可出现全身性强直痉挛；极高浓度的 HCN 可在数分钟内引起呼吸心跳停止，死亡。由于 HCN 对细胞呼吸酶的强烈抑制作用，细胞几乎丧失利用氧的能力，致使静脉血中仍饱含充足氧气而呈现氧合血红蛋白（HbO_2）的鲜红色，故早期中毒患者的皮肤颜色较红，是氰化氢中毒的另一临床特点。

5. 刺激性气体

刺激性气体是工业生产中常遇到的一类有害气体，对人体，特别是对呼吸道有明显的损害，轻者为上呼吸道刺激症状，重者则致喉头水肿、喉痉挛、支气管炎、中毒性肺炎，严重时可发生肺水肿。刺激性气体大多是化学工业的重要原料和副产品，此外在医药、冶金等行业中也经常接触到，多具有腐蚀性，生产过程中常因设备、管道被腐蚀而发生"跑、冒、滴、漏"现象，或因管道、容器内压力增高而大量外逸造成中毒事故，其危害不仅限于工厂车间，也污染环境。失火、爆炸、大量泄漏等情况下还可造成人群急性中毒。

刺激性气体种类繁多，可按其化学结构分为以下几类。其中某些物质在常态下虽非气体，但可通过蒸发、升华及挥发后以蒸气或气体作用于机体。

（1）酸 无机酸，如硫酸、硝酸、氢氟酸、铬酸；有机酸，如甲酸、乙酸、丙酸、丁酸、乙二酸、丙二酸、丙烯酸。

（2）成酸氧化物 如二氧化硫、三氧化硫、二氧化氮、铬酸。

（3）成酸氢化物 如氯化氢、氟化氢、溴化氢。

（4）卤族元素 如氯、氟、溴、碘。

（5）卤化物 如光气、二氯亚砜、三氯化磷、三氯氧磷、氯化锌。

（6）氨、胺 如氨、甲胺、丙胺、乙二胺。

（7）酯类 如硫酸二甲酯、氯甲酸甲酯、乙酸甲酯。

（8）醛类 如甲醛、乙醛、丙烯醛。

（9）醚类 如氯甲基甲醚。

（10）强氧化剂 如臭氧。

（11）金属化合物 如氧化镉、羰基镍、五氧化二钒。

刺激性气体常以局部损害为主，仅在刺激作用过强时引起全身反应。决定病变部位和程度的因素是毒物的溶解度和浓度。溶解度与毒物的作用部位有关，而浓度则与病变程度有关。高溶解度的氨、盐酸，接触到湿润的眼球结膜及上呼吸道黏膜时，立即附着在局部发生刺激作用；中等溶解度的氯、二氧化硫，低浓度时只侵犯眼和上呼吸道，而高浓度时则侵犯全呼吸道；低浓度的二氧化氮、光气，对上呼吸道刺激性小，易进入呼吸道深部并逐渐与水分作用而对肺产生刺激和腐蚀，常引起肺水肿。液态的刺激性毒物直接接触皮肤黏膜可发生灼伤。

常见的工业毒物如下：

（1）氯气　黄绿色气体，密度为空气的 2.45 倍，沸点 −34.6℃，易溶于水、碱溶液、二硫化碳和四氯化碳等。高压下液氯为深黄色，相对密度为 1.56。氯气化学性质活泼，与一氧化碳作用可生成毒性更大的光气。

氯溶于水生成盐酸和次氯酸，产生局部刺激，主要损害上呼吸道和支气管的黏膜，引起支气管痉挛、支气管炎和支气管周围炎，严重时引起肺水肿。吸入高浓度氯后，引起迷走神经反射性心跳停止，呈"电击样"死亡。

（2）光气　无色、有霉草气味的气体，密度为空气的 3.4 倍，沸点 8.3℃，加压液化，相对密度为 1.392，易溶于乙酸、氯仿、苯和甲苯等，遇水可水解成盐酸和二氧化碳。

光气毒性比氯气大 10 倍。对上呼吸道仅有轻度刺激，但吸入后其分子中的羰基与肺组织内的蛋白质酶结合，从而干扰了细胞的正常代谢，损害细胞膜，肺泡上皮和肺毛细血管受损通透性增加，引起化学性肺炎和肺水肿。

（3）氮氧化物　由 N_2O、NO、NO_2、N_2O_3、N_2O_4、N_2O_5 等组成的混合气体。其中 NO_2 比较稳定，占比例最高。NO_2 不易溶于水，低温下为淡黄色，室温下为棕红色。

氮氧化物较难溶于水，因而对眼和上呼吸道黏膜刺激不大，主要是进入呼吸道深部的细支气管和肺泡后，在肺泡内可阻留 80%，与水反应生成硝酸和亚硝酸，对肺组织产生强烈刺激和腐蚀作用，引起肺水肿。硝酸和亚硝酸被吸收进入血液，生成硝酸盐和亚硝酸盐，可扩张血管，引起血压下降，并与血红蛋白作用生成高铁血红蛋白，引起组织缺氧。

（4）二氧化硫　无色气体，密度为空气的 2.3 倍，加压可液化，液体相对密度 1.434，沸点 −10℃，溶于水、乙醇和乙醚。吸入呼吸道后，在黏膜湿润表面上生成亚硫酸和硫酸，产生强烈的刺激作用，大量吸入可引起喉水肿、肺水肿、声带痉挛而窒息。

（5）氨　无色气体，有强烈的刺激性气味，密度为空气的 0.5971 倍，易液化，沸点 −33.5℃，溶于水、乙醇和乙醚，遇水生成氢氧化氨，呈碱性。

氨对上呼吸道有刺激和腐蚀作用，高浓度时可引起接触部位的碱性化学灼伤，组织呈溶解性坏死，并可引起呼吸道深部及肺泡损伤，发生支气管炎、肺炎和肺水肿。氨被吸收进入血液，可引起糖代谢紊乱及三羧酸循环障碍，降低细胞色素氧化酶系统的作用，导致全身组织缺氧。氨可在肝脏中解毒生成尿素。

6. 高分子化合物

高分子化合物也称聚合物或共聚物，是由一种或几种单体聚合或缩聚而成的分子量高达几千至几百万的大分子物质，由于具备许多天然物质难有的优异性能，如强度高、耐腐蚀、绝缘性好、质量轻等，已广泛应用于国民经济各个领域。

高分子化合物本身在正常条件下比较稳定，对人体基本无毒，但在加工或使用过程中可释出某些游离单体或添加剂，对人体造成一定危害。某些高分子化合物在加热或氧化时，可产生毒性极强的热裂解产物，如聚四氟乙烯加热到 420℃ 即可分解出四氟乙烯、六氟丙烯、八氟异丁烯等物质，刺激性甚强，吸入后可致严重中毒性肺炎、肺水肿。高分子化合物燃烧时可产生大量 CO，并造成周围环境缺氧；某些化合物同时还可生成前述的热裂解产物；而含有氮和卤素的化合物尚可生成氰化氢、光气、卤化氢等物质，对机体危害尤大。

（1）氯乙烯　常温常压下为略带芳香味的无色气体，易燃易爆，加压时易被液化；燃烧时可分解出氯化氢、CO_2、CO、光气等；微溶于水，可溶于乙醇，易溶于乙醚、四氯化碳等。它主要用作制造聚氯乙烯的单体，可与乙酸乙烯酯、丙烯腈、偏二氯乙烯等生成共聚物而用作绝缘材料、黏合剂、涂料、合成纤维等。

氯乙烯主要以乙炔和氯化氢为原料经 $HgCl_2$ 催化而成，此过程会与氯乙烯接触，而在聚合成聚氯乙烯各过程，尤其在进行聚合釜清洗时，更易接触大量氯乙烯。

氯乙烯主要经由呼吸道进入体内，皮肤仅有少量吸收。吸入体内的氯乙烯多以原形呼出，停止接触10min，约可排出82%；高浓度吸入主要有麻醉作用，并因使吸入气中氧含量相对下降而致缺氧。人在 $30g/m^3$ 氯乙烯浓度下有头晕、恶心等症状；麻醉浓度约为 $182g/m^3$。

(2) 聚四氟乙烯（PTFE）热裂解气　PTFE是四氟乙烯（TFE）的均聚物，化学性质稳定，有优良的介电性、耐热性、耐腐蚀性，有"塑料王"之称，且无毒性。其热裂解物则有毒性，毒性大小与温度有直接关系：温度＞315℃的热裂解物仅具呼吸道刺激作用；温度＞400℃时，产物对肺有强烈刺激作用，因有水解性氟化物（氟化氢、氟光气）生成；温度在500℃以上时，可检出四氟乙烯、六氟丙烯、八氟环丁烷及大量八氟异丁烯、氟光气，毒性更强。

一般认为PTFE热裂解气毒性主要由八氟异丁烯、氟光气及氟化氢引起。其主要作用为肺的强烈刺激作用，可致肺水肿、肺出血、肺纤维化；心肌也可出现水肿、变性、坏死；此外，肝、肾及中枢神经系统也均有中毒损害发生。

(3) 丙烯腈（AN）　为无色、易燃、易爆、易挥发气体，带杏仁气味，略溶于水，易溶于有机溶剂；水溶液不稳定，碱性条件下易水解成丙烯酸，还原时生成丙腈。丙烯腈可聚合成聚丙烯腈，也可与衣康酸、丁二烯、乙酸乙烯酯、苯乙烯、氯乙烯等共聚，用于制造合成纤维、合成橡胶、合成树脂等。

丙烯腈可经呼吸道、皮肤、消化道进入人体。进入体内的丙烯腈在1h内仅少量（5%左右）以原形呼出，10%左右随尿以原形排出，另有15%左右以硫氰酸盐形式排出。故急性中毒情况下，丙烯腈可能主要以析出的氰根发挥毒性。此外，未被排出及解离的丙烯腈分子本身对中枢神经亦有损害作用。

(4) 2-氯乙醇　本品系由乙醇水解、氯化而得，主要在合成涤纶生产中用于制备乙二醇。其为无色透明液体，具醚样臭味，具挥发性；能溶于水及各种有机溶剂。

本品对中枢神经系统及肺、肝、肾等重要器官均有损害作用，可能是本品在肝内经辅酶Ⅰ作用，转化为氯乙醛所致。

(5) 氯丁二烯　常态下为具刺激性气味的无色液体，具挥发性，微溶于水，易溶于各种有机溶剂。本品在空气中极易氧化，在光和催化剂作用下可很快聚合；遇火或热金属可爆炸，生成光气和各种氯化物等。它主要用于氯丁橡胶和其他聚氯丁二烯产品的生产。

工业生产中，氯丁二烯主要经由呼吸道及皮肤吸收进入人体，仅少量经呼气和尿以原形排出，进入体内的氯丁二烯主要分布于富含脂质的组织；它不仅具有刺激性，可致眼、皮肤、呼吸道及肺损伤，对中枢神经系统、肝、肾等组织也有明显损伤作用，研究认为可能与它在体内转化为酸或生成环氧化物有关，后者具有很强的活性，可引起脂质过氧化反应，故动物或人体氯丁二烯中毒时，血或组织中还原型谷胱甘肽（GSH）减少，而脂质过氧化产物丙二醛（MDA）增多。

7. 有机农药

农药主要是指用于防治危害农作物生长及农产品贮存的病、菌、虫、鼠、杂草等的药物，也包括植物生长调节剂、脱叶剂、增效剂等化学物质。农药由于化学结构相差很大，故毒性亦不尽相同，但不少农药，尤其是有机化合物，可具有下列一些共同毒性特点。

(1) 有机农药的特点

① 神经毒性　多数有机化合物类农药，由于脂溶性较强，常具有不同程度的神经毒性，有的还是其发挥杀虫作用的主要机制。毒性最强的为有机锡、有机汞、有机氯、有机氟、有机磷、卤代烃、氨基甲酸酯等，常可致中毒性脑病、脑水肿、周围神经病等，临床可见头痛、恶心、呕吐、抽搐、昏迷、肌肉震颤、感觉障碍或感觉异常、瘫痪等，有的尚可引起中枢性高热，如六六六、狄氏剂、艾氏剂、毒杀芬等有机氯类。

② 皮肤黏膜刺激性　几乎各种农药均具一定刺激性，其中以有机硫、有机氯、有机磷、有机汞、有机锡、氨基甲酸酯、杀虫脒、酚类、卤代烃、除草醚、百草枯等作用最强，可引起皮疹、痤疮、水泡、灼伤、溃疡等。

③ 心脏毒性　不少毒药可引起心肌损伤，导致 ST 及 T 波异常、传导障碍、心律失常甚至心源性休克、猝死，尤以有机氯、有机汞、有机磷、有机氟、杀虫脒、磷化氢等最为突出。

④ 消化系统毒性　各类农药口服均可致明显化学性胃肠炎，引起恶心、呕吐、腹痛、腹泻；有的如砷制剂、百草枯、环氧丙烷、401、402 等，甚至可引起腐蚀性胃肠炎，而有呕血、便血等表现；还有些农药如有机氯、有机汞、有机砷、有机硫、氨基甲酸酯类、卤代烃、环氧丙烷、2,4-滴、杀虫双、百草枯等则具有较强的肝脏毒性，可引起肝功能异常及肝肿大。

⑤ 有些农药还具有独特的毒性，如：①血液毒性，如杀虫脒、螟蛉畏、甲酰苯肼、除草醚等可引起明显的高铁血红蛋白血症，甚至导致溶血；代森锌可引起硫化血红蛋白血症，也可致溶血；茚满二酮类可致凝血障碍，可引起全身严重出血。②肺脏毒性，五氯苯酚、氯化苦、磷化氢、福美锌、安妥、杀虫双、有机磷、氨基甲酸酯、拟除虫菊酯、卤代烃、百草枯等对肺有强烈刺激性，可引起严重化学性肺炎、肺水肿，并导致急性肺间质纤维化；③肾脏毒性，前述可引起急性血管内溶血的农药，皆可因血红蛋白尿而堵塞肾小管，引起急性肾小管坏死甚至急性肾功能衰竭。此外，有机磷、有机硫、有机汞、有机氯、有机砷、杀虫双、安妥、五氯苯酚、环氧丙烷、卤代烃等对肾小管还有直接毒性，可引起急性肾小管坏死甚至急性肾功能衰竭；杀虫脒还可以引起出血性膀胱炎。④其他，五氯酚钠、二硝基苯酚、二硝基甲酚、乐杀螨、敌螨普等可导致体内氧化磷酸化解偶联，使氧化过程生成的能量无法以 ATP 形式贮存而转化为热能释出，机体可发生高热、惊厥、昏迷。

(2) 有机农药分类

① 有机磷农药　有机磷农药为目前我国使用最广的杀虫剂，按其毒性可分为四类：a. 剧毒类，如特普、甲拌磷 (3911)、乙拌磷、磷君 (速灭磷)、对硫磷 (1605)、内吸磷 (1059)、地虫硫磷 (大风雷)、谷硫磷 (保棉磷)、硫特普 (3911 亚砜)、八甲磷、棉安磷 (硫环磷)、益棉磷、灭蚜净等；b. 高毒类，如敌敌畏、久效磷、乙硫磷 (蚜螨立死、1240)、苯硫磷 (伊波恩、EPN)、甲基对硫磷 (甲基 1605)、甲基内吸磷 (甲基 1059、4044)、甲胺磷、氧化乐果、三硫磷等；c. 中毒类，如敌百虫、乐果、茂果、伏杀硫磷、倍

硫磷（百治屠）、克瘟散、杀螟松、增效磷、皮蝇磷（伊涕 57 等）；d. 低毒类，如马拉硫磷（4049）、杀虫畏、家蝇磷、灭蚜松、溴硫磷等。

有机磷农药在体内与胆碱酯酶形成磷酰化胆碱酯酶，胆碱酯酶活性受抑制，使酶不能起分解乙酰胆碱的作用，致组织中乙酰胆碱过量蓄积，使胆碱能神经过度兴奋，引起毒蕈碱样、烟碱样和中枢神经系统症状。磷酰化胆碱酯酶一般约经 48h 即"老化"，不易复能。

按农药品种及浓度、吸收途径及机体状况而异。一般经皮肤吸收多在 2~6h 发病，呼吸道吸入或口服后多在 10min 至 2h 发病。

各种途径吸收致中毒的表现基本相似，但首发症状有所不同。如经皮肤吸收为主时常先出现多汗、流涎、烦躁不安等；经口中毒时常先出现恶心、呕吐、腹痛等症状；呼吸道吸入引起中毒时视物模糊及呼吸困难等症状可较快发生。

② 有机氟类农药　常见品种为氟乙酸钠及氟乙酰胺，毒性均甚强烈。

氟乙酸钠为一高效杀鼠剂，进入机体后可与辅酶 A 结合，生成氟乙酰辅酶 A 并进而与草酰乙酸缩合成氟柠檬酸，此步反应称为"致死合成"，因生成的氟柠檬酸可明显抑制乌头酸酶，使柠檬酸不能进一步氧化，三羧酸循环中断，能量（ATP）生成障碍，兼之有大量堆积的柠檬酸的直接刺激，从而使体内各重要器官功能发生严重障碍，尤以脑、心肌损害最为明显。

本品中毒主要由口服引起，潜伏期仅数十分钟，常见症状为恶心、呕吐、流涎、腹痛，可有血性呕吐物，继而出现中枢神经及心血管系统症状，如头痛、头晕、精神恍惚、恐惧感、面部麻木、视物不清、肌肉颤动、肌肉痉挛疼痛、心悸等，心电图检查常见有心动过速、传导阻滞、心房纤颤等；严重者可出现癫痫样发作、昏迷、脑水肿、肺水肿甚至呼吸循环骤停，死亡。本品因毒性太高，已禁止使用。

氟乙酰胺的毒性与氟乙酸钠相同，目前已不准用于杀鼠，而主要用于杀虫杀螨。本品由于不挥发、不溶于脂类，故不易经呼吸道及皮肤侵入，中毒多因误服或食用本品毒死的畜禽所致，潜伏期多为数十分钟。其中毒症状与氟乙酸钠相似。血氟、尿氟、血柠檬酸增高对诊断有重要提示作用。

③ 有机氯农药　有机氯农药基本上分为以苯为原料和以环戊二烯为原料的两大类化合物。氯苯结构较稳定，生物体内酶难以降解，所以积存在动植物体内的有机氯农药分子消失缓慢。由于这一特性，通过生物富集和食物链的作用，环境中的残留农药会进一步得到聚集和扩散。通过食物链进入人体的有机氯农药能在肝、肾、心脏等组织中蓄积，特别是由于这类农药脂溶性大，所以在体内脂肪中的蓄积更突出。蓄积的残留农药也能通过母乳排出，或转入睾丸等组织，影响后代。我国于 20 世纪 60 年代已开始禁止将 DDT、六六六用于蔬菜、茶叶、烟草等作物上。

三、急性中毒现场救护

化工企业生产中多接触有毒有害物质、化学制剂等物质，当急性中毒事故发生时，会导致大批人员受到毒害，病情往往较重。因此，现场及时有效的处理与急救，对挽救患者的生命、防止并发症有十分重要的作用。

（1）迅速脱离现场　急性中毒发生后，应迅速将受毒害人员移离现场至上风向的安全地带，以免毒物继续侵入。救护人员根据病情迅速进行分类，以保证对重症患者的全力抢救，同时对一般患者加强观察，予以必要的检查和处理，特别要注意毒物对机体的潜在危害，以免贻误治疗。救护人员在现场急救中，要有自我保护意识，如佩戴防毒面具、穿化学防护服等，同时有人监护，以便掌握情况，及时紧急处理。

（2）防止毒物继续吸收　当皮肤被酸、碱灼伤或被易于经皮肤吸收的化学品污染后，应当脱去污染的衣服、鞋袜、手套，用大量清水彻底清洗，特别要注意清洗受污染的毛发，冲洗时间不少于15min，忌用热水冲洗。在急救现场不强调使用中和剂，以免贻误治疗。对眼化学灼伤患者，及时充分的冲洗是减少组织损伤最重要的急救方法，可就近用自来水冲洗，时间一般为10～15min。吸入中毒者，应立即送到空气清新处，安静休息，保持呼吸道通畅，必要时吸氧。

（3）心、肺、脑复苏　患者被救出事故现场后，如呼吸、心跳停止，应立即进行心、肺、脑复苏。

（4）意识丧失患者的急救　对意识丧失患者，注意瞳孔、呼吸、脉搏及血压变化，及时除去口腔中的异物。

四、个体防护措施

根据有毒物质进入人体的途径，相应地采取有效措施，保护劳动者在使用化学品时的安全。

1. 呼吸防护措施

正确使用呼吸防护器是防止有毒物质从呼吸道进入人体引起职业中毒的重要措施之一。除此之外，改善劳动条件、降低作业场所有毒物质的浓度是预防职业中毒的根本措施。

2. 皮肤防护

皮肤防护主要依靠个体防护用品，如工作服、工作帽、工作鞋、手套、口罩、眼镜等，这些防护用品可以避免有毒物质与人体皮肤的接触。对于外露的皮肤，则需涂上皮肤防护剂。由于工种不同，个体防护用品的配备也因工种的不同而有所区别。操作者应按工种要求穿用工作服等防护用品，对于裸露的皮肤，也应视其所接触的不同物质，采用相应的皮肤防护剂。

皮肤被有毒物质污染后，应立即清洗。许多污染物是不易被普通肥皂洗掉的，不同的污染物分别采用不同的清洗剂。但最好不用汽油、煤油作为清洗剂。

3. 消化道防护

防止有毒物质从消化道进入人体，一是要严格遵守有关规定，在有毒工作场所作业时，应按照规定不饮水、不吃食物，防止有毒有害物质进入体内；二是提高安全防范意识，养成良好的卫生习惯，做到饭前洗手，注意个人卫生。

【任务实践】

如果你遇到中毒事故，应该怎么做？

任务三 认识灼伤及其防护措施

【案例引入】

化工厂苯酚泄漏事故

事故基本情况：2004年3月5日下午5：30，重庆某化工厂发生一起苯酚泄漏事故，现场作业工人2人中毒，其中1人死亡。

事故简要过程：3月5日下午2：10，该厂四车间缩聚工段操作工左某和周某接受安排更换B套设备底部837阀门。2：20时，未安装完的阀门突然喷出苯酚液体，直接溅到了面对阀门的左某满脸，站在其左边周某的右侧面颊及右前臂屈侧皮肤也被回溅的苯酚灼伤。左、周二人立即到约20m处的冲洗池进行冲洗。约十分钟后由受轻伤的周某和另两个工人将伤势严重（其时已神志不清、双臂强直性抽搐、口吐白沫、双耳泛青等明显中毒症状）的左某送往职工医院救护，最终抢救无效死亡。

事故直接原因：3月5日下午，该厂四车间缩聚工段因更换B套设备底部837阀门，工段长通知酯交换组的工人，不要打开A套设备底部阀门。由于酯交换组的工人没听见这一口头通知，主操工便按常规操作程序安排辅操工去打开和B套底部阀门互通的A套设备底部阀门"放苯酚"，造成了此次苯酚泄漏事故。

事故引起的思考：引发化学灼伤常见的物质有哪些？如何做好化学灼伤的防护措施？

【任务目标】

1. 了解灼伤的基本概念及其分类。
2. 掌握灼伤的现场急救方法。
3. 掌握化学灼伤的防护措施。

【知识准备】

一、灼伤及其分类

由于热力或化学物质作用于身体，引起局部组织损伤，并通过受损的皮肤、黏膜组织导致全身病理生理改变，有些化学物质还可以被创面吸收，引起全身中毒的病理过程，称为灼伤。灼伤按发生原因的不同分为化学灼伤、热力灼伤和复合性灼伤。

1. 化学灼伤

凡由于化学物质直接接触皮肤所造成的损伤，均属于化学灼伤。当强酸、强碱、磷和氢氟酸等化学物质与皮肤或黏膜接触后产生化学反应并具有渗透性，对细胞组织产生吸水、作用且溶解组织蛋白质和皂化脂肪组织，从而破坏细胞组织的生理功能而使皮肤组织致伤。

在化工生产中，经常发生由于化学物料的泄漏、外喷、溅落引起接触性外伤，主要原因有：由管道、设备及容器的腐蚀、开裂和泄漏而引起的化学物质外喷或流泄；由火灾爆炸事故而形成的次生伤害；没有安全操作规程或操作规程不完善；没有穿戴必须的个体防护用具或穿戴不完全等；操作人员误操作或疏忽大意等。

2. 热力灼伤

热力灼伤是由接触炙热物体、火焰、高温表面、过热蒸汽等所造成的损伤。此外，在化工生产中还会发生由于液化气体、干冰接触皮肤后迅速蒸发，大量吸收热量，以致引起皮肤表面冻伤。

3. 复合性灼伤

由化学灼伤与热力灼伤同时造成的伤害，或化学灼伤兼有的中毒反应等都属于复合性灼伤。例如当磷落在皮肤上时，由于磷的燃烧会造成热力灼伤，而磷燃烧后生成磷酸又会造成化学灼伤，从而引发复合性灼伤。

二、灼伤的现场急救

（一）化学灼伤的现场急救

1. 引发化学灼伤的常见物质

化学灼伤比单纯的热力灼伤更为复杂，由于化学品本身的特性，化学物质对人体组织有热力、腐蚀致伤作用，造成对组织的损伤不同，引发化学灼伤常见的物质有以下几种。

（1）酸性物质　无机酸类有硫酸、硝酸、盐酸、氢氟酸、氢碘酸等。有机酸类有甲酸、乙酸、氯乙酸、二氯乙酸、三氯乙酸、溴乙酸、乙二酸、丙烯酸、丁烯酸、乙酐、丁酸酐等。无机酸的致伤能力一般比有机酸强。

（2）碱性物质　无机碱类有氢氧化钾、氢氧化钠、氨水、氧化钙（生石灰）等。有机胺类有一甲胺、乙二胺、乙醇胺等。无机碱的致伤能力比较强，它可与组织蛋白结合，形成可溶性蛋白，并能溶解脂肪，穿透力极强，创面不宜愈合。

（3）金属、类金属化合物　金属、类金属类包括黄磷、三氯化磷、三氯氧磷、三氯化锑、砷和砷酸盐、二氧化硒、铬酸、重铬酸钾（钠）等。

（4）有机化合物　酚类有苯酚、甲酚、氨基酚等。醛类有甲醛、乙醛、丙烯醛、丁烯醛等。酰胺类有二甲基酰胺等。还有环氧化合物、烃类、氧代烃类等。

2. 化学灼伤的现场急救

化学腐蚀品造成的化学灼伤与火烧伤、烫伤不同，不同类别的化学灼伤，急救措施不同，要根据灼伤物的不同性质，分别进行急救。化学灼伤的损害程度，与化学品的性质、剂量、浓度、物理状态（固态、液态、气态）、接触时间和接触面积的大小，以及当时采取的急救措施等有着密切的关系。因此，当发生化学灼伤时，首先要立即脱离危害源，就近迅速清除伤员患处的残余化学物质，脱去被污染或浸湿的衣裤，用自来水反复冲洗烧伤、烫伤、灼伤的部位，以稀释或除去化学物质，时间不应少于30min。冲洗后可用消毒敷料或干净被单覆盖伤面以减少污染，不要在受伤处随便使用消炎类的药膏或油剂，以免影响治疗。在经过简单的自救后，要赶快送医院救治。常见的化学灼伤急救处理方法有以下几种。

(1) 酸类灼伤　常见的强酸如硫酸、硝酸、盐酸都具有强烈的刺激性和腐蚀作用。硫酸灼伤皮肤一般呈黑色，硝酸灼伤呈灰黄色，盐酸灼伤呈黄绿色。皮肤被酸灼伤后立即用大量流动清水冲洗（皮肤被浓硫酸沾污时切忌先用水冲洗，以免硫酸水合时强烈放热而加重伤势，应先用干抹布吸去浓硫酸，然后再用清水冲洗），彻底冲洗后可用2%～5%的碳酸氢钠溶液、淡石灰水或肥皂水进行中和。切忌未经大量流水彻底冲洗就用碱性药物在皮肤上直接中和，这样会加重皮肤的损伤。强酸溅入眼内，在现场立即就近用大量清水或生理盐水彻底冲洗，冲洗时应将头置于水龙头下，使冲洗后的水自伤眼的一侧流下，这样既避免水直接冲眼球，又不至于使带酸的冲洗液进入另一只眼。冲洗时应拉开上下眼睑，使酸不至于留存眼内和下睑穹窿部中。如无冲洗设备，可将眼浸入盛清水的盆内，拉开下眼睑，摆动头部洗掉酸液，切忌因疼痛而紧闭眼睛，经上述处理后立即送医院治疗。

(2) 碱类灼伤　强碱具有腐蚀性和刺激作用，使体内脂肪皂化，组织胶凝化变为可溶性化合物，破坏细胞膜结构，使病变向纵深发展。一旦碱灼伤皮肤，应立即用大量水冲洗，至碱性物质消失为止，再用1%～2%乙酸或3%硼酸溶液进一步冲洗。眼灼伤时先用大量流水冲洗，再选择适当的中和药物如2%～3%硼酸溶液大量冲洗，特别要注意眼下睑穹窿部要冲洗彻底。

(3) 溴灼伤　溴灼伤皮肤时，先用大量水冲洗，再用1体积氨水（25%）、1体积松节油和10体积乙醇（95%）混合液洗涤包扎。如不慎吸入溴蒸气时，可吸入氨气和新鲜空气解毒。

(4) 磷灼伤　皮肤被磷（三氯化磷、三溴化磷、五氯化磷、五溴化磷）灼伤时，及时脱去污染的衣物，并立即用清水冲洗，再用2%碳酸氢钠溶液浸泡以中和生成的磷酸，然后用1%硫酸铜溶液轻涂伤处，以使皮肤上残存的白磷形成不溶性磷化铜，阻止皮肤吸收白磷，用0.1%高锰酸钾湿敷包扎，不能将创伤面暴露于空气中，不能涂抹油脂类物质。

(5) 酚灼伤　皮肤被酚灼伤时立即用30%～50%酒精揩洗数遍，再用大量清水冲洗干净而后用硫酸钠饱和溶液湿敷4~6h，由于酚用水冲淡变为1:1或2:1浓度时，在瞬间可使皮肤损伤加重而增加酚的吸收，故不可先用水冲洗污染面。

（二）热力灼伤的现场急救

热力灼伤主要是皮肤损伤，严重者可伤及皮下组织、肌肉、骨骼、关节、神经、血管，甚至内脏，也可伤及被黏膜覆盖的部位，如眼、口腔、食管、胃、呼吸道、直肠、阴道、尿道等。由于热力灼伤是沸液、蒸汽等所引起的组织损伤，是伤在体表，反应在全身，是全身性的反应或损伤，尤其是大面积烧伤，全身各系统均可被累及。因此，当发生热力灼伤时，可以采取以下急救措施。

(1) 迅速脱离热源　如火焰烧伤应尽快灭火，脱去燃烧衣物，就地翻滚或是跳入水池，熄灭火焰。互救者可就近用非易燃物品（棉被、毛毯）覆盖，隔绝灭火。忌奔跑呼叫，以免风助火势，烧伤头面部和呼吸道。避免双手扑打火焰，造成双手烫伤。热液浸渍的衣裤，可以冷水冲淋后剪开取下，强力剥脱易撕破水疱皮。小面积烧伤立即用清水连续冲洗或浸泡，既可减痛又可以带走余热。

(2) 保护受伤部位　在现场附近，创面只求不再污染、不再损伤，可用干净敷料或布料保护，或简单包扎后送医院处理。避免用有色药物涂抹，增加随后深度判断的难度。

(3) 维护呼吸道通畅　火焰烧伤的同时，呼吸道常受烟雾热力等损伤，应注意保护呼吸道通畅，必要时给予吸氧。

三、化学灼伤的防护措施

化学灼伤往往是伴随着生产事故或设备、管道等腐蚀、断裂时发生的，它与生产管理、操作、工艺和设备等因素有密切关系，因此必须采取综合性安全技术措施才能有效地预防化学灼伤事故。

1. 采取有效的防腐措施

为防止设备管道受到介质腐蚀而发生泄漏，加强对设备管道的防腐处理是预防灼伤的重要措施之一。

2. 改革工艺和设备结构

在使用具有化学灼伤危险物质的生产场所，工艺设计时应该优先考虑防止物料喷溅的合理流程、设备布局、材质选择及必要的控制和防护装置。

3. 加强安全性预测检查

使用先进的探测、探伤仪器等定期对设备管道进行检查，及时发现并正确判断设备腐蚀操作部位及程度，及时消除隐患。

4. 加强设备管道日常检查和管理

加强对设备管道的日常检查管理，尤其是设备管道接口处的检查和管理，杜绝"跑、冒、滴、漏"也是预防灼伤的重要措施之一。

5. 加强安全防护设施

加强安全防护措施，如贮槽敞开部分应高于地面1m以上，如低于1m时，应在其周围设置护栏并加盖，防止操作人员不小心跌入；禁止将危险液体盛入非专用和没有标志的容器内；搬运酸、碱槽时，要两个人抬，不得单人背运等，这也是预防灼伤的措施之一。

6. 加强个体防护

在处理有灼伤危险的物质时，穿戴好必要的工作服和防护用具，如护目镜、面具或面罩、手套、毛巾、工作帽等，是避免不必要的伤害的有效措施。

【任务实践】

如果你身边的人遇到化学性灼伤事故，应该怎么做？

任务四　认识粉尘危害及其防护措施

【案例引入】

关于尘肺病

材料一：陕西一小镇某村是"尘肺病村"，至 2016 年 1 月，被查出的 100 多个尘肺病人中，已有 30 多人去世。起因是 20 世纪 90 年代后，部分村民自发前往矿区务工，长期接触粉尘却没有采取有效防护措施。医疗专家组在普查和义诊中发现，当地农民对于高粉尘的工作环境的危害不清楚或者完全不知道，对于尘肺病的危害及防治知识也一无所知，有些得了病后认为"无法治疗"，甚至还有人患病后仍继续从事同类工作，失去了最佳治疗时机。

材料二：[人民网] 2019 年 7 月 30 日，在健康中国行动推进委员会召开的《健康中国行动（2019—2030）》职业健康保护行动的发布会上，国家卫健委职业健康司司长吴宗之表示，截至 2018 年底，我国累计报告职业病 97.5 万例，其中，职业性尘肺病 87.3 万例，约占报告职业病病例总数的 90%。

事故引起的思考：粉尘的健康危害有哪些？如何预防粉尘危害？

【任务目标】

1. 了解粉尘来源及其分类。
2. 了解粉尘的健康危害。
3. 掌握预防粉尘危害的措施。

【知识准备】

一、粉尘来源及其分类

粉尘是指悬浮在空气中的固体微粒。习惯上对粉尘有许多名称，如灰尘、尘埃、烟尘、矿尘、沙尘、粉末等，通常把粒径小于 75μm 的固体悬浮物定义为粉尘。生产性粉尘是指在生产中形成的，并能较长时间悬浮在生产环境空气中的固体颗粒物（图 8-9）。它是污染生产环境，影响劳动者身体健康的主要因素之一。

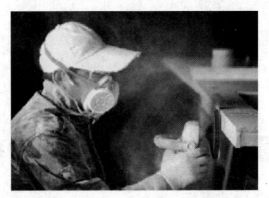

图 8-9 生产性粉尘

(一) 粉尘的来源

生产性粉尘的主要来源：①固体物质的机械加工或粉碎，如金属研磨、切削、钻孔、爆破、破碎、磨粉、农林产品加工等；②物质加热时产生的蒸气在空气中凝结或被氧化所形成的尘粒，如金属熔炼、焊接、浇铸等；③有机物质不完全燃烧所形成的微粒，如木材、油、煤类等燃烧时所产生的烟尘等；④铸件的翻砂、清砂，粉状物质的混合、过筛、包装、搬运等操作过程中，以及沉积的粉尘由于振动或气流运动重又浮游于空气中（产生二次扬尘）。

(二) 粉尘的分类

粉尘的分类，通常有两种方法，一种是按粉尘的性质分类，另一种是按粉尘颗粒的大小分类。

1. 按粉尘的性质分类

(1) 无机性粉尘

① 金属性粉尘：如铝、铁、锡、铅、锰、铜等金属及其化合物粉尘。

② 非金属的矿物粉尘：如石英、石棉、滑石、煤等粉尘。

③ 人工合成无机粉尘。

(2) 有机性粉尘

① 植物性粉尘：如木尘、烟草、棉、麻、谷物、茶、甘蔗、丝等粉尘。

② 动物性粉尘：如畜毛、羽毛、角粉、骨质等粉尘。

③ 人工合成有机粉尘：如有机染料、农药、人造有机纤维等粉尘。

(3) 混合性粉尘 混合性粉尘是指上述多种粉尘的混合物，如金属研磨时，金属和磨料粉尘混合物等。

2. 按粉尘颗粒的大小分类

(1) 灰尘 粉尘粒子的直径大于 $10\mu m$，在静止的空气中，以加速沉降，不扩散。

(2) 尘雾 粉尘粒子的直径介于 $0.1 \sim 10\mu m$，在静止的空气中，以等速降落，不易扩散。

(3) 烟尘　粉尘粒子直径为 0.001~0.1μm，因其大小接近于空气分子，受空气分子的冲撞呈布朗运动（不规则运动），几乎完全不沉降或非常缓慢而曲折地降落。

二、粉尘的危害

1. 对人体的危害

（1）引起尘肺病或其他肺部疾病　生产性粉尘根据其理化特性和作用特点不同，可引起不同的疾病。肺是生产性粉尘对人体的最主要的危害之一，长期吸入不同种类的粉尘可导致不同类型的尘肺病或其他肺部疾病。如长期接触生产性煤尘的作业人员，因长期吸入煤尘，肺内粉尘的积累逐渐增多，当达到一定数量时即可引发尘肺病。煤尘太多会积聚到肺内，被肺内的吞噬细胞吞噬，但是吞噬细胞却不能将这些煤尘消化分解，导致吞噬细胞死亡释放胞内的蛋白水解酶以及一些酸类物质溶解周围肺组织，但是肺组织有自身保护机制，为了防止蛋白水解酶以及一些酸类物质的破坏扩散开来，肺部会形成很多纤维样组织将这些部位包围起来。因此，长期在煤尘多的地方工作会造成肺部的广泛纤维化，使肺的顺应性以及弹性降低，影响肺的正常功能，这种疾病叫作尘肺，严重的还会造成外呼吸功能障碍，甚至呼吸衰竭。

（2）致癌　有些粉尘具有致癌性，如石棉是世界公认的人类致癌物质，石棉尘可引起间皮细胞瘤，可使肺癌的发病率明显增高。

（3）毒性作用　铅、砷、锰等有毒粉尘，能在支气管和肺泡壁上被溶解吸收，引起铅、砷、锰等中毒。

（4）局部作用　粉尘堵塞皮脂腺使皮肤干燥，可引起痤疮、毛囊炎、脓皮病等；粉尘对角膜的刺激及损伤可导致角膜的感觉丧失，角膜混浊等改变；粉尘刺激呼吸道黏膜，可引起鼻炎、咽炎、喉炎。

2. 粉尘爆炸

粉尘与空气混合，能形成可燃的混合气体，当其浓度和氧气浓度达到一定比例时若遇明火或高温物体，极易着火，可发生粉尘爆炸，其危害性十分巨大。燃烧后的粉尘，氧化反应十分迅速，它产生的热量能很快传递给相邻粉尘，从而引起一系列连锁反应。

三、粉尘危害的防护措施

生产性粉尘综合防尘措施可以概括为八个字，即"革、水、密、风、管、教、护、检"。

（1）革　改革工艺过程，革新生产设备，是消除粉尘危害的根本途径。如通过以低粉尘、无粉尘物料代替高粉尘物料；以不产尘设备、低尘设备代替高产尘设备；远距离操纵、计算机控制、隔室监控等避免接触粉尘；采用风力运输、负压吸砂等减少粉尘外逸；用含石英低的石灰石代替石英砂作为铸型材料，减轻粉尘的危害。

（2）水　即湿式作业，是经济易行、安全有效的防尘措施。水对大部分种类的粉尘，尤其是矿物性粉尘具有良好的抑制作用，因此可通过洒水、喷雾、注水、水幕等，防止粉尘飞扬，降低环境粉尘浓度。如采用湿式碾磨石英、耐火材料原料；矿山湿式凿岩、井下运输喷雾洒水、煤层高压注水等作业，基本上可以防止粉尘飞扬，降低环境粉尘浓度。

（3）密　密闭尘源，对产生粉尘的设备，使用密闭的生产设备或者将敞口设备改成密闭设备。这是防止和减少粉尘外逸，治理作业场所空气污染的重要措施。

（4）风　通风排尘，受生产条件限制，设备无法密闭或密闭后仍有粉尘外逸时，要采取通风措施，将产尘点的含尘气体直接抽走，确保作业场所空气中的粉尘浓度符合国家卫生标准。

（5）管　领导要重视防尘工作，防尘设施要改善，维护管理要加强，确保设备的良好、高效运行。

（6）教　加强防尘工作的宣传教育，普及防尘知识，使接触粉尘者对粉尘危害有充分的了解和认识。

（7）护　个人防护，是防、降尘措施的补充，特别在技术措施未能达到的地方必不可少。作业中接触粉尘的人员，在作业现场防尘、降尘措施难以使粉尘浓度降至符合作业场所卫生标准的条件下，一定要佩戴防尘护具。如防尘口罩、防尘安全帽、送风口罩、防尘服等。防尘效果较好的有防尘安全帽、送风口罩等，适用于粉尘浓度高的环境；在粉尘浓度较低的环境中，佩戴防尘口罩有一定的预防作用。另外，工作结束后使用护肤霜和皮肤清洗液；不在工作场所进食吸烟，注意个人卫生；回家前将工作服换下彻底洗净；吃食物前一定先洗干净手。

（8）检　定期对接触粉尘人员进行体检；对从事特殊作业的人员应发放保健津贴；有作业禁忌证的人员，不得从事接触粉尘作业。

【任务实践】

如果你身边的人因为接触粉尘而导致身体出现异常，应该怎么做？

任务五　认识机械伤害及其防护措施

【案例引入】

某公司机械伤害事故

事故基本情况： 2019年8月11日，扬州市某厂的韩某在激光切割机上作业时，被机械部件碾压，后经抢救无效死亡。

事故简要过程： 2019年8月11日12时20分左右，韩某进入车间作业，此时车间内无其他人员在场。12时28分，韩某设定好激光切割机的电脑程序开始自动切割不锈钢板，然后进入工作台，站在锯齿状的支撑条上。12时29分，切割完成，激光切割机的横梁自动往东侧停靠位置移动。横梁在移动过程中将韩某碰倒，并从其身上碾压过去。

事故直接原因：在激光切割机运行期间，韩某进入工作台，站在横梁的运行区域内，不慎被横梁碰倒碾压，从而导致该起事故的发生。

事故引起的思考：造成机械伤害事故的主要原因有哪些？机械伤害的防护措施有哪些？

【任务目标】

1. 了解机械伤害的基本内容。
2. 了解机械伤害的现场急救。
3. 掌握机械伤害的防护措施。

【知识准备】

一、机械伤害及其分类

1. 机械伤害概念

机械伤害主要指机械设备运动（静止）部件、工具、加工件直接与人体接触引起的夹击、碰撞、剪切、卷入、绞、碾、割、刺等形式的伤害。各类转动机械的外露传动部分（如齿轮、轴、履带等）和往复运动部分都有可能对人体造成机械伤害。

2. 常见产生机械伤害的机械设备

① 各种起重吊装设备及其配套吊索具。
② 各类旋转切割打磨设备、钻孔设备、手持电动工具。
③ 可自行行走的自动焊机、卷板机、剪板机、压缩机。
④ 手锤、手锯、撬杠、钳子等工具。

这些设备和工具在使用过程中，如果操作不当或不注意就会发生机械伤害，且发生频率较高，有的会对人身造成严重伤害。

3. 机械伤害的事故主要原因

形成机械伤害的事故主要原因如下。

① 检修、检查机械时忽视安全措施。如人进入设备（球磨机等）检修、检查作业，不切断电源，未挂不准合闸警示牌，未设专人监护等措施而造成严重后果；也有的因当时受定时电源开关作用或发生临时停电等因素误判而造成事故；也有的虽然对设备断电，但因未等至设备惯性运转彻底停住就下手工作，同样造成严重后果。

② 缺乏安全装置。如有的机械传动带、齿机、接近地面的联轴节、皮带轮、飞轮等易伤害人体没有完好防护装置的部位；还有的人孔、投料口、绞笼井等部位缺护栏及盖板，无警示牌，人一疏忽误接触这些部位往往会造成事故。

③ 电源开关布局不合理，一种是有了紧急情况不立即停车；另一种是好几台机械开关设在一起，极易造成误开机械引发严重后果。

④ 自制或任意改造机械设备，不符合安全要求。

⑤ 在机械运行中进行清理、卡料、上皮带蜡等作业。
⑥ 任意进入机械运行危险作业区（采样、干活、借道、拣物等）。
⑦ 不具操作机械素质的人员上岗或其他人员乱动机械。

二、机械伤害的现场急救

1. 机械伤害现场急救的要求

机械伤害现场急救的要求：安全、简单、快速、准确。

（1）安全　是指施救前、施救中及施救后都要排除任何可能威胁到救援人员、伤患的因素。常见的包括环境的安全隐患、救与患相互间传播疾病的隐患、法律上的纠纷、急救方法不当对救援人员或伤患造成的伤害等。

（2）简单　简单的目的是便于学习、便于记忆、便于掌握，在急救过程当中把没有实际意义的环节省去，能够提高效率。

（3）快速　快速是确保效率的一种有效手段，在确保操作准确的前提下，尽量加快操作速度可以提高施救效率。

（4）准确　指施救技术的准确有效性，是现场施救的重点要求，无效的施救等同于浪费时间，耽误病人的病情。

2. 机械伤害现场急救的顺序

① 发生机械伤害事故后，现场人员不要害怕和慌乱，要保持冷静，无论是急病或创伤，无论条件多么简陋、人员多么混乱、现场多么嘈杂，都要做到急而不乱，有条理、循步骤、按计划地进行救治。

② 现场评估。在现场救助伤者，首要的问题是评估现场是否有潜在的危险。如有危险，应尽可能解除。例如机械夹住手后要立即停车，有人触电时要立即拉下电闸。

③ 迅速拨打急救电话，向医疗救护单位求援。记住报警电话很重要，我国通用的医疗急救电话为"120"，但除了"120"以外，各地还有其他的急救电话，也要适当留意。在发生伤害事故后，要迅速及时拨打急救电话，拨打急救电话时，要注意以下问题：

a. 在电话中应向医生讲清伤员的确切地点、联系方法（如电话号码）、行驶路线；

b. 简要说明伤员的受伤情况、症状等，并询问清楚在救护车到来之前，应该做那些急救措施；

c. 派人到路口准备迎候救护人员。

3. 机械伤害常用的止血方法

① 伤口加压法。伤口加压法主要适用于出血量不太大的一般伤口，通过对伤口的加压和包扎，减少出血，让血液凝固。其具体做法是如果伤口处没有异物，用干净的纱布、布块、手绢、绷带等物或直接用手紧压伤口止血；如果出血较多时，可以用纱布、毛巾等柔软物垫在伤口上，再用绷带包扎以增加压力，达到止血的目的，如图8-10所示。

② 手压止血法。临时用手指或手掌压迫伤口靠近心端的动脉，将动脉压向深部的骨头

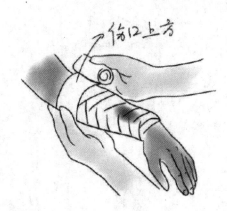

图 8-10 伤口加压法

上，阻断血液的流通，从而达到临时止血的目的，如图 8-11 所示。这种方法通常是在急救中和其他止血方法配合使用，其关键是要掌握身体各部位血管止血的压迫点。手压法仅限于无法止住伤口出血，或准备敷料包扎伤口的时候。施压时间切勿超过 15min。如施压过久，肢体组织可能因缺氧而损坏，以致不能康复，继而还可能需要截肢。

③ 止血带法。止血带法适合于四肢伤口大量出血的情况，主要有布止血带绞紧止血、布止血带加垫止血和橡皮止血带止血三种，如图 8-12 所示。使用止血带法止血时，绑扎松紧要适宜，以出血停止、远端不能摸到脉搏为好。使用止血带的时间越短越好，最长不宜超过 3h，并在此时间内每隔半小时（冷天）或 1h 慢慢解开、放松一次。每次放松 1~2min，放松时可用指压法暂时止血。不到万不得已时不要轻易使用止血带，因为止血带能把远端肢体的全部血流阻断，造成组织缺血，时间过长会引起肢体坏死。

图 8-11 手压止血法

4. 机械伤害现场急救的基本要点

① 发生机械伤害时，首先应立即关停机器，并对伤者进行急救检查。急救检查应先看神志、呼吸，接着摸脉搏、听心跳，再查瞳孔，有条件者测血压。检查局部有无创伤、出血、骨折、畸形等变化。

② 急救时遵循"先救命、后救肢"的原则，优先处理颅脑伤，胸伤，肝、脾破裂等危及生命的内脏伤，然后处理肢体出血、骨折等伤。根据伤者的情况，有针对性地采取人工呼吸、心脏按压、止血、包扎、固定等临时应急措施。

③ 如果呼吸已经停止，立即实施人工呼吸。

④ 如果脉搏不存在、心脏停止跳动，立即进行心肺复苏。

⑤ 如果伤者出血，进行必要的止血及包扎。如果发生断手、断指等严重情况时，对伤者伤口要进行包扎止血、止痛，进行半握拳状的功能固定；断手、断指应用消毒或清洁敷料

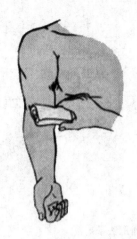

图 8-12　布止血带绞紧止血

包好,将包好的断手、断指放在无泄漏的塑料袋内,扎紧袋口,在袋周围放上冰块或用冰棍代替,速将伤者送医院进行抢救。

⑥ 如有腹腔脏器脱出或颅脑组织膨出,可用干净毛巾、软布料或搪瓷碗等加以保护。

⑦ 让患者平卧并保持安静,如有呕吐,同时无颈部骨折时,应将其头部侧向一边,以防止噎塞。

⑧ 如有骨折者,用木板等进行现场临时固定。

⑨ 神志昏迷者,未明了病因前,注意心跳、呼吸两侧瞳孔大小。有舌后坠者,应将舌头拉出或用别针穿刺固定在口外,防止窒息。

⑩ 不要给昏迷或半昏迷者喝水,以防液体进入呼吸道而导致窒息,也不要用拍击或摇动的方式试图唤醒昏迷者。

三、机械伤害的防护措施

① 要保证机械设备不发生事故,不仅机械设备本身要符合安全要求,更重要的是要求操作者严格遵守安全操作规程。

② 必须正确佩戴好个体防护用品和用具。该穿戴的必须要穿戴,不能穿戴的就一定不要穿戴。例如操作旋转机械加工时,要求女工戴帽子,如果不戴就可能将头发绞进去。同时要求不得戴手套,如果戴了,机械的旋转部分就可能将手套绞进去,将手绞伤。

③ 操作前要对机械设备进行安全检查,而且要空车运转一下,确认正常后,方可投入运转。

④ 机械设备严禁带故障运行,千万不能凑合使用,以防出事故。

⑤ 机械设备的安全装置、联锁装置必须按规定正确使用,更不能将其拆掉使用。

⑥ 使用的刀具、量具等物品不要放置在机床旋转体或者工作台面上。毛坯或加工好的工件,未码放整齐、牢靠,不得开始作业或者擅自离开。

⑦ 机床在运转时,切忌隔着运转部件拿取工件或传递物品,也不得进行测量、调整、清理、维修等工作。

⑧ 机械设备运转时，严禁用手调整、测量，严禁用手代替夹具或用手拿工件直接加工，如必须进行时，则应首先停止机械设备。

⑨ 机械设备运转时，不得与无关人员聊天，也不得擅自离开工作岗位，以防发生问题。

⑩ 两人以上作业时，必须有人统一指挥，否则不得开机作业。

⑪ 工作结束后，应切断电源，把刀具和工件从工作位置退出，并整理好作业场地，将零件、夹具等摆放整齐，打扫好卫生。

【任务实践】

如果身边的人出现机械伤害事故，应该怎么做？

任务六 认识工业噪声及其防护措施

【案例引入】

"职业性噪声聋"事件

事故基本情况：2013年某五金压铸厂54名作业工人进行在岗职业健康检查，最后有2名工人确诊为"职业性噪声聋"，1名为"观察对象"。

事故简要过程：2013年1月，某五金压铸厂安排54名作业工人进行在岗职业健康检查，发现多名工人纯音测听结果异常，经多次复查后，有3名员工被诊断为"疑似职业性噪声聋"，最后有2名工人确诊为"职业性噪声聋"，1名为"观察对象"。该厂成立于2000年6月，主要生产锌合金的锻造毛坯件、自行车零配件。制造部的研磨、冲压岗位存在噪声职业病危害因素，工作场所噪声强度为：研磨岗位95.7～96.8dB（A），冲压岗位87.4～91.0dB（A）。

事故直接原因：由于建厂时间较久，厂房设计不合理，产生噪声的机器密度较大，导致作业场所噪声强度超标，同时还未设置有效的隔声降噪防护设施。

事故引起的思考：如何做好工业噪声防护措施？

【任务目标】

1. 了解工业噪声的基本内容。
2. 了解工业噪声的危害。
3. 了解工业噪声的防护措施。

【知识准备】

一、工业噪声及其分类

工业噪声通常是指在工业生产活动中使用固定的设备时产生的干扰周围生活环境的声音。工业噪声按照声源产生的方式和噪声性质，可分为以下两种类别。

1. 按照声源产生的方式分类

（1）空气动力噪声　由气体振动产生，是当气体中存在涡流或发生压力突变时引起的气体扰动。如通风机、鼓风机、空压机、燃气轮机、高炉和锅炉排气放空等都可以产生空气动力噪声。

（2）机械噪声　在撞击、摩擦、交变机械应力或磁性应力等的作用下，机械设备的金属板、轴承、齿轮等发生碰撞、振动而产生机械噪声。如球磨机、轧机、破碎机、机床以及电锯等所产生的噪声都属于此类噪声。

（3）电磁性噪声　由于电动机和发电机中交变磁场对定子和转子作用，产生周期性的交变力，引起振动时产生的。如发电机、变压器、继电器产生的噪声。

2. 按照噪声性质分类

① 稳态噪声　在观察时间内，采用声级计"慢挡"动态特性测量时，声级波动3dB（A）的噪声。

② 非稳态噪声　在观察时间内，采用声级计"慢挡"动态特性测量时，声级波动≥3dB（A）的噪声。

③ 脉冲噪声　是突然爆发又很快消失，持续时间≤0.5s，间隔时间＞1s，声压有效值变化≥40dB（A）的噪声。

二、工业噪声的危害

（1）噪声对听觉器官的损伤　噪声对人体最直接的危害是听力损失。当噪声声级在85～90dB（A）之间时，会使长时间接触噪声的劳动人员产生语言听力损伤、睡眠不良、耳鸣、头痛等状况；如果噪声声级达到110dB（A）以上时，就会对未佩戴防护用品的接触人员造成永久性的听力损伤；若噪声达到130dB（A），则会导致接触者产生耳痛或鼓膜伤害；如果声级达到165dB（A）以上时，会导致接触者鼓膜穿孔。

（2）对神经系统的影响　由于噪声的作用，会产生头痛、脑涨、耳鸣、失眠、全身疲乏无力以及记忆力减退等神经衰弱症状。

（3）易引发心血管系统疾病　长期在高噪声环境下工作与低噪声环境下工作的情况相比，高血压、动脉硬化和冠心病的发病率要高2～3倍。

（4）引起消化系统功能紊乱　噪声还会引起消化不良、食欲不振、恶心呕吐，使肠胃病和溃疡病发病率升高。

三、工业噪声的防护措施

常用的噪声防护措施可分为噪声防护设施和个体噪声防护用品两大部分。

(一)噪声防护设施

噪声防护设施指的是可以减轻噪声至标准范围内的一系列措施,主要包含源头防护和传播防护两方面来进行。

1. 噪声源头防护设施

在噪声源头方面,可以从改进机械设计,把钢件以高阻尼的材料来代替,以减小机械噪声;同时还可以通过改变设备结构,以噪声较小的运动方式去替代噪声较大的运动方式,来减小噪声,如用斜齿轮替代直齿轮,就可以起到减小接触缝隙、减小噪声来源的目的;同时在施工过程中,也可以改变施工工艺,如在满足强度要求的情况下,使用铆接来替代焊接,用液压动力替代柴油动力等;对于由于碰撞而产生的噪声,可以通过改进工件精度、动平衡、装配方式等方法来降低其产生的机械噪声。

而对于气流噪声的控制,则可以通过将与生产无直接关联的电动机、鼓风机等高噪声设备置于生产车间外部或独立车间,以防止其产生的噪声对其他岗位的工人产生影响;同时,还可以通过改变叶扇型式、转速等参数来减小气流噪声;同时尽量少用弯头,使气流传输顺畅,也可以一定程度上减小气流噪声的影响。

2. 噪声传播防护措施

在阻断噪声的传播方面,可以通过对生产区域的合理布局,使噪声设备与非噪声设备分隔,使工作区域不发生干扰;或者合理使用隔声壁、吸声装潢等来减轻或阻断噪声的传播。如可以在生产车间的墙壁上使用加气混凝土、木丝板、甘蔗板等来吸收车间内所产生的噪声;或者在气流噪声处加上消声器,以减小噪声的传播。

(二)个体噪声防护用品

通常情况下,在噪声较大的工作场所,工作人员应该佩戴耳塞、耳罩等个体防护用品。合理选用护耳器是保障工人安全的前提,要尽量使工作人员在佩戴护耳器后其接触的噪声在75~80dB(A)之间,若大于80dB(A),工作人员还会受到噪声的损害;若低于75dB(A),则会产生过保护,使工作人员无法听到正常的安全警示或报警,增加了隐患。因此其选择要满足《护听器的选择指南》(GB/T 23466—2009)的相关要求。

此外,企业要相应地做好工作人员职业卫生档案的建立,要做好上岗前、在岗期间、离岗后和应急的健康检查工作,并做好相应的培训工作,使工作人员正确使用并坚持使用个体防护用品,发现有职业病迹象的要立项检查并调岗,并做好后续工作。与此同时,建立合理的劳动休息制度,如实现工间休息或隔声室休息,尽量缩短在高噪声环境的工作时间。定期对车间噪声进行监测,并对产生严重噪声危害的厂矿、车间进行卫生监督,促其积极采取措施降低噪声,以符合噪声卫生标准的要求。

【任务实践】

在日常生活和以后的工作中，应该如何防止噪声对人体的危害？

知识巩固

一、选择题

1. 《职业病防治法》所称职业病，是指企业、事业单位和个体经济组织的劳动者在职业活动中，因接触粉尘、（　　）和其他有毒、有害物质等因素而引起的疾病。

   A. 化学物质　　　　B. 放射性物质　　　　C. 腐蚀性物质　　　　D. 剧毒物质

2. 下列属于化学性职业病危害因素的是（　　）。

   A. 粉尘　　　　　　B. γ射线　　　　　　C. 微波　　　　　　　D. 病毒

3. 《职业病分类和目录》将职业病分为（　　）。

   A. 10大类117种　　B. 10大类115种　　　C. 10大类105种　　　D. 10大类132种

4. 下列属于安全帽的错误使用方法的是（　　）

   A. 戴安全帽系扣带并收紧

   B. 安全帽后箍按头型调整箍紧

   C. 使用合格安全帽

   D. 扣带放在脑后或帽衬内

5. 使用化学品时必须佩戴（　　）。

   A. 防割手套　　　　B. 防酸碱手套　　　　C. 防油手套　　　　　D. 帆布手套

6. 当被烧伤或烫伤时，正确的急救方法应该是（　　）。

   A. 以最快的速度用冷水冲洗烧伤部位　　　B. 迅速包扎　　　C. 不用管

7. 强酸灼伤皮肤不能用（　　）冲洗。

   A. 热水　　　　　　B. 冷水　　　　　　　C. 弱碱溶液

8. 由于接触高温表面造成的损伤称为（　　）。

   A. 化学灼伤　　　B. 热力灼伤　　　C. 复合性灼伤

9. 下列控制措施中不属于从源头控制粉尘危害的措施是（　　）。

   A. 佩戴防尘护具　　B. 湿式作业　　　　　C. 密闭　　　　　　　D. 改革工艺过程

10. 生产性粉尘预防控制措施的"八字"方针是（　　）。

   A. 革、水、密、风、护、管、教、查

   B. 革、水、密、风、护、改、教、查

   C. 换、水、密、风、护、改、教、查

   D. 换、水、密、风、护、管、教、查

11. 生产性粉尘预防控制措施的"八字"方针中，防止粉尘危害的根本措施是（　　）。

   A. 加强管理　　　　B. 技术革新　　　　　C. 通风除尘　　　　　D. 湿式作业

二、简答题

1. 如何进行职业中毒的现场急救？
2. 为防止发生职业中毒事故，化工企业人员应该注意哪些问题？
3. 如何预防化学灼伤？
4. 简述如何在粉尘环境中做好个体防护措施？
5. 简述三种止血方法。
6. 简述在化工生产中，如何做好个体的机械伤害防护。
7. 噪声对人体的危害表现在哪几个方面？
8. 简述在工业生产中，如何做好个体的噪声防护？

项目九

化工企业安全管理及安全文化建设

现代安全管理，即在传统安全管理的基础上，吸取长处与优点，利用系统论、信息论、控制论和行为科学等现代科学理论作为指导，树立以人为中心的管理思想，综合运用安全系统工程等现代科学方法和手段，对安全生产实行全员的、全面的、全过程的管理。

任务一　认识安全管理

【发展历史引入】

人类要生存、要发展，就需要认识自然、改造自然，通过生产活动和科学研究，掌握自然变化规律。科学技术的不断进步，生产力的不断发展，使人类生活越来越丰富，但也产生了威胁人类安全与健康的安全问题。

人类"钻木取火"的目的是利用火，如果不对火进行管理，火就会给使用者带来灾难。在公元前 27 世纪，古埃及第三王朝建造金字塔，如此庞大的工程，生产过程中没有管理是不可想象的。到公元 12 世纪，英国颁布了《防火法令》，17 世纪颁布了《人身保护法》，安全管理有了自己的法规。

我国早在先秦时期，《周易》一书中就有"水火相忌""水在火上，既济"的记载，说明了用水灭火的道理。自秦人开始兴修水利以来，几乎历朝历代都设有专门管理水利的机构。18 世纪中叶，蒸汽机的发明引发了工业革命，大规模的机器化生产开始出现，工人们在极其恶劣的作业环境中作业，一些学者也开始研究劳动安全卫生问题。安全生产管理的内容和范畴有了很大发展。

20 世纪初，现代工业兴起并快速发展，重大生产事故和环境污染时有发生，企业家不得不花费一定的资金和时间对工人进行安全教育。到了 20 世纪 30 年代，很多国家设立了安全生产管理的政府机构，发布了劳动安全卫生的法律法规，逐步建立了较完善的安全教育、管理、技术体系，初具现代安全生产管理雏形。

【任务目标】

1. 认识安全管理发展史。
2. 了解现代安全管理相关知识。

【知识准备】

一、安全管理的定义

生产活动是人类认识自然、改造自然过程中最基本的实践活动，它为人类创造了巨大的社会财富，是人类赖以生存和发展的必要条件。然而，生产活动过程中总是伴随着各种各样的危险有害因素，如果不能够采取有效的预防措施和保护措施，所造成的危害是很严重的，有时甚至是灾难性的。

安全管理是在人类社会的生产实践中产生的，并随着生产技术水平和企业管理水平的发展，特别是安全科学技术及管理学的发展而不断发展。安全管理是以保证劳动者的安全健康和生产的顺利进行为目的，运用管理学、行为科学等相关科学的知识和理论进行的安全生产管理。因此，有必要首先了解管理学、行为科学等相关科学的基本观点。

科学管理学派的泰勒（美国著名管理学家，经济学家，主要代表作《科学管理原理》，因为其是科学管理理论的主要代表人物，所以被后世称为"科学管理之父"，图 9-1）等认为，管理就是计划、组织、指挥、协调和控制等职能。

行为科学学派的梅奥等认为，管理就是做人的工作，是以研究人的心理、生理、社会环境影响为中心，研究制订激励人的行为动机、调动人的积极性的过程。现代管理学派的西蒙等认为，管理的重点是决策，决策贯穿于管理的全过程。

安全管理作为企业管理的组成部分，体现了管理的职能，管理控制的主要内容是人的不安全行为和物的不安全状态，并以预防伤亡事故的发生，保证生产顺利进行，使劳动者处于一种安全的工作状态为主要目标。

综上所述，我们可以认为，安全管理是为实现安全生产而组织和使用人力、物力和财力等各种物质资源的过程。利用计划、组织、指挥、协调、控制等管理机能，控制各种物的不安全因素和人的不安全行为，避免发生伤亡事故，保证劳动者的生命安全和健康，保证生产顺利进行。

图 9-1　弗雷德里克·温斯洛·泰勒

二、安全管理的主要内容

安全管理主要包括对人的安全管理和对物的安全管理两个主要方面。

对人的安全管理占有特殊的位置。人是工业伤害事故的受害者，保护生产中人的安全是安全管理的主要目的。同时，人又往往是伤害事故的肇事者，在事故原因中，人的不安全行为占有很大比例，即使是来自物的方面的原因，在物的不安全状态的背后也隐藏着人的行为失误。因此控制人的行为就成为安全管理的重要任务之一。在安全管理工作中，注重发挥人对安全生产的积极性、创造性，对于做好安全生产工作而言既是重要方法，又是重要保证。

对物的安全管理就是不断改善劳动条件，防止或控制物的不安全状态。采取有效的安全技术措施是实现对物的安全管理的重要手段。

三、现代安全管理的特点

传统的安全管理是以组织、计划、技术、监督手段调节生产单位的安全活动，往往是凭多年积累的经验处理生产中的安全问题，这种管理模式在我国已经经历了一个长期的发展过程，亦已形成了一套管理理论和方法，对于企业的安全生产起到了一定促进作用。今后，在相当长的时间内仍然发挥其应有的作用。但是，随着社会主义市场经济的逐步建立，经济体制改革的不断深入，现代化建设的迅速发展，企业的安全生产出现了许多新情况，产生了许多新矛盾，发现了许多新问题，传统安全管理逐步暴露了许多自身难以克服的缺陷。与传统安全管理相比较，现代安全管理具有以下几个特点。

（一）实行系统安全管理着重提高整体管理的有效性

现代安全管理认为企业的安全管理应是一个以人为主体，由人、物资、机器和其他资源组成的系统。这个系统不是一个孤立的封闭系统，它由系统内部许多分系统组成，同时本身又是一个社会大系统中的分支，所以企业作为一个系统而言，它既要受系统外环境的影响，又会影响环境。现代安全管理往往是从企业的总体出发，从整个工程论证、设计、审核、制造、试车投产、生产运行、维修保养及产品使用的全过程来考虑它的安全性，既考虑到"物"的因素，更要考虑到"人"的因素，建立一个适当的人-机-环境的安全系统。而传统的安全管理是将有机整体人为地分割成多头管理，往往出现管生产、不管安全的局面，职能部门缺乏横向联系，安全工作对设计、计划、施工、检修等生产过程与部门缺少渗透性，安全部门往往单线作战。

（二）强调安全管理的科学性、预测性

现代安全管理着重应用现代多种学科的知识、科学原理、专门技术、科学的方法来管理安全生产。例如应用安全检查表、事故树分析、危险性预先分析、安全评价、行为科学与心理学、计算机辅助管理、电化教育等先进方法，不断提高企业的安全管理水平和灾害的控制预测能力，变"事后发现型"为"事前预测型"。传统安全管理多是凭经验处理生产系统中

的安全问题，定性的概念多，定量的概念少，没有确定的管理目标值，所以安全管理往往心中无数，具有很大的盲目性，缺乏有效控制重大事故发生的能力。

（三）必须研究人的不安全行为产生的原因和规律性

将人身安全与设备安全有机地联系起来，掌握人和物在事故中的辩证关系，着重研究本质安全，创造本质安全的物质条件，以激励职工的自我保护意识，充分发挥职工自防、自保能力作为安全管理的基本点。传统安全管理往往缺乏科学和客观的分析，经常以工人违章作业作为结论，很少从安全管理和事故责任者的心理、生理、知识及技术等方面进行分析，不易做到举一反三、避免重复事故再度发生。

（四）现代安全管理采用动态管理

紧紧抓住信息流这一核心，利用安全信息构成策略因素指导安全生产的决策。信息和决策是现代安全管理的精髓，所谓动态管理即利用安全信息去不断调节、决策、执行、反馈、再决策、再执行、再反馈，使安全管理始终处在最佳有效状态。传统安全管理与此恰恰相反，处于一种静态管理状态，容易墨守成规，多少年一贯制，采用老套套、老框框，掌握不住安全生产主动权，安全管理发展缓慢，难以上台阶、上水平。

（五）安技部门在安全管理中占有重要地位

传统安全管理，往往只是在口头上承认安全技术部门对企业安全生产起组织牵头作用，实际上安全技术部门在不少企业管理中地位一直不高，安全管理排不上重要位置，安全管理形不成安全生产保证体系，仅限少数领导、专职人员的空忙，成效不大。

现代安全管理要求安全技术部门在企业安全管理中必须占有重要地位。《中华人民共和国安全生产法》第二十四条提到"生产经营单位的主要负责人和安全生产管理人员必须具备与本单位所从事的生产经营活动相应的安全生产知识和管理能力。危险物品的生产、经营、储存单位以及矿山、金属冶炼、建筑施工、道路运输单位的主要负责人和安全生产管理人员，应当由主管的负有安全生产监督管理职责的部门对其安全生产知识和管理能力考核合格。""危险物品的生产、储存单位以及矿山、金属冶炼单位应当有注册安全工程师从事安全生产管理工作。"

《山东省生产经营单位安全生产主体责任规定》（省政府令第 311 号）第十一条提到"生产经营单位应当支持安全生产管理机构和安全生产管理人员履行管理职责，并保证其开展工作应当具备的条件。生产经营单位安全生产管理人员的待遇应当高于同级同职其他岗位管理人员的待遇。高危生产经营单位应当建立安全生产管理岗位风险津贴制度，专职安全生产管理人员应当享受安全生产管理岗位风险津贴。"

（六）注重安全经济学和危险损失率的研究

现代安全管理将安全生产和经济效益密切挂钩，在技术评估中纳入安全评价。而传统安全管理往往忽视这一点，它将安全卫生管理和设施看成单纯的投入，见不到安全生产产生的效益，不能辩证地掌握安全投入与产出的关系。

【任务实践】

1. 通过对安全管理的初步认识及安全管理发展史的了解，谈一下企业安全管理的重要性。
2. 结合目前经济发展形式谈一下如何实现现代安全管理？

任务二　制定安全生产管理制度及安全生产禁令

【案例引入】

案例1：

某公司安全生产管理规定

第一章　总则

第一条　为加强公司生产工作的劳动保护、改善劳动条件，保护劳动者在生产过程中的安全和健康，确保广大员工的人身安全和公司财产安全，防止事故的发生，促进公司事业的发展，根据有关劳动保护的法令、法规等有关规定，结合公司的实际情况制订本规定。

第二条　公司必须树立"安全第一，预防为主、综合治理"的安全生产方针，由总经理（法定代表人）总体负责，各级领导要坚持"管生产必须管安全"的原则，生产要服从安全的需要，来实现公司的安全生产和文明生产。

第三条　对在安全生产方面有突出贡献的团体和个人要给予奖励，对因违反安全生产制度和操作规程而造成事故的责任者，要给予严肃处理，触及刑法的，交由司法机关进行处理。

第二章　机构与职责

第四条　公司应该成立安全生产委员会（以下简称安委会），由安委会来总体组织领导公司的安全生产。安委会应该由公司领导和有关部门的主要负责人组成。其主要职责是：全面领导公司的安全生产管理工作，研究制订安全生产措施和劳动保护计划，检查和监督生产安全，调查处理发生的事故等工作。安委会的日常事务由安全生产处（以下简称安生处）负责处理。

第五条　公司下属生产分公司或部门必须成立安全生产领导小组，负责对本分公司或部门的职工进行安全生产教育，制订安全生产实施细则和操作规程，实施安全生产监督检查，贯彻执行安委会的各项安全指令，确保生产安全。安全生产小组组长由各分公司或部门的领导任命，并按规定配备专（兼）职安全生产管理人员。

第六条　安全生产主要责任人的划分：公司行政第一把手是本部门安全生产的第一责任人，分管生产的领导和专（兼）职安全生产管理员是本公司安全生产的主要责任人。

第七条　公司安全生产专职管理干部职责：

1. 经常组织开展安全生产大检查，深入现场指导安全生产工作。遇有特别紧急的不安全生产情况时，有权停止生产，并立即报告领导，进行研究处理。

2. 制订、修订安全生产管理制度，并监督检查制度的贯彻执行情况。

3. 参加审查新建、改建、扩建、大修工程的设计文件和工程验收及试运转工作。

4. 协助领导贯彻执行劳动保护法令、制度，综合管理日常安全生产工作。

5. 总结和推广安全生产的先进经验，协助有关部门搞好安全生产的宣传教育和专业培训工作。

6. 汇总和审查安全生产的计划，并督促有关部门切实按计划执行。

7. 参加伤亡事故的调查和处理，负责伤亡事故的统计、分析和报告，协助有关部门提出防止事故发生的措施，并督促其实施。

8. 做好信息反馈工作，对上级的指示和基层的情况要马上进行上传下达。

9. 组织有关部门研究制订防止职业危害的措施，并监督执行。

10. 根据有关规定，制订本单位的劳动防护用品标准，并监督执行。

第八条　各级工程师和技术人员在审核、批准技术计划、方案、图纸及其他各种技术文件时，必须使其符合安全生产和劳动保护的要求。

第九条　各职能部门必须在本职务范围内做好安全生产的各项工作。

第十条　各生产单位的专（兼）职安全生产管理员要协助本单位领导贯彻执行劳动保护法规和安全生产管理制度，处理本单位安全生产日常事务和安全生产检查监督工作。

第十一条　职工在生产、工作中要认真学习和执行安全技术操作规程，遵守各项规章制度。爱护生产设备和安全防护装置、设施及劳动保护用品。发现不安全情况时，要及时报告领导，并迅速予以排除。

第十二条　各分公司或部门生产班组安全员要经常督促本班组人员遵守安全生产制度和操作规程。经常检查设备、工具的安全。及时向上级报告本部门的安全生产情况。做好原始资料的登记和保管工作。

第十三条　各种设备和仪器不得超负荷和带病运行，正确进行使用并且经常进行维护和定期检修，不符合安全要求的陈旧设备，应有计划地更新和改造。

第十四条　引进国外设备时，对国内不能配套的安全附件，必须同时引进，引进的安全附件应符合我国的安全生产要求。

第十五条　电气设备和线路应符合国家有关安全规定。电气设备应有可熔保险和漏电保护，绝缘必须良好，并有可靠的接地保护措施；产生大量蒸气、腐蚀性气体或粉尘的工作场所，应使用密闭型电气设备；有易燃易爆危险的工作场所，应配备防爆型电气设备；潮湿场所和移动式的电气设备，应采用安全电压。电气设备必须符合相应防护等级的安全技术要求。

第十六条　劳动场所布局要合理，保持清洁、整齐。有毒有害的作业，必须有防护措施。

第十七条　生产用房、建筑物必须坚固、安全；通道平坦且光线要充足；为生产所设的坑、壕、池、走台、升降口等危险的处所，必须要有安全保护设施和明显的安全标志。

第十八条 有高温、低温、潮湿、雷电、静电等危险的劳动场所，必须采取相应的有效防护措施。

第十九条 临时和外包工程的施工人员需进入生产现场施工作业时，须到安监部办理《出入许可证》；需明火作业者还须办理动火工作票及其他相关手续。

第三章 个人防护用品和职业危害的预防与治疗

第二十条 根据工作性质和劳动条例，为职工配备或发放个人防护用品，各单位必须教育职工正确使用防护用品，不懂得防护用品用途和性能的，不准上岗操作。

第二十一条 对从事有毒有害工作的作业人员，要实行每年一次的定期职业体检。对确诊为职业病的患者，应立即上报公司人力资源处，由人力资源处或公司安委会视情况调整工作岗位，并及时作出治疗或疗养的决定。

第二十二条 努力做好防尘、防毒、防辐射、防暑降温工作和防噪声工程，进行经常性的卫生监测，对超过国家卫生标准的有毒有害作业点，应进行技术改造或采取卫生防护措施，不断改善劳动条件，按规定发放保健食品补贴，提高有毒有害作业人员的健康水平。

第二十三条 禁止年龄不满18岁的青少年从事有毒有害的生产劳动。禁止安排女职工在怀孕期、哺乳期从事影响胎儿、婴儿健康的有毒有害的作业。

第四章 教育与培训

第二十四条 对新职工、临时工、民工、实习人员，必须先进行安全生产的三级教育才能准其进入操作岗位。对改变工种的工人，必须重新进行安全教育才能上岗。

第二十五条 对从事锅炉、压力容器、电梯、电气、起重、焊接、车辆驾驶、杆线作业等特殊工种人员，必须进行专业安全技术培训，经有关部门严格考核并取得合格操作证后，才能准其独立进行操作。对特殊工种的在岗人员，必须进行经常性的安全教育。

第五章 大小修

第二十六条 所有检修工作人员应根据工作性质配备合理的工器具，工作人员应检查工器具绝缘和防护等是否合格，防止使用工器具不当，造成设备损坏和人身伤害。

第二十七条 所有检修人员在检修作业过程中应根据作业内容配备适当的仪器仪表，并能正确使用仪器仪表，防止仪器仪表使用不当引发其他事故。避免发生万用表电阻挡测量DCS的DI通道回路，造成信号误发、保护误动现象；避免在未解线情况下用万用表电阻挡测量热电阻温度信号造成信号误发、温度保护误动。

第二十八条 所有检修作业人员应携带相关的图纸资料、作业指导书，应认真按规程进行作业，防止因违章作业引发其他事故。

第二十九条 二次人员在DCS、NCS及其他控制系统工作中，如需使用专用软件，要配备正确的专用软件和操作说明书。

第三十条 所有工作人员应办理完工作票后方可进行作业，并随身携带工作票。

第三十一条 事故抢修和故障紧急处理工作时，可以先进行抢修作业，但须尽快补齐不完善的装备。

第三十二条 各专业及安全管理人员应经常检查工作过程中安全措施是否完善。

第三十三条 各专业应指定图纸资料的存放地点，检修维护人员应掌握仪器仪表的使用方法，能够正确使用工器具。

第六章 备品备件

第三十四条 设备备品、备件管理的任务是以最经济的办法和科学的手段认真地组织备品配件以本厂自制及采购供应。贮备必须的、合格的备品配件,以满足设备检修的需要,备品贮备应根据实际需要,制订合理的贮备定额,做到既能满足生产的满足,又不造成资金积压。

第三十五条 年度备品配件计划的编制,由各车间、班组根据年度检修项目及需求量,于每年十月底前报检修部统一编制,经生产副总审批后,转供应科办理。

第三十六条 月度备品配件计划的编制,由各车间、班组根据月检修计划或临时检修计划,每月25日前报检修部统一编制,经生产副总审批后,转供应科办理。

第三十七条 发扬自力更生的精神,充分发挥我厂加工、修造能力,凡本厂能加工、自制的备品配件原则上均不外购,切实做好修旧利废工作,各种电机、旧阀门、电气、热工换下来的旧设备仪表,凡有条件修复的均应尽力修复。

第三十八条 设备的备品备件应达到标准化,本厂加工的备品备件应做到以下几项:

1. 严格按图纸要求选用材料。
2. 严格按图纸要求精心加工。
3. 加工成品需经使用单位或检修部专业人员的验收才能交付使用或入仓保存,修旧利废必须保证质量,经检修班长或检修主任验收合格后才能交付使用。
4. 外协加工由供应科负责,图纸及有关技术问题由检修部负责,购进备品配件时,规格型号必须与计划相符。货到后,由供应科、检修部和有关人员共同验收,资料室应有人参加,对技术文件、图纸认真清点。安装调试其工作所需资料由资料室提供复制副本。
5. 对已入库的备品备件,认真登记、标卡、妥善保管。做到账、卡、物三对照,每台物品都要悬挂标签,标签上面要填写物品的名称、规格、型号、数量及入库的时间。
6. 备品备件的领用,车间根据计划领用。要办理领用手续,经检修部和生产副总批准后,方可出库。
7. 对多余、淘汰、报废备品的处理。须经车间、检修部鉴定确认报废后报厂部批准后进行。
8. 所有库内的各类的备品备件必须按同规格、同类型定制管理摆放,不得乱堆乱放。
9. 库内的备品备件要洁净卫生,物品不能有腐烂、变质、损坏、丢失的情况出现。
10. 库内的物品要有防鼠、防火、防盗、防雨、防潮等各类安全措施。
11. 库内的各类专用工具、各类仪器因检修需要经检修部批准方可出库;用后,完好归库。如有损坏、丢失者,要纳入考核。
12. 库内每晚必须留有人值班,便于夜间生产方便。夜间值班空岗者要纳入考核。

第七章 安全检查和整改

第三十九条 坚持定期或不定期的安全生产检查制度。公司安全生产处对全公司的检查,每年应不少于三次;各生产单位每季度检查应不少于两次;各生产班组应实行班前后检查制度;特殊工种和设备的操作者应每天进行检查。

第四十条 发现安全隐患,必须及时整改,如本单位不能进行整改的要立即报告安委办统一安排整改。

第八章 奖励与处罚

第四十一条 公司的安全生产工作应每年总结一次,在总结的基础上,由公司安全生产委员会办公室组织评选安全生产先进集体和先进个人。

第四十二条 安全生产先进个人条件:

1. 遵守安全生产各项规章制度，遵守各项操作规程，遵守劳动纪律保障生产安全；

2. 积极学习安全生产知识，不断提高安全意识和自我保护能力；

3. 坚决反对违反安全生产规定的行为，纠正和制止违章作业、违章指挥。

第四十三条　安全生产先进集体的基本条件：

1. 认真贯彻"安全第一，预防为主"的方针，执行上级有关安全生产的法令法规，落实总经理负责制，加强安全生产管理。

2. 设立了健全的安全生产机构，并能有效地开展工作。

3. 严格执行各项安全生产规章制度，开展经常性的安全生产教育活动，不断增强职工安全意识和提高职工的自我保护能力。

4. 加强安全生产检查，及时整改事故隐患和尘毒危害，积极改善劳动条件。

5. 连续三年以上无责任性职工死亡和重伤事故，交通事故也逐年减少，安全生产工作成绩显著。

第四十四条　由于各种意外（含人为的）因素造成人员伤亡或厂房设备损毁或正常生产、生活受到破坏的情况均为本企业事故，可划分为工伤事故、设备（建筑）损毁事故、交通事故三种（车辆、驾驶员、交通事故等制度由行政部参照本规定另行制订，并组织实施）。

第四十五条　凡发生事故，要按有关规定报告。如有瞒报、虚报、漏报或故意延迟不报的，除责成补报外，对事故单位（室）给予扣发工资总额的处罚，并追究责任者的责任，对触及刑律的，追究其法律责任。

第四十六条　发生重大事故或死亡事故（含交通事故），对事故单位（室）给予扣发工资总额的处罚，并追究单位领导人的责任。

第四十七条　对事故扣发工资总额的处罚，最高不超过3%；对职工个人的处罚，最高不超过一年的生产性奖金总额（不含应赔偿款项），并可进行行政处分。

第四十八条　工伤事故，是指职工在生产劳动过程中，发生的人身伤害、急性中毒的事故。包括以下几种情况：

1. 在工作岗位上或经领导批准在其他场所工作时而造成的负伤或死亡。

2. 在紧急情况下（如抢险救灾救人等），从事对企业或社会有益工作造成的疾病、负伤或死亡。

3. 乘坐本单位的机动车辆去开会、听报告、参加行政指派的各种劳动和乘坐本单位指定接送的车辆上下班，所乘坐的车发生非本人所应负责的意外事故，造成职工负伤或死亡。

4. 职业性疾病，以及由此造成死亡。

5. 从事本岗位工作或执行领导临时指定或同意的工作任务而造成的负伤或死亡。

6. 职工虽不在生产或工作岗位上，但由于企业设备、设施或劳动的条件不良而引起的负伤或死亡。

第四十九条　职工因发生事故所受的伤害分为：

1. 轻伤：指负伤后需要歇工1个工作日以上，但低于国际标准的105日，并未达到重伤程度的失能伤害。

2. 重伤：指符合劳动部门《关于重伤事故范围的意见》中所列情形之一的伤害；损失工作日超过国际标准105日的失能伤害。

3. 死亡。

第五十条　发生无人员伤亡的生产事故（不含交通事故），按经济损失程度分级：

1. 一般事故：经济损失不足 1 万元的事故。
2. 大事故：经济损失满 1 万元，不满 10 万元的事故。
3. 重大事故：经济损失满 10 万元，不满 100 万元的事故。
4. 特大事故：经济损失满 100 万元的事故。

第五十一条 发生事故的单位必须按照事故处理程序进行事故处理：
1. 事故现场人员应立即抢救伤员，保护现场，如因抢救伤员和防止事故扩大，需要移动现场物件时，必须作出标志，详细记录或拍照和绘制事故现场图。
2. 立即向单位主管部门（领导）报告，事故单位即向公司安委办报告。
3. 开展事故调查，分析事故原因。公司安委办接到事故报告后，应迅速指示有关单位进行调查，轻伤或一般事故在 15 天以内，重伤以上事故或大事故以上事故在 30 天内向有关部门报送《事故调查报告书》。事故调查处理应接受工会组织的监督。
4. 制订整改防范措施。
5. 对事故责任人作出适当的处理。
6. 利用事故通报和事故分析会等形式来教育职工。

第五十二条 无人员伤亡的交通事故。
1. 机动车辆驾驶员发生事故后，驾驶员和有关人员必须协助交管部门进行事故调查、分析，参加事故处理。事故单位应及时向安委办报告，一般在 24 小时内报告，大事故或死亡事故应即时报告。事后，需补写"事故经过"的书面报告。肇事者应在两天内写出书面报告交给单位领导。肇事单位应在七天内将肇事者报告随本单位报告一并送交安委办。
2. 因公驾车肇事者，应根据公安部门裁定的经济损失数额的 10% 对事故责任者进行处罚，处罚款项原则上由肇事个人到财务部缴纳。处罚的最高款额以不超过上年度公司生产性奖金总额（基数 1.0 计）为限。
3. 凡未经交管部门裁决而私下协商解决赔偿的事故，如公司的经济损失超过保险公司规定免赔额的，其超出部分由肇事者自负。
4. 擅自挪用车辆办私事而肇事的，按第 2 款规定加倍处罚；可视情况给予扣发一年以内的奖金，并进行行政处分。
5. 凡因私事经主管领导同意借用公车而肇事的，参照第 2 款处理。
6. 发生事故隐瞒不报（超时限两天属瞒报），每次加扣当事人三个月以内的奖金。
7. 开"带病车"，或将车辆交给无证人员，或未经行政部批准驾驶公司车辆的人驾驶，每次扣两个月的奖金。

第五十三条 在调查处理事故中，对玩忽职守、滥用职权、徇私舞弊者，应追究其行政责任，触及刑律的，追究刑事责任。

第五十四条 事故原因查清后，如果各有关方面对于事故的分析和事故责任者的处理不能取得一致意见时，人力资源处有权提出结论性意见，交由单位及主管部门处理。

第五十五条 各级单位领导或有关干部、职工在其职责范围内，不履行或不正确履行自己应尽的职责，有如下行为之一造成事故的，按玩忽职守论处：
1. 违反操作规程冒险作业或擅离岗位或对作业漫不经心的。
2. 对可能造成重大伤亡的险情和隐患，不采取措施或措施不力的。
3. 施工组织或单项作业组织有严重错误的。
4. 不执行有关规章制度、条例、规程、或自行其是的。

5. 对安全生产不检查、不督促、不指导,放任自流的。

6. 延误装、修安全防护设备或不装、修安全防护设备的。

7. 对安全生产工作漫不经心,马虎草率,麻痹大意的。

8. 擅动有"危险禁动"标志的设备、机器、开关、电闸、信号等。

9. 不服指挥和劝告,进行违章作业的。

10. 不接受主管部门的管理和监督,不听合理意见,主观武断,不顾他人安危,强令他人违章作业的。

第五十六条 本规定由公司安委办负责解释。

第五十七条 本规定自颁布之日起执行。公司以前制定的有关制度、规定等如与本规定有抵触的,按本规定执行。

案例 2:

山东某化工企业安全生产管理制度汇编目录

制度名称	页码
安全生产会议管理制度	3
安全生产责任考核制度	5
安全生产奖惩管理制度	7
安全生产投入保障制度	14
风险评价、风险控制管理制度	17
安全检查和隐患治理管理制度	24
重大危险源管理制度	29
职业健康安全法律法规和其他要求管理制度	32
管理制度评审和修订制度	34
安全培训教育制度	36
特种作业人员管理制度	41
生产设施安全管理制度	45
安全设施管理制度	49
特种设备管理制度	52
监视和测量设备管理制度	54
关键装置及重点部位管理制度	56
检维修安全管理制度	59
生产设施拆除和报废管理制度	62
安全作业管理制度	65
动火作业安全规定	69
受限空间作业管理规定	75
动土作业安全规定	78
临时用电管理规定	80
高处作业管理规定	82
断路作业管理规定	87

项目九　化工企业安全管理及安全文化建设

吊装作业管理规定……………………………………………………………88
抽堵盲板作业管理规定………………………………………………………92
防火、防爆管理制度…………………………………………………………95
仓库安全管理制度……………………………………………………………99
罐区安全管理制度……………………………………………………………103
危险化学品安全管理制度……………………………………………………106
易制毒化学品安全管理制度…………………………………………………110
消防管理制度…………………………………………………………………112
禁火禁烟管理制度……………………………………………………………115
承包商管理制度………………………………………………………………117
供应商管理制度………………………………………………………………120
变更管理制度…………………………………………………………………122
职业卫生管理制度……………………………………………………………124
防尘防毒管理制度……………………………………………………………127
作业场所职业危害因素检测管理制度………………………………………128
劳动防护用品（具）和保健品管理制度……………………………………129
事故管理制度…………………………………………………………………131
专家安全检查管理制度………………………………………………………135
安全标准化自评管理制度……………………………………………………137
安全绩效考核管理制度………………………………………………………139
应急准备与响应控制程序……………………………………………………141
工艺管理制度…………………………………………………………………145
开停车管理制度………………………………………………………………148
建构筑物安全管理制度………………………………………………………152
电气管理制度…………………………………………………………………153
公用工程管理制度……………………………………………………………155
危险化学品输送管道定期巡线管理制度……………………………………157
领导干部带班制度……………………………………………………………161
厂区交通安全管理制度………………………………………………………163
文件、档案管理制度…………………………………………………………166
安全技术措施管理制度………………………………………………………170
防泄漏管理制度………………………………………………………………173

【任务目标】

1. 熟悉各项安全生产管理制度。
2. 了解化工企业安全生产禁令。

【知识准备】

一、安全生产管理制度

安全生产管理制度是一系列为了保障安全生产而制定的条文。它建立的目的主要是控制风险，将危害降到最小，安全生产管理制度也可以依据风险制定。化工企业要做好安全生产工作，首先要建立健全安全生产管理制度，并在生产过程中严格执行。

（一）安全生产责任制

《中华人民共和国安全生产法》第四条规定：生产经营单位必须遵守本法和其他有关安全生产的法律、法规，加强安全生产管理，建立、健全安全生产责任制和安全生产规章制度，改善安全生产条件，推进安全生产标准化建设，提高安全生产水平，确保安全生产。安全生产责任制是企业中最基本的一项安全制度，是企业安全生产管理规章制度的基础与核心。企业内各级各类部门、岗位均要制订安全生产责任制，做到职责明确，责任到人。安全生产责任制警示牌见图9-2。

（二）安全教育

《中华人民共和国安全生产法》第二十五条规定：生产经营单位应当对从业人员进行安全生

图9-2　安全生产责任制警示牌

产教育和培训，保证从业人员具备必要的安全生产知识，熟悉有关的安全生产规章制度和安全操作规程，掌握本岗位的安全操作技能，了解事故应急处理措施，知悉自身在安全生产方面的权利和义务。未经安全生产教育和培训合格的从业人员，不得上岗作业。第二十六条规定：生产经营单位采用新工艺、新技术、新材料或者使用新设备，必须了解、掌握其安全技术特性，采取有效的安全防护措施，并对从业人员进行专门的安全生产教育和培训。第五十五条规定：从业人员应当接受安全生产教育和培训，掌握本职工作所需的安全生产知识，提高安全生产技能，增强事故预防和应急处理能力。目前我国化工企业中开展的安全教育包括入厂安全教育（三级安全教育）、日常安全教育、特种作业人员安全教育和"五新"作业安全教育等形式。

1. 入厂安全教育

新入厂人员（包括新工人、合同工、临时工、外包工和培训、实习、外单位调入本厂人员等），均须经过厂、车间（科）、班组（工段）三级安全教育。

（1）厂级教育（一级）　由劳资部门组织，由安全技术、工业卫生与防火（保卫）部门负责，教育内容包括：党和国家有关安全生产的方针、政策、法规、制度及安全生产重要意义，一般安全知识，本厂生产特点，重大事故案例，厂规厂纪以及入厂后的安全注意事项，工业卫生和职业病预防等知识，经考试合格，方准分配车间及单位。

（2）车间级教育（二级） 由车间主任负责，教育内容包括：车间生产特点、工艺及流程、主要设备的性能、安全技术规程和制度、事故教训、防尘防毒设施的使用及安全注意事项等，经考试合格，方准分配到工段、班组。

（3）班组（工段）级教育（三级） 由班组（工段）长负责，教育内容包括：岗位生产任务、特点、主要设备结构原理，操作注意事项，岗位责任制，岗位安全技术规程，事故安全及预防措施，安全装置和工（器）具、个体防护用品、防护器具和消防器材的使用方法等。每一级的教育时间，均应按原化学工业部颁发的《关于加强对新入厂职工进行三级安全教育的要求》中的规定执行。厂内调动（包括车间内调动）及脱岗半年以上的职工，必须对其再进行二级或三级安全教育，其后进行岗位培训，考试合格，成绩记入"安全作业证"内，方准上岗作业。

2. 日常安全教育

安全教育不能一劳永逸，必须经常不断地进行。各级领导和各部门要对职工进行经常性的安全思想、安全技术和遵章守纪教育，增强职工的安全意识和法治观念。定期研究职工安全教育中的有关问题。

企业内的经常性安全教育可按下列形式但不局限于下列形式实施：

① 可通过举办安全技术和职业卫生学习班，充分利用安全教育室，采用展览、宣传画、安全专栏、报章杂志以及先进的电化教育手段等多种形式，对职工开展安全和职业卫生教育。

② 企业应定期开展安全活动，班组安全活动确保每周一次。

③ 在大修或重点项目检修，以及重大危险性作业（含重点施工项目）时，安全技术部门应督促指导各检修（施工）单位进行检修（施工）前的安全教育。

④ 总结发生事故的规律，有针对性地进行安全教育。

⑤ 对于违章及重大事故责任者和工伤复工人员，应由所属单位领导或安全技术部门进行安全教育。

3. 特种作业人员安全教育

《特种作业人员安全技术培训考核管理规定》中指出，特种作业是指容易发生事故，对操作者本人、他人的安全健康及设备、设施的安全可能造成重大危害的作业。共有11个作业类别，51个工种纳入了特种作业目录。特种作业人员是指直接从事特种作业的从业人员。

11个特种作业类别包括电工作业、焊接与热切割作用、高处作业、制冷与空调作业、煤矿安全作业、金属非金属矿山安全作业、石油天然气安全作业、冶金（有色）生产安全作业、危险化学品安全作业、烟花爆竹安全作业、安全监管总局认定的其他行业。从事特种作业的人员，必须进行安全教育和安全技术培训。经安全技术培训后，必须进行考核，经考核合格取得操作证者，方准独立作业。特种作业人员在进行作业时，必须随身携带"特种作业人员操作证"。离开特种作业岗位6个月以上的特种作业人员，需重新进行实际操作考试，经确认合格后方可上岗作业。"特种作业人员操作证"有效期为6年，在全国范围内有效。"特种作业人员操作证"由应急管理总局统一式样、标准及编号。

4. "五新"作业安全教育

"五新"作业安全教育是指凡采用新技术、新工艺、新材料、新产品、新设备（即进行"五新"作业）时，由于其未知因素多，变化较大，作业中极可能潜藏着不为人知的危险性，且操作者失误的可能性也要比通常进行的作业更大，因此，在作业前，应尽可能应用科学方法进行分析和预测，找出潜在或存在的危险，制订出可靠的安全操作规程，对操作者及有关人员就作业内容进行有针对性的安全操作知识和技能及应急措施的教育和培训，预防事故的发生、控制事故的扩大。

（三）安全检查

安全检查是搞好企业安全生产的重要手段，其基本任务是：发现和查明各种危险的隐患，督促整改；监督各项安全规章制度的实施；制止违章指挥、违章作业。

《中华人民共和国安全生产法》对安全检查工作提出了明确要求和基本原则，其中第四十三条规定：生产经营单位的安全生产管理人员应当根据本单位的生产经营特点，对安全生产状况进行经常性检查；对检查中发现的安全问题，应当立即处理；不能处理的，应当及时报告本单位有关负责人。检查及处理情况应当记录在案。

因此必须建立由企业领导负责和有关职能人员参加的安全检查组织，做到边检查、边整改，及时总结和推广先进经验。

1. 安全检查的形式与内容

安全检查应贯彻领导与群众相结合的原则，除进行经常性的检查外，每年还应进行群众性的综合检查、专业检查、季节性检查和日常检查。

① 综合检查分厂、车间、班组三级，分别由主管厂长、车间主任、班组长组织有关科室、车间以及班组人员进行以查思想、查领导、查纪律、查制度、查隐患为中心内容的检查。厂级检查（包括节假日检查）每年不少于四次；车间级检查每月不少于一次；班组（工段）级检查每月一次。

② 专业检查应分别由各专业部门的主管领导组织本系统人员进行，每年至少进行两次检查，主要内容是检查锅炉及压力容器、危险物品、电气装置、机械设备（图9-3）、厂房建筑、运输车辆、安全装置，还包括防火防爆、防尘防毒等措施。

图9-3 安全检查人员对生产设备进行安全检查

图9-4 安全监察人员对灭火器进行季节性检查

③ 季节性检查分别由各业务部门的主管领导，根据当地的地理和气候特点组织本系统人员对防火防爆（图 9-4）、防雨防洪、防雷电、防暑降温、防风及防冻保暖工作等进行预防性季节检查。

④ 日常检查分岗位工人检查和管理人员巡回检查。生产工人上岗应认真履行岗位安全生产责任制，进行交接班检查和班中巡回检查；各级管理人员应在各自的业务范围内进行检查。

各种安全检查均应编制相应的安全检查表，并按检查表的内容逐项检查。

2. 安全检查后的整改

① 各级检查组织和人员，对查出的隐患都要逐项分析研究，并落实整改措施。

② 对严重威胁安全生产但有整改条件的隐患项目，应下达《隐患整改通知书》，做到"三定"（即定项目、定时间、定人员）、"四不推"（即凡班组能整改的不推给工段、凡工段能整改的不推给车间、凡车间能整改的不推给厂部、凡厂部能整改的不推给上级主管部门）限期整改。

③ 企业无力解决的重大事故隐患，除采取有效防范措施外，应书面向企业隶属的直接主管部门和当地政府报告，并抄报上一级行业主管部门。

④ 对物质技术条件暂时不具备整改的重大隐患，必须采取应急的防范措施，并纳入计划，限期解决或停产。

⑤ 各级检查组织和人员都应将检查出的隐患和整改情况报告上一级主管部门，重大隐患及整改情况应由安全技术部门汇总并存档。

（四）安全技术措施计划

1. 编制安全技术措施计划的依据

① 国家发布有关劳动保护方面的法律、法规和行业主管部门发布的劳动保护制度及标准。

② 影响安全生产的重大隐患。

③ 预防火灾、爆炸、工伤、职业病及职业中毒需采取的技术措施。

④ 发展生产所需采取的安全技术措施，以及职工提出的有利安全生产的合理化建议。

2. 编制安全技术措施计划的原则

编制安全技术措施计划要进行可行性分析论证，编制时应从以下几个方面考虑。

① 当前的科学技术水平。

② 本单位生产技术、设备及发展远景。

③ 本单位人力、物力、财力。

④ 安全技术措施产生的安全效果和经济效益。

3. 安全技术措施计划的范围

安全技术措施计划范围主要包括如下内容：

① 以防止火灾、爆炸、工伤事故为目的的一切安全技术措施。

② 以改善劳动条件、预防职业病和职业中毒为目的的一切职业卫生技术措施。

③ 安全宣传教育计划及费用。如购置和编印安全图书资料、录像资料和教材，举办安全技术训练班，布置安全技术展览室等所需经费。

④ 安全科学技术研究与试验、安全卫生检测等。

4. 安全技术措施计划的资金来源及物资供应

企业应在当年留用的设备更新改造资金中提取20%以上的费用用于安全技术措施项目，不符合需要的可从税后留利或利润留成等自有资金中补充，亦可向银行申请贷款解决。综合利用的产品，可按照国家有关规定，向上级有关部门申请减免税。对不符合安全要求的生产设备进行改装或重大修复而不增加固定资产的费用，由大修理费开支。凡不增加固定资产的安全技术措施，由生产维修费开支，摊入生产成本。安全技术措施项目所需设备、材料，统一由供应（设备动力）部门按计划供应。

5. 安全技术措施的计划编制及审批

由车间或职能部门提出车间年度安全技术措施项目，指定专人编制计划、方案报安全技术部门审查汇总。安全技术部门负责编制企业年度安全技术措施计划，报总工程师或主管厂长审核。主管安全生产的厂长或经理（总工程师），应召开工会、有关部门及车间负责人会议，研究确定以下事项。

① 年度安全技术措施项目。

② 各个项目的资金来源。

③ 计划单位及负责人。

④ 施工单位及负责人。

⑤ 竣工或投产使用日期。

经审核批准的安全技术措施项目，由生产计划部门在下达年度计划时一并下达。车间每年应在第三季度开始着手编制出下一年度的安全技术措施计划，报企业上级主管部门审核。

6. 安全技术措施项目的验收

安全技术措施项目竣工后，经试运行三个月，使用正常后，在生产厂长或总工程师领导下，由计划、技术、设备、安全、防火、职业卫生、工会等部门会同所在车间或部门，按设计要求组织验收，并报告上级主管部门，必要时邀请上级有关部门参加验收。

使用单位应对安全技术措施项目的运行情况写出技术总结报告，对其安全技术及其经济技术效果和存在问题做出评价。安全技术措施项目经验收合格投入使用后，应纳入正常管理。

（五）生产安全事故的调查与处理

1. 生产安全事故的等级划分

根据《生产安全事故报告和调查处理条例》，生产安全事故等级划分如表9-1所示。

表 9-1　生产安全事故等级划分表

事故等级	死亡人数/人	重伤人数/人	直接经济损失/元
特别重大事故	死亡人数≥30	重伤人数≥100	损失≥1亿
重大事故	10≤死亡人数<30	50≤重伤人数<100	5000万≤损失<1亿
较大事故	3≤死亡人数<10	10≤重伤人数<50	1000万≤损失<5000万
一般事故	死亡人数<3	重伤人数<10	损失<1000万

2. 事故报告

事故发生后，事故现场有关人员应当立即向本单位负责人报告，单位负责人接到报告后，应当于1h内向事故发生地县级以上人民政府安全生产监督管理部门和负有安全生产监督管理职责的有关部门报告。

情况紧急时，事故现场有关人员可以直接向事故发生地县级以上人民政府安全生产监督管理部门和负有安全生产监督管理职责的有关部门报告。

事故报告应当及时、准确、完整，任何单位和个人对事故不得迟报、漏报、谎报或者瞒报。

3. 事故现场处理

事故发生后，有关单位和人员应当妥善保护事故现场以及相关证据，任何单位和个人不得破坏事故现场、毁灭相关证据。因抢救人员、防止事故扩大以及疏通交通等原因，需要移动事故现场物件的，应当做出标记，绘制现场简图并作出书面记录，妥善保存现场重要痕迹、物证。

4. 事故报告与调查处理的相关法律责任

根据《生产安全事故报告和调查处理条例》第三十六条的规定：事故发生单位及其有关人员有下列行为之一的，对事故发生单位处100万元以上500万元以下的罚款；对主要负责人、直接负责的主管人员和其他直接责任人员处上一年年收60%~100%的罚款；属于国家工作人员的，并依法给予处分；构成违反治安管理行为的，由公安机关依法给予治安管理处罚；构成犯罪的，依法追究刑事责任。

① 谎报或者瞒报事故的。
② 伪造或者故意破坏事故现场的。
③ 转移、隐匿资金或财产，或者销毁有关证据、资料的。
④ 拒绝接受调查或者拒绝提供有关情况和资料的。
⑤ 在事故调查中作伪证或者指使他人作伪证的。
⑥ 事故发生后逃匿的。

二、化工企业安全生产禁令

(一) 生产厂区十四个不准

① 加强明火管理，厂区内不准吸烟。

② 生产区内，未成年人不准进入。
③ 上班时间，不准睡觉、干私活、离岗和做与生产无关的事情。
④ 在班前、班上不准喝酒。
⑤ 不准使用汽油等易燃液体擦洗设备、用具和衣物。
⑥ 不按规定穿戴劳动保护用品不准进入生产岗位。
⑦ 安全装置不齐全的设备不准使用。
⑧ 不是自己分管的设备、工具，不准动用。
⑨ 检修设备时安全措施不落实，不准开始检修。
⑩ 停机检修后的设备，未经彻底检查，不准启用。
⑪ 未办理高处作业证，不系安全带，脚手架、跳板不牢，不准登高作业。
⑫ 不准违规使用压力容器等特种设备。
⑬ 未安装触电保护器的移动式电动工具不准使用。
⑭ 未取得安全作业证的职工不准独立作业；特殊工种职工未经取证不准作业。

（二）操作工的六严格
① 严格执行交接班制。
② 严格进行巡回检查。
③ 严格控制工艺指标。
④ 严格执行操作法（票）。
⑤ 严格遵守劳动纪律。
⑥ 严格执行安全规定。

（三）动火作业六大禁令
① 动火证未经批准，禁止动火。
② 不与生产系统可靠隔绝，禁止动火
③ 不清洗，置换不合格，禁止动火。
④ 不消除周围易燃物，禁止动火。
⑤ 不按时作动火分析，禁止动火。
⑥ 没有消防措施，禁止动火。

（四）进入容器、设备的八个必须
① 必须申请、办证，并取得批准。
② 必须进行安全隔绝。
③ 必须切断动力电，并使用安全灯具。
④ 必须进行置换、通风。
⑤ 必须按时间要求进行安全分析。
⑥ 必须佩戴规定的防护用具。
⑦ 必须有人在器外监护，并坚守岗位。
⑧ 必须有抢救后备措施。

（五）机动车辆七大禁令
① 严禁无证、无令开车。
② 严禁酒后开车。
③ 严禁超速行车和空挡溜车。

④ 严禁带病行车。
⑤ 严禁人货混载行车。
⑥ 严禁超标装载行车。
⑦ 严禁无阻火器车辆进入禁火区。

【任务实践】

1. 回顾课前案例一，介绍其中涉及的安全生产管理制度有哪些？
2. 案例中安全管理制度建设存在哪些缺陷？请进行补充。

任务三　建设安全文化

【案例引入】

××化工企业安全文化建设规划及实施方案

为全面持续提高公司安全生产管理水平及标准化工作标准。在生产实践中和安全管理活动中，形成具有××特色的企业安全文化。健全安全生产长效机制，提高员工主动预防和防患安全事故的自觉性，特制订本规划和实施方案。

一、为什么要创建具有××特色的企业安全文化

（1）公司的发展强大，必须有强有力的安全生产保证。

（2）要使公司成为员工安居乐业的美好家园，就必须确保员工的安全与健康，只有从根本上解决安全问题，才能使这一美好愿望得以实现。

（3）创立企业安全文化，全面提高安全管理水平，确保员工的安全与健康，是贯彻科学发展观的最具体体现。

（4）确保公司安全生产，是维护社会稳定，实践公司"兴企报国、诚信发展"信念的需要。

（5）安全生产持续改进，需要文化支持，确定企业安全文化，是公司实施文化创新战略的重要组成部分，也是在安全生产中实施创新战略的必然选择，多年实践告诉我们，众多规章制度，健全的安全网络，仍然无法完全避免事故的发生，仅仅靠监督与被监督的传统模式，仍然难以确保安全生产，忽视"以人为本"的安全管理，将无法形成主动、自觉的安全文化氛围。安全生产必将长期处于"发生事故—整改检查—再发生事故—再整改—再检查"的不良循环中，我们只有超越传统安全监督管理的局限，用安全文化去塑造每位员工，从更深的文化层面来激发员工"关注安全、关爱生命"的本能意识，才能实现根本的安全。

（6）一个诚信、敬业、勤奋的员工，应该是受企业安全文化熏陶，自觉严守规程、遵章

守纪的安全人。

二、创建××安全文化的指导思想

以科学发展观和安全发展理念为指导，认真贯彻安全第一、预防为主、遵纪守法、综合治理、清洁生产、节能降耗、全员参与、持续改进方针，坚持"以人为本、科学管理、技术装备、培训教育并重"的要求，以安全标准化为主线，通过大力开展创建安全文化建设，进一步强化和落实安全生产责任制，提高全体员工"关注安全、关爱生命"自觉性，建立常态监督与自觉遵章守纪相结合，客观激励与主管约束相结合的安全生产长效机制，全面提升公司安全生产管理水平，为打造本质安全型，安全文化型，基础管理精细化、技术装备现代化、人员培训制度化的企业奠定坚实的基础。

三、企业安全文化的内涵

(1) 企业安全文化是员工在生产实践中，经过长期积淀，不断总结，提炼形成的由公司决策层倡导，为全体员工所认同的本企业的安全价值观的准则。

(2) 企业安全文化是员工对生命价值、生命权利和社会责任高度认知的具体体现，主要包含安全价值观、安全行为准则、工作作风、安全生产形象等内容。

(3) 企业安全文化突出"以人为本"，推行人性化管理，它首先促进了全体员工认同企业安全价值观和理念。其次激发了员工的本能意识，使个人需要和满足于组织目标达到相互渗透，和谐统一，从根本上改进安全生产状况，确保人身、设备财产安全，为把公司建设成卓越的化工企业提供强有力的支撑。

(4) 安全文化在重塑员工的同时，力求惠及工作伙伴和用户的安全与健康。

(5) 安全文化不仅在生产环境创造浓厚的安全氛围，同时还全面覆盖员工的生活和生存领域。

(6) 安全文化要通过传播、科学普及、教育等手段，倡导诚信、博爱、自律，最终达到和谐、安全、健康的境界。

(7) 安全文化立足于激发和挖掘员工自觉的安全行为和自律能力，使员工成为理智、负责、严谨的安全人。

(8) 安全文化具有独特性、持续性、开放性、先进性和吸收性，它确保自身鲜明特色的同时，大胆吸收对人类身心安全与健康有益的做法或表现形式，持续丰富自己，发展自己。

四、××企业安全文化的功能

(1) 有导向功能，使身处其中的每一位员工，合作伙伴以及用户自觉地接受企业的安全价值观，遵从企业的安全行为准则。

(2) 有凝聚功能 企业安全文化主要依据员工认同的目标、准则、观念等把员工的思想行为统一起来，造就诚信、敬业、勤奋、严谨、负责，崇尚关心人、爱护人、尊重人的团队。

(3) 有激励的功能，使每一个员工都能够把自己的安全需求、家庭幸福与企业的兴衰成败紧密联系起来，做到我想安全、我要安全、我懂安全、我会安全。

五、企业安全建设的基本原则

与时俱进，在安全生产中倡导和实践公司的核心价值观，坚持以人为本，突出企业特色。

六、企业安全文化建设实施方案

第一阶段：宣传教育，由公司办公室安环科编制材料筛选案例，在全公司员工中开展关于企业安全文化建设的活动。相关知识的普及教育和宣传，通过学习、培训、观摩相关企业的文化建设案例，直观地提高公司全体员工对建设企业安全文化的重要性认识，使全体员工自觉参与企业安全文化建设，实施时间：20××年5~6月。

第二阶段：讨论、总结、提炼阶段。采取"从员工中来、到员工中去"的方式，分部门组织全体员工根据公司创造、发展的历史，结合自身管理生产实践的特点，吸取其他成功创建企业安全文化的思路，讨论、总结、提炼具有特色的安全价值观、安全行为准则、工作作风、安全生产形象等，讨论结果由安环科收集整理，交公司决策层讨论决策，实施时间：20××年7~9月。

第三阶段：企业安全文化形成、倡导阶段。公司决策层根据全体员工讨论、总结、提炼，对形成具有特色的安全价值观、安全行为准则、工作作风安全生产形象进行确认，形成文件，通过会议、培训、宣传等多种形式在全公司中倡导，深入人心。实施时间：20××年10月。

××化工有限公司
二零××年四月十日

【任务目标】

1. 熟悉安全文化建设及实施流程；
2. 了解企业文化建设的基本内容。

【知识准备】

一、企业安全文化建设的内涵

"安全文化"作为一个概念是在1986年国际原子能机构，在总结切尔诺贝利事故中的人为因素的基础上提出的，定义为"存在于单位和个人的种种特性和态度的总和"。"安全文化"概念的提出及被认同标志着安全科学已发展到一个新的阶段，同时又说明安全问题正受到越来越多的人的关注和认识。推进企业安全文化建设的主要目的是提高企业全员对企业安全生产的认识程度及提高企业全员的安全意识水平。《企业安全文化建设导则》（AQ/T 9004—2008）将企业安全文化定义为被企业组织的员工群体所共享的安全价值观、态度、道德和行为规范组成的统一体。企业安全文化建设就是通过综合的组织管理等手段，使企业的安全文化不断进步和发展的过程。

二、企业安全文化建设的必要性和重要性

(一) 正确认识开展企业文化建设的必要性

开展企业安全文化建设的最终目的是实现企业安全生产，降低事故率。应当承认，我国安全法治尚在健全过程中，企业安全管理仍脱离不了"人治"的阴影。因而企业安全生产状况的好坏，与企业负责人的重视程度有密切关系。企业负责人对安全生产重视，必然会在涉及安全生产的各个方面重视安全。开展企业安全文化建设对企业而言重要意义之一在于将企业安全生产问题提高到一个新的认识程度，这恰恰是企业搞好自身安全生产的内在动力。搞好企业安全文化建设也是贯彻"安全第一，预防为主，综合治理"方针的重要途径。在以上两层意义的基础上，可以说企业安全文化建设是提高企业安全生产水平的基础性工程。搞好企业安全文化建设的必要性显而易见。

(二) 正确认识开展企业安全文化建设的重要性

企业安全文化建设的一个重要任务就是要提高企业全员的安全意识，形成正确的企业安全价值观。事实上，安全意识薄弱可以说是我国企业安全生产水平持续在低水平徘徊的一个重要的原因。安全意识支配着人们在企业中的安全行为，由于人们实践活动经验的不同和自身素质的差异，对安全的认识程度就有不同，安全意识就会出现差别。安全意识的高低将直接影响安全的效果。安全意识好的人往往具有较强的安全自觉性，就会积极地、主动地对各种不安全因素和恶劣的工作环境进行改造；反之，安全意识差的人则对所从事的工作领域中的各种危险认识不足或察觉不到，当出现各种灾害时就反应迟钝。如20世纪80年代哈尔滨市某饭店发生的特大火灾，人员伤亡惨重。而在场的日本人则用湿毛巾堵住口鼻，从安全门平安逃脱。这正是日本人从小接受防火教育，安全意识强，逃生能力强的结果。因此，只有充分认识到安全意识的重要性，才能充分理解企业安全文化建设的重要性。

三、企业安全文化建设的实施

(一) 对企业安全文化建设的承诺

企业要公开做出在企业安全文化建设方面所具有的稳定意愿及实践行动的明确承诺。企业的领导者应对安全承诺做出有形的表率，应让各级管理者和员工切身感受到领导者对安全承诺的实践。企业的各级管理者应对安全承诺的实施起到示范和推进作用，形成严谨的制度化工作方法，营造有益于安全的工作氛围，培育重视安全生产的工作态度。企业的员工应充分理解和接受企业的安全承诺，并结合岗位工作任务实践这种承诺。

(二) 制定安全行为规范与实施程序

企业内部的行为规范是企业安全承诺的具体体现和安全文化建设的基础要求。企业应确保拥有能够达到和维持安全绩效的管理系统，建立清晰界定的组织结构和安全职责体系，以

有效控制全体员工的行为。程序是行为规范的重要组成部分，建立必要的程序，以实现对与安全相关的所有活动进行有效控制的目的。

（三）建立安全行为激励机制

建立将安全绩效与工作业绩相结合的激励制度。审慎对待员工的差错，仔细权衡惩罚措施，避免因处罚而导致员工隐瞒错误。在组织内部树立安全榜样或典范，以发挥安全行为和安全态度的示范作用。

（四）建立安全信息传播与沟通渠道

建立安全信息传播系统，综合利用各种传播途径和方式，提高传播效果。企业应就安全事项建立良好的沟通程序，确保企业与政府监管机构和相关方、各级管理者与员工、员工相互之间的沟通。

（五）创造自主学习的氛围

企业应建立正式的岗位适任资格评估和培训系统，确保全体员工充分胜任所承担的工作，以此形成自主学习的氛围。

（六）建立安全事务参与机制

全体员工积极参与安全事务有助于强化安全责任、提高全体员工的安全意识水平。

（七）审核与评估

在企业安全文化建设过程中及时地审核与评估，有助于给予及时的控制和改进，确保企业安全文化建设工作持续有效地开展下去。

四、企业安全文化建设过程中应注意的问题

（一）企业安全文化建设应该因地制宜、因人制宜、因时制宜

企业安全文化建设的内容是非常丰富的，由于不同的企业各具特点，即企业生产的安全状况不同，全员素质不同，并且企业安全文化建设中不同企业所提供的人力、物力不同，因而在进行企业安全文化建设时，首先应正确认识本企业的特点，确定企业安全文化建设的重点，具有针对性，以形成星火燎原之势。如企业的安全组织机构不健全的首先要健全安全组织机构，安全生产责任制不明确的要进一步明确，做到各司其职，这些都是搞好企业安全生产及企业安全文化建设的不可或缺的基础；企业安全管理的内容、方法不适应现阶段特点的要重新修订，要体现与时俱进的精神；安全教育效果不佳的要开动脑筋，在计划翔实的基础上开展形式多样的教育等。总之，要找出本企业在安全生产上的薄弱环节，因势利导地推动企业安全文化建设，才能取得事半功倍的效果。

（二）正确认识开展企业安全文化建设的作用

与发达国家相比，我国企业的安全生产水平一直存在着很大的差距。这是与我国国情密切相关的。在我国，不论是人的安全素质、设备的安全状况，还是安全法规以及安全管理体制的完善程度均与国外工业先进国家有较大的差距。造成企业事故的原因是多方面的，如人的因素、物的因素、环境的因素，其中最主要的原因是人的因素。而开展企业事故安全文化建设最直接的作用是提高企业全员的安全素质、安全意识水平。领导者安全意识的提高有助于加大安全投入的力度，一线工人安全意识的提高有助于人为失误率的降低，这些对降低企业事故率来说无疑是非常重要的。然而人的安全素质、安全意识的提高绝不是一朝一夕的事情，这需要经历一个潜移默化的过程。对此，我们必须要有一个清醒的认识，那种认为"只要进行企业安全文化教育就能迅速扼制企业事故高发势头"的想法是不现实的。因此，必须在紧抓企业安全文化建设的同时，努力做好加快安全法规建设的力度和步伐，完善宏观管理体制以及微观管理制度，提高生产设备的安全水平，健全社会对企业安全生产的监督机制等工作，只有这样，才能不断提升我国企业目前的安全生产状况。

（三）推进企业安全文化建设中还需注意的几个问题

在推进企业安全文化建设的过程中还需注意解决好以下几个问题。

① 真正树立"安全第一"意识，必须确立"人是最宝贵的财富""人的安全第一"的思想，这是提高企业全员安全意识的思想基础，是最为关键的问题。只有对这一问题有了统一正确的认识，在组织生产时，才能把安全生产作为企业生存与发展的第一因素和保证条件；当生产与安全发生矛盾时，才能做到生产服从安全。

② 树立"全员参与"意识，尤其是使一线工人真正关注并积极参与其中。要做到这一点，仅靠思想政治工作是不够的，而必须采取实际措施，如定期召开有一线工人参加的安全会议；通过多种渠道使工人随时了解企业当时的安全状况；定期更换安全宣传主题以吸引职工对安全的注意力；定期进行有奖竞猜活动以提高职工的参与积极性等。

③ 进一步强化安全教育。回顾以往企业内部的安全教育，不是太多了，而是太少了，安全教育应该是年年讲、月月讲、天天讲，应该像知名企业宣传其产品的广告一样不厌其烦、形象生动，从而使安全知识在职工的记忆中不断被强化，才能收到良好的效果。如在1994年新疆克拉玛依特大火灾中，一名10岁的小学生拉着他的表妹一起跑进厕所避难并得以生还，他的这一急中生智的逃生方法，就是在一次看电影时得知的。安全教育的作用由此可见一斑。

【任务实践】

1. 通过对案例的分析，谈谈你对化工企业安全文化建设的认识？
2. 针对案例中××公司的安全文化建设规划及实施方案，你认为在实施企业化工安全文化建设过程中应注意的问题有哪些？请提出你的意见或建议。

知识巩固

简答题

1. 什么是安全管理?
2. 安全管理的特点是什么?
3. 安全文化建设的必要性和重要性体现在哪些方面?
4. 化工企业安全文化的实施分为哪几个步骤?
5. 在推进企业文化建设中需要注意哪些问题?
6. 安全生产管理制度包含哪几个方面?
7. 下面两幅图片中涉及的化工企业安全生产禁令有哪些?

参 考 文 献

[1] 刘景良. 化工安全技术. 北京：化学工业出版社，2019.
[2] 王恩东，胡敏. 化工安全生产技术. 北京：化学工业出版社，2019.
[3] 国家安全生产监督管理总局宣传教育中心. 危险化学品特种作业人员安全生产培训教材. 徐州：中国矿业大学出版社，2008.
[4] 周礼庆，等. 危险化学品企业工艺安全管理. 北京：化学工业出版社，2016.
[5] 何秀娟，徐晓强. 化工安全与职业健康. 北京：化学工业出版社，2018.
[6] 中国安全生产科学研究院. 安全生产技术基础. 北京：应急管理出版社，2020.
[7] 中国安全生产科学研究院. 安全生产专业实务（化工安全）. 北京：应急管理出版社，2020.
[8] 刘景良. 职业卫生. 北京：化学工业出版社，2016.
[9] 张斌. 特种设备安全技术. 北京：化学工业出版社，2012.
[10] 张荣，张晓东. 危险化学品安全技术. 北京：化学工业出版社，2017.
[11] 康青春，贾立军. 防火防爆应用技术. 北京：化学工业出版社，2018.
[12] 王志亮. 安全管理. 北京：中国劳动社会保障出版社，2015.
[13] 孙宝林. 工业防毒技术. 北京：中国劳动社会保障出版社，2008.